Die Magie der Transformation

Reza Razavi

Die Magie der Transformation

Wie wir Zukunft in Wirtschaft und Gesellschaft gemeinsam gestalten

1. Auflage

Haufe Group
Freiburg · München · Stuttgart

Ich hoffe, dass wir uns zeitnah kulturell so weiterentwickelt haben, dass das Thema Gendergerechtigkeit keine Rolle mehr in unserer Gesellschaft spielt, weil Gleichheit und Gerechtigkeit gegeben sind. Bis dahin habe ich mich in diesem Buch bemüht, die männlichen und weiblichen Formen entweder im Wechsel oder in beiderlei Genderformen zu benutzen. In jedem Fall habe ich, wann immer von Personen oder Personengruppen mit unbekanntem Genus die Rede ist, immer alle Geschlechter vor Augen.

Bibliografische Information der Deutschen Nationalbibliothek

Die Deutsche Nationalbibliothek verzeichnet diese Publikation in der Deutschen Nationalbibliografie; detaillierte bibliografische Daten sind im Internet über http://dnb.dnb.de/ abrufbar.

Print:	ISBN 978-3-648-15763-3	Bestell-Nr. 33666-0001
ePub:	ISBN 978-3-648-15764-0	Bestell-Nr. 33666-0100
ePDF:	ISBN 978-3-648-15765-7	Bestell-Nr. 33666-0150

Reza Razavi
Die Magie der Transformation
1. Auflage, Mai 2022

www.haufe.de
info@haufe.de

Bildnachweis (Cover): © mykef, depositphotos

Produktmanagement: Bettina Noé

Den Frauen in meiner Familie gewidmet,
ganz besonders: Nori, Roya, Bahareh, Sophie, Fay, Isabella

Ich habe einen kleinen Tropfen Wissen in meiner Seele.
Lass ihn eingehen in dein Meer.

Rumi

Inhaltsverzeichnis

Vorwort

Reza Razavi hat mir geholfen, meine Arbeit – und in gewisser Weise auch mich selbst – zu transformieren. Als ich 2014 nach mehreren Jahren in China und den USA nach Europa zurückkehrte, wusste ich nicht so recht, wie es weitergehen sollte. In alte Bahnen zurück wollte ich jedenfalls nicht. Ich spürte den Wunsch, mehr noch die Notwendigkeit, etwas Neues zu schaffen. Ich gründete The Culture Institute in Zürich und war auf der Suche nach neuen Impulsen, interessanten Menschen und bereichernden Gesprächen, um meine Vision Wirklichkeit werden zu lassen. Dabei traf ich Reza wieder, mit dem ich Jahre zuvor bei Prof. Malik in St. Gallen die Freuden und Leiden des Beraterlebens erfahren durfte. Reza stand gerade am Beginn seiner BMW-Karriere – damals als Data Scientist – und meine Vorhaben in puncto Unternehmenskultur interessierten ihn.

Wir führten gemeinsam erste Culture-Map-Workshops durch und machten uns daran, zu verstehen, welchen Herausforderungen altehrwürdige Unternehmen gegenüberstehen und wie sie in einer neuen Welt lebensfähig und erfolgreich bleiben können. Dafür analysierten wir die Unternehmenskulturen digitaler Champions im Vergleich zu traditionellen Unternehmen. Die Ergebnisse stießen auf breites Interesse und wurden heiß diskutiert. Sie ermöglichten eine konstruktive Auseinandersetzung mit Kulturmustern fernab der häufig polarisierenden Silicon-Valley-Diskussionen.

Reza beeindruckte mich mit seiner Neugierde und Offenheit. Immer wieder richtete er den Blick weit über den Tellerrand, um auch wirklich alle Punkte zu einem Gesamtbild zu verbinden. Zu diesem Zweck gelang es ihm – ähnlich seinen Helden der Renaissance –, Netzwerke zu bauen. Er tat dies frei vom schnöden Networking. Vielmehr brachte er immer wieder spannende Menschen zusammen, die sich gegenseitig inspirieren und in manchmal durchaus auch kritischen Diskussionen ihr Wissen austauschen, herausfordern und vermehren konnten.

Antrieb war und ist ihm dabei nie der eigene Erfolg oder gar die eigene Karriere. Reza strebt nach besseren Unternehmen und einer besseren Gesellschaft. Dafür gründete er den Connected Culture Club bei BMW, und dafür befasste er sich in den letzten Jahren intensiv mit dem Thema Transformation.

Rückblickend hätte es für mich keinen besseren Zeitpunkt geben können, um erneut auf Reza zu treffen. Er half mir entscheidend, meine Zukunft zu gestalten – nicht nur fachlich. Er bestärkte mich darin, meine Visionen weiterzuverfolgen und den Mut aufzubringen, für sie zu kämpfen.

Eigentlich ist es wenig verwunderlich, dass ausgerechnet Reza eine solch große Hilfe bei Veränderungen sein kann – ob für einzelne Person, für Organisationen oder für die Gesellschaft als Ganzes. Denn Transformation war Rezas ständiger Lebensbegleiter. Im Iran geboren, wurde er in den 1970er-Jahren als Kind Zeitzeuge der iranischen Revolution und des ersten Golfkriegs. Im Alter von 14 Jahren kam er gemeinsam mit seiner Schwester nach Deutschland – ohne seine Eltern. Schnell lernte er Deutsch und nahm ein Jahr später bereits am Schulunterricht teil. Mit 20 startete er seine akademische Karriere: Dem Grundstudium aus Mathematik und Philosophie folgten die zwei Diplomstudien Wirtschaftsinformatik und Betriebswirtschaftslehre sowie ein Masterstudium des Daten- und Informationsmanagements. Noch während seiner Studienzeit eröffnete Reza ein Gastronomieunternehmen, das er zu einem führenden Szenelokal in Hannover ausbaute und über 10 Jahre lang erfolgreich betrieb. Auf die Studien- und Gastronomiejahre folgten einige Beraterjahre im Gesundheitsbereich, in der IT und in der Managementberatung – wo sich unsere Wege dann auch erstmals kreuzten.

Während all dieser persönlichen Transformationen blieb Reza sich selbst treu: Ehrlich und authentisch träumt er von einer besseren Welt. Voller Energie und Leidenschaft arbeitet er daran, sie Wirklichkeit werden zu lassen. Er lebt seine kulturellen Ideale und schafft Verbindungen, aus denen Neues entsteht. Seine Botschaften transportiert er über inspirierende Geschichten und Bilder. So auch in seinem ersten Buch: *Die Magie der Transformation* zeigt, wie soziale Bewegungen wachsen und eine bessere Zukunft gestalten können.

So manchem Politiker wird das Zitat »Wer Visionen hat, braucht einen Arzt« zugeschrieben. Diese Aussage halte ich für falsch. Ich glaube, wer *keine* Visionen hat, braucht einen Arzt. Oder zumindest einen Reza Razavi und sein Imago-Prinzip.

Simon Sagmeister, The Culture Institute,St. Gallen, 2022

Dr. Simon Sagmeister ist Gründer von The Culture Institute in St. Gallen und Partner am Science House in New York. Er gilt als einer der führenden Experten für Unternehmenskultur.

Einleitung

Dieses Buch wurde aus der Idee heraus geschrieben, uns gemeinsam unsere Zukunft zurückzuholen. Es ist der Versuch eines Plädoyers, wie wir uns an der Gestaltung der zentralen Zukunftsthemen beteiligen können, und der Überzeugung geschuldet, dass die Zukunft zu wichtig ist, um sie nur einigen wenigen Entscheidungsträgern zu überlassen. Es ist ein optimistisches Buch – nicht weil Optimismus angenehmer als eine pessimistische Sicht auf die Entwicklung unserer Wirtschaft und Gesellschaft ist, sondern weil es für Pessimismus schlichtweg ein bisschen zu spät ist.

Wir leben in spannenden, aber auch turbulenten Zeiten – in einer Ära beschleunigter Umbrüche hinsichtlich unseres Klimas, unserer Demokratie, unseres Wirtschaftssystems, den Auswirkungen der Globalisierung, des kulturellen Identitätsverlustes. In Zeiten des Übergangs. In Sattelzeiten, in denen das Alte nicht mehr funktioniert wie gewohnt und das Neue noch nicht funktioniert wie gewünscht.

Wir leben in Zeiten, in denen die Systeme und Strukturen der modernen Gesellschaft sich nur durch Dynamik, Wachstum und Beschleunigung stabilisieren können.[1] Nicht nur um besser zu werden, sondern um den Status quo zu erhalten. Ohne Wachstum verlieren wir Jobs, schließen Firmen, sinkt das Steuereinkommen und das ganze System gerät in eine Schieflage.

Wir leben in Zeiten, in denen wir die gesunde Beziehung zur Natur verloren haben. Als angebliche Krone der Schöpfung bedienen wir uns aller natürlichen Ressourcen, als ob sie auf unserem endlichen Planeten grenzenlos zur Verfügung stünden. Wir plündern und vermüllen die Ozeane, dezimieren die Urwälder, laugen die Böden aus und verpesten die Luft. Wir sind fleißig dabei, uns selbst abzuschaffen. Wir predigen das Mantra des Wachstums, doch Wirtschaft ohne Menschen ergibt wenig Sinn.

Wir leben in Zeiten, in denen ein Virus um die Welt zieht und unser Leben, unsere Gesellschaft und Wirtschaft auf den Kopf stellt und wir mit Erstaunen erleben, dass es keine globale Führung und keinen gemeinsamen Aktionsplan gibt. Langsam begreifen wir, was Komplexität wirklich bedeutet und dass es wenig hilft, mit einem Mindset von gestern die komplexen Probleme von heute lösen zu wollen.

Wir leben in Zeiten, in denen wir zunehmende soziale Ungerechtigkeit spüren: ein Auseinanderfallen der Gesellschaft, eine Polarisierung und Fragmentierung, ein immer größer werdender Graben zwischen Arm und Reich. In vielen westlichen Ländern schrumpft die Mittelschicht als Basis der Gesellschaft. Die Leute fühlen sich abgehängt. Das führt auch dazu, dass sich die Menschen zunehmend radikalisieren. Sowohl am linken politischen Rand wie auch am rechten. Wir verlieren unseren sozialen Zusammenhalt.

Wir leben in Zeiten, in denen die Unternehmen sich in hochgradig dynamischen, komplexen und gesättigten Märkten bewegen, die von undurchschaubaren Bedingungen geprägt sind. Gleichzeitig beobachten wir ein Verharren in alten Strukturen mit überholten Bürokratien, Systemen, Kontrollmechanismen und Paradigmen und wir versuchen, mit alten Denkweisen und Methoden Symptome zu reparieren, ohne die Ursachen der entsprechenden Probleme zu kennen.

Wir leben in Zeiten, in denen die meisten Entscheidungsträger und Verantwortlichen unter »Zukunftsvergessenheit« leiden, weil sie ständig aktuelle Krisen und operative Themen meistern müssen. Der Philosoph Peter Sloterdijk spricht von *Zukunftsatheismus*[2] und meint damit, dass wir zwar um die Gefahren wissen, aber nicht fähig sind, dieses Wissen im politischen und wirtschaftlichen Handeln umzusetzen. Wie heißt es so treffend: Wir haben kein Wissens-, sondern ein Umsetzungsproblem.

Wir leben in Zeiten, in denen die langfristige Lebensfähigkeit eines Unternehmens nur durch Kooperation, gute Kommunikation und Vernetzung sichergestellt werden kann. Doch die Entscheidungsträger in ihren Machtzentren sind häufig vor allem auf »Besitzstandswahrung« bedacht. Statt die Wissensträger zu Beteiligten in den Organisationen zu machen, werden sie kleingehalten. Einzelinteressen dominieren das Gesamtinteresse von Unternehmen.

Wir leben in Zeiten, in denen Mitarbeiterinnen, Mitarbeiter, Bürger und Bürgerinnen sich immer weniger am Geschehen beteiligen. Wir beobachten eine sinkende Wahlbeteiligung und abnehmende Parteienmitgliedschaften. Das Forschungsinstitut Gallup liefert regelmäßig auch für Organisationen erschreckende Befunde. Weltweit sind nur 15 Prozent der Angestellten emotional mit ihrer Arbeit verbunden, die große Mehrheit macht bestenfalls Dienst nach Vorschrift und zeigt kein eigenes Engagement. Das bedeutet, dass die Menschen sich zwar als Teil von, aber nicht als Teilnehmende an gesellschaftlichen und wirtschaftlichen Prozessen fühlen.

Wir leben in Zeiten von Vertrauens- und Legitimationskrisen. Die Entscheidungsträger in der Wirtschaft denken zu kurzfristig und richten ihr Tun auf schnelle Gewinne und das nächste Quartalsergebnis aus. Das Gleiche erleben wir in der Politik. Hauptziel ist es, wiedergewählt zu werden und die Macht zu erhalten. Daher ist es nicht verwunderlich, wenn Mitarbeitende und Bevölkerung sich mit ihren Interessen nicht mehr vertreten sehen.

Wir leben in Zeiten, in denen Arroganz auf Ignoranz trifft – eine Art Haltungskrise. Da es den meisten Menschen in der westlichen Welt gut geht, ist die Motivation zur Veränderung gering. Die aktive Gestaltung der Zukunft ist in unserem Alltag und in der Politik kaum existent. Probleme werden wahrgenommen und im gleichen Moment schulterzuckend mit einem »Das Leben ist halt so« oder »Man kann gerade nix machen« ignoriert. Dies führt zu einer emotionalen Abstumpfung und einer tiefen kulturellen Verunsicherung.

Wir leben in Zeiten, in denen Fake News, Irrglaube und Desinformation dafür sorgen, dass wir in unterschiedlichen Realitäten leben. Wir können uns nicht einmal auf banale Fakten einigen. Doch Wahrheit beginnt immer zu zweit.[3] Mit ganz unterschiedlichen Wahrnehmungen der Realität und einer feindlichen Haltung dem anderen gegenüber fehlt jede Grundlage für einen Dialog.

Unser Leben scheint von Krisen bestimmt zu sein. Seit mehr als 25 Jahren gehört *Krise* zu den am häufigsten gebrauchten Begriffen in der öffentlichen Debatte. Die Krise wird inzwischen sogar als das *New Normal* bezeichnet. Tatsächlich haben wir uns schon daran gewöhnt, permanent in einer Vielzahl von Krisen zu leben – Krisen, die sich überlagern und wechselseitig befeuern. Markus Gabriel spricht von einer *Stapelkrise*[4]. Es scheint, dass die modernen Gesellschaften sich immer in Krisen fühlen, immer Krisen produzieren werden. Der Grund dafür liegt unter anderem in ihrer funktionalen Differenzierung. Moderne Gesellschaften bestehen aus unterschiedlichsten Akteuren und Institutionen, die in einem Netzwerk aus Funktionen, Interessen, Perspektiven und Kommunikation verbunden sind. Nun werden all diese Akteure mit Problemen und Herausforderungen konfrontiert, die sie allein nicht bewältigen können. Es gibt zu viele Vernetzungen und Optionen und aus jeder Perspektive sehen die Dinge völlig anders aus. Wer kann da die Hoheit für sich beanspruchen, die richtigen Entscheidungen zu treffen? Wer kann von sich behaupten, solche komplexen Systeme im Detail zu kennen, zu beherrschen und letztendlich zu kontrollieren? Wie ein großer Mikado-Stapel[5], sagt Richard David Precht, erscheinen die unterschiedlichen Bereiche wie Wirtschaft, Politik oder Bildung mit ihren jeweils eigenen Logiken, Zielen und Perspektiven aufeinander aufgebaut, und immer, wenn wir versuchen, einen Bereich zu ändern, haben wir das Gefühl, dass alles in sich zusammenfällt. Es handelt sich um komplexe Systeme. Komplex ist ein System dann, wenn es nicht mehr von eindeutigen Kausalitäten bestimmt wird, sondern durch Wechselwirkungen und Rückkopplungen zwischen den Prozessen mitgesteuert wird. Ein komplexes System weist mehrere richtige und falsche Lösungen auf.

Wo also fangen wir an? Was hat Priorität?

Viele der heutigen Entscheidungsträger behaupten, wir müssten zuerst an unsere Wirtschaft und unseren Wohlstand denken. Das sei die Basis für alles. Dies ist nicht überraschend, denn die Autorität der Wirtschaftswissenschaft ist enorm. »Die Wirtschaft ist gewissermaßen die Muttersprache der öffentlichen Ordnung, die Sprache des öffentlichen Lebens [...].«[6] Sie definiert, was priorisiert werden muss. Aber tut sie dies zu Recht?

Wir alle sind Nutznießer des heutigen Zeitalters. Wir haben das große Glück, in einer Zeit geboren worden zu sein, in der – zumindest in einem Großteil Europas – Rechtsstaat, Demokratie, Wohlstand und Sicherheit herrschen. Noch vor 100 Jahren war die Welt eine ganz andere, und das, was wir heute für selbstverständlich halten, war für die meisten Menschen ein unerfüllbarer Traum. Wir leben die Utopien unserer Urgroßeltern. So eine rasante Entwicklung und Modernisierung wie im Laufe der letzten 100 Jahre wurde in der Geschichte der Menschheit noch nie verzeichnet. Wir haben einen hohen Grad zivilisatorischen Fortschritts erreicht, der unter anderem darin besteht, dass wir individuelle Freiheit genießen und autonom unser Leben gestalten können. Wir haben die Möglichkeit, Entscheidungen zu treffen und unsere Meinung ohne Angst zu äußern. Wir dürfen in demokratischen Gesellschaften und Rechtsstaaten leben, die dafür sorgen, dass es Sozial-, Gesundheits- und Bildungsversorgung gibt. Wir haben Partizipationsmöglichkeiten, erleben funktionierende Institutionen und genießen einen noch nie da gewesenen ökonomischen Wohlstand.

All dies müssen wir schützen. Ohne unsere Grundrechte, Demokratie, Freiheit und eine offene Gesellschaft werden wir in allen Belangen zurückfallen. Wir haben viel erreicht, dessen sollten wir uns bewusst sein. Ich würde nicht in einer anderen Gesellschaft leben wollen, was Grundpfeiler wie Menschenrechte, Meinungsfreiheit, Minderheitenrechte und auch Gesundheitsversorgung angeht. Diese Werte, dieses

Gut, müssen wir verteidigen und ja, dafür brauchen wir auch eine gesunde und funktionierende Wirtschaft, denn ein demokratisches Gemeinwesen kostet Geld. Demokratie muss ein Parlament und Gerichtssystem haben. Sie brauchen Polizei und Institutionen.

Die Demokratie, die in den westlichen Ländern nach dem Zweiten Weltkrieg aufgebaut wurde, ist zweifellos erfolgreich. Aber auch sie ist im Wandel. Vor etwas mehr als 10 Jahren war die Zuversicht noch groß, dass die Zahl der demokratischen Staaten zunehmen würde. Der Aufbruch in den osteuropäischen Ländern und der Arabische Frühling signalisierten Hoffnung, dass autoritäre Regierungen durch mehr Demokratie und Menschenrechte abgelöst würden. Heute ist die Situation anders: Viele Länder, die sich demokratisch nennen, werden ihrem demokratischen Kern nicht gerecht und es gelingt auch nicht, neue Demokratien zu errichten. *Démos* bedeutet im griechischen »Volk« und *krátos* »Macht/Herrschaft«. Demokratie kann nur unter der Prämisse von Partizipation funktionieren. Dazu müssen alle, auch Minderheiten, die Chance haben, sich zu beteiligen.[7] Eine Herrschaft der Mehrheit über die Minderheit hat nichts mit Demokratie zu tun. In der Demokratie haben alle Menschen den gleichen Status. Sie haben den gleichen Respekt, die gleiche Anerkennung verdient. Wie Nida-Rümelin zu Recht sagt, ist eine Demokratie ohne ein humanistisches Ethos nicht lebensfähig. Eine Demokratie lebt vom Pluralismus. Sie bedarf des Dialogs, des Streits, der Diskussion. Demokratie ist Regieren durch Argumente. Leider kann die Demokratie ihre Voraussetzungen selbst nicht garantieren.[8]

In letzter Zeit wird unter dem griechischen Wort *Démos* scheinbar immer öfter nicht das Volk verstanden, sondern eine Elite. Wer nicht zu dieser Elite angehört, kann sich nicht oder kaum einbringen und bei den Zukunftsthemen mitwirken. Viele einfache Bürgerinnen und Bürger westlicher Demokratien haben den Eindruck, sie könnten nichts verändern und sie würden nicht gehört. Sie wissen nicht, wie sie Veränderungen in Gang bringen können.

Ähnlich sieht es in den Organisationen aus. Fraglos stehen Unternehmen heute vor großen Herausforderungen und müssen in immer komplexeren und hochgradig gesättigten Märkten agieren. Sie wollen und müssen diesen Wandel meistern, doch auf ihrer Agenda vermischen sich Change und Transformation zu sehr. Diese wichtige Unterscheidung geht im Diskurs von Wirtschaft, Politik und Gesellschaft häufig verloren. Die Begriffe werden synonym verwendet – mit fatalen Folgen. Viele Verantwortliche zeigen zudem eine Geisteshaltung, die noch aus Lehrbüchern der

1950er-Jahre stammt, welche auf den Theorien von 1890[9] und auf alten Prinzipien und Wirtschaftslogiken wie dem Homo oeconomicus beruhen. Frei nach dem Motto »Wasch mir den Pelz, aber mach mich nicht nass« beharren sie lieber auf den altbewährten Methoden und Verfahren, die Teil des Problems sind. Sie ignorieren dabei auch, wie wertvoll ihre Mitarbeiterinnen und Mitarbeiter bei der Mitgestaltung einer Transformation sein könnten. Stattdessen werden Machtzentren zementiert, Informationen zurückgehalten, statt Freiräumen werden mehr Kontrolle und Bürokratie aufgebaut. Obwohl jeder weiß, dass Zahlen und Prognosen keine Sicherheit geben und eigentlich nie zutreffen, baut alles auf Business Cases – zahnlose Tiger – auf. Viele kritische Themen werden verdrängt und tabuisiert. Man spricht nicht darüber. Geführt wird nach wie vor nach dem Prinzip: Oben schlägt unten. Die Führungskräfte bestimmen die Zukunftsthemen, die Teams setzen um.

Das Thema *Transformation* hat momentan Hochkonjunktur. Es beherrscht die Schlagzeilen der Tages- und Wirtschaftspresse. Kaum einer zweifelt mittlerweile daran, dass wir vor einer der größten Systemtransformationen der Geschichte stehen. Die Phänomene Digitalisierung, Globalisierung, Individualisierung und Komplexitätssteigerung sind die Treiber der Transformation und geben eine hohe Schlagzahl vor. Wenn wir einen historischen Vergleich wagen wollen, dürfte die Transformation von heute ähnliche Ausmaße haben wie das Verschwinden der Agrargesellschaft und ihre Ablösung durch die Industriegesellschaft.[10] Damals kristallisierte sich eine neue Form des Zusammenlebens heraus: eine bürgerliche Gesellschaft, die auf dem Prinzip der Arbeit und dem damit einhergehenden Ideal der Tüchtigkeit und der Leistungsgesellschaft beruhte. Die alten Strukturen der Feudal- und Ständegesellschaft wurden um das Bürgertum erweitert.[11] Nun galten andere Logiken wie die Steigerungslogik, Wettbewerbslogik und Leistungslogik. Nicht mehr die Klasse oder der Stand bestimmten das Leben der Menschen, sondern jeder hatte die Freiheit, durch Arbeit Leistung zu erbringen und sein Leben selbst zu bestimmen. Die leistungsorientierten Menschen haben im Verlauf der Moderne weitere Logiken implementiert wie die Beschleunigungslogik, Selbstoptimierungslogik, Maschinenlogik und Multioptionslogik, auf die wir im Verlauf des Buches näher eingehen werden.

Was eine Transformation auszeichnet, ist ihre systemische Dimension. Transformationen zeigen Auswirkungen in allen Lebensbereichen – von der Ökonomie und Politik über die Bildung und Wissenschaften bis zu unseren persönlichen Identitäten. Transformationen ändern nicht nur unser Umfeld, sie ändern auch uns: die Art, wie wir leben, denken, arbeiten und miteinander umgehen, wie wir produzieren, konsumieren, distribuieren und finanzieren.[12] Damit nicht genug: Transformationen sind globaler Natur, auch wenn sie nicht überall gleichzeitig stark ausgeprägt sind.

Doch Transformation entsteht nicht von heute auf morgen, das Alte wird nicht direkt vom Neuen abgelöst. Sie ist auch keine Veränderung in Form einer Optimierung der Moderne, wie wir sie bislang als stromlinienförmige Entwicklungsschritte beobachtet haben. Transformation ist träge. Die Wirkung und gleichzeitig die Gestaltung der großen gesellschaftlichen Umbrüche haben oftmals mehrere Hundert Jahre gedauert. Die Renaissance, die wir als ein Beispiel für Transformation in Kapitel 3 näher betrachten, lässt diese Trägheit erkennen. Ganz anders die industrielle Revolution: Sie hat unsere Gesellschaft vergleichsweise schnell verändert, gleichwohl sie schwierig war und radikale Umbrüche in Bezug auf Arbeitnehmerrechte, Kinderarbeit, Gesundheitsversorgung und Frauenrechte brachte. Und ich befürchte, dass auch die jetzige Transformation uns nicht allzu viel Zeit gibt. Doch der Blick zurück zeigt auch, dass all diese Dinge trotz großer Hürden umgesetzt wurden und dass die Anstrengungen sich gelohnt haben, weil sie die Gesellschaft insgesamt modernisiert und vorangebracht haben.

Ich halte die Transformation für das wichtigste Thema, das uns heute in Gesellschaft und Wirtschaft beschäftigt. Ob wir scheitern oder uns zu neuer Blüte aufschwingen – die Zukunft liegt gestaltbar in unseren Händen und Köpfen. Entscheidend ist, wie wir als Menschen und Gesellschaft die Transformationsthemen anpacken und wie wir unser vorhandenes Potenzial nutzen, um das Gelingen zu fördern und die Risiken zu minimieren.

Dafür müssen wir aktiv werden und uns an der Gestaltung beteiligen.

- Wie wollen wir leben?
- Auf welche Errungenschaften und Werte wollen wir auf gar keinen Fall verzichten?
- Welche Art von Gesellschaft wünschen wir uns?
- Müssen wir unsere Demokratie modernisieren?
- Welche kulturellen Leistungen in Form von Institutionen, Regeln, Verboten und Gesetzen gewährleisten ein würdiges Zusammenleben von bald zehn Milliarden Menschen auf diesem Planeten?
- Wie kann sich die Wirtschaft weiterentwickeln, ohne die natürlichen Ressourcen auszubeuten? Brauchen wir ein qualitatives Wachstum?

Ich bin überzeugt, dass die Antworten auf diese fundamentalen Fragen aus ebenso partizipativen wie kollaborativen Transformationsprozessen resultieren. Nur durch soziale Bewegungen und Partizipation können wir unsere Gesellschaft modernisieren. So funktioniert Demokratie – also offene Gesellschaften, die Kritik, Protest und Vielfältigkeit zulassen und aushalten, um sich weiter zu modernisieren. Diktaturen und Autokratien sind dazu nicht geeignet, denn sie wollen nichts verändern.

Als ich vor Jahren das faszinierende Naturschauspiel der Metamorphose von der Raupe zum Schmetterling näher betrachtete, beeindruckte mich die metaphorische Kraft dieses Vorgangs. Ich sah darin ein Narrativ, eine Geschichte, die hilfreich sein könnte, um uns ein Bild der bevorstehenden Transformation zu geben. Insbesondere die sogenannten Imagozellen, die die Raupe nach der Verpuppung zu einem völlig neuen Insekt umprogrammieren, dienten mir als Inspiration, als passende Metapher und tragfähiges Modell, denn obwohl die Imagozellen die Vorstellung des neuen Schmetterlings als genetischen Code in sich tragen, werden sie vom Immunsystem der Raupe zunächst als Fremdkörper vehement bekämpft und lernen erst mit der Zeit, miteinander zu kommunizieren und Cluster zu bilden. Schließlich vermehren sie sich so rasant, dass sie vom Immunsystem nicht mehr schnell genug beseitigt werden können, und verwirklichen ihr Ziel: das Insekt als Schmetterling neu zu erschaffen.

Analog zu dieser gelungenen Transformation können wir das Imago-Prinzip als erfolgversprechenden Ansatz für einen Veränderungsprozess betrachten, in dem Pioniere den gesellschaftlichen Status quo reflektieren, die inneren Bilder der Menschen infrage stellen und in partizipativen Diskursen neue Visionen und Zukunftsbilder schaffen. Nach und nach werden in diesem Prozess immer mehr Menschen durch den geteilten Sinn, das gemeinsame Anliegen mobilisiert und ermöglichen so die Transformation als Bewegung.

Darüber hinaus bin ich sogar davon überzeugt, dass unser Denken analog zum Imago-Prinzip prinzipiell darauf angelegt ist, immer wieder neue Strukturen zu erfinden, und stetig neu geboren werden will – um es einmal pathetisch zu formulieren. Aber Transformation ist alles andere als ein Selbstläufer. Sie wird vor allem durch Handlungen einer Vielzahl von Individuen konstituiert, beeinflusst, befördert oder gehemmt.[13] Wir müssen lernen, geduldig zu sein. Wie alle bisherigen Transformationen wird auch die aktuelle nicht frei von Konflikten und Unsicherheiten, von Verwirrungen und gesellschaftspolitischen Auseinandersetzungen sein. Aber wenn wir ein klares Bewusstsein für die Besonderheiten von Transformation entwickeln und ihr mit einem hohen Maß an Offenheit begegnen, gepaart mit der grundlegenden Bereitschaft, tradierte Denkmuster zu überwinden, können wir die anstehenden Transformationen in Wirtschaft und Gesellschaft zum Wohle aller gestalten. The Future is up to us.

Dieses Buch ist so aufgebaut, dass es den Leserinnen und Lesern ein vertieftes Verständnis von Transformation ermöglicht. Durch Geschichte und Geschichten, Beispiele und Reflexionen, neue Perspektiven und Denkansätze lädt das Buch dazu ein, die wiederkehrenden Muster der Transformation besser zu verstehen und auf dieser Grundlage aktiv mitzugestalten.

Kapitel 1 beschreibt die Metamorphose des Schmetterlings als Analogie und Metapher für Transformation.

Kapitel 2 behandelt die Unterscheidung von Change und Transformation und beleuchtet die Bedingungen der Möglichkeit von Wandel in Organisationen und in der Gesellschaft.

In Kapitel 3 betrachten wir, wie Transformation in der Renaissance gelang, und was wir daraus für unsere Zeit lernen können.

In Kapitel 4 beleuchten wir den Paradigmenwechsel in der Telekommunikationsindustrie als Beispiel für Transformation.

Kapitel 5 spürt dem gemeinsamen Anliegen nach, das jeder Transformation innewohnt.

Kapitel 6 verweist auf die Bedeutung der Haltung und der inneren Bilder, deren wir uns versichern müssen.

Kapitel 7 interpretiert Zukunft und Zukunftsfähigkeit als eine Entscheidung.

Kapitel 8 befasst sich mit den gedanklichen Fundamenten von Transformation.

Kapitel 9 reflektiert die kulturellen Rahmenbedingungen von Transformation in Gesellschaft und Wirtschaft.

Kapitel 10 rückt die Akteure von Transformation in den Mittelpunkt: die Imagos.

1

DAS IMAGO-PRINZIP

DIE MAGIE DER METAMORPHOSE

»Wenn Sie Schmetterlinge lieben, sollten Sie nicht auf Raupen treten!«
Elisabet Sahtouris

*»Im Kokon ist ein Schmetterling sicher.
Aber dafür sind Schmetterlinge nicht gemacht.«*
Unbekannt www.klub-der-kommplizen.de

*»Wir staunen über die Schönheit eines Schmetterlings,
aber erkennen die Veränderungen so selten an,
durch die er gehen musste, um so schön zu werden.«*
Maya Angelou

*»Was für die Raupe das Ende der Welt,
ist für den Rest der Welt ein Schmetterling.«*
Laotse

Vor einigen Jahren, als ich lange im Zug saß, um vom tiefsten Süden in den hohen Norden Deutschlands zu fahren, las ich in einem Buch. Ich beschäftigte mich schon damals mit Transformation und wollte verstehen, wie diese auf der Metaebene funktioniert, also welchen persönlichen und psychischen Prozess Menschen während einer grundlegenden Veränderung durchlaufen. In dem Buch beschrieb die Autorin eine Art Kurve, die das emotionale Erleben von Menschen in Veränderungsprozessen abbildet. Ich wollte mehr darüber erfahren, bis mir eine Geschichte, die die Autorin erzählte, einen kalten Schauer über den Rücken laufen ließ.

Im Alter von neunzehn Jahren verließ die junge Frau die Schweiz, um eine Reise durch das gerade befriedete Nachkriegseuropa zu machen.[14] Sie reiste zuerst nach Frankreich, es folgten Freiwilligeneinsätze in Belgien, Italien, Schweden und Polen. In Polen nahm sie an einer humanitären Hilfsaktion des Internationalen Friedensdienstes teil und besuchte das Konzentrationslager Majdanek am Stadtrand von Lublin. Natürlich hatte sie von den KZs gehört und darüber gelesen. Doch vor Ort zu sein, war etwas anderes. Sie war erschüttert, Waggonladungen kleiner Schuhe und menschlichen Haares von ermordeten Kindern zu sehen, die Krematorien vor Augen und ihren Geruch in der Nase zu haben.

»Damals kannte ich das Leben nicht. Doch als ich an diesem Ort, in Maidanek, stand, überfielen mich plötzlich die Schrecken der ganzen Welt. Nach einer solchen Erfahrung kann man nie mehr derselbe Mensch sein wie zuvor.«

Sie ging in die Baracken, in denen die Kinder die letzte Nacht ihres Lebens verbracht hatten. Sie suchte nach Spuren und Botschaften der Kinder und fand Bilder und Symbole, die diese mit einem Stückchen Kreide oder auch nur mit den Fingernägeln in die Wand geritzt hatten.

»Das am häufigsten auftauchende Bild war der Schmetterling. Ich sah all diese Schmetterlinge. Ich war damals noch sehr jung. Ich wusste nicht viel. Ich hatte keine Vorstellung, (…) warum diese Kinder Schmetterlinge sahen.«[15]

Es sollte ein Vierteljahrhundert dauern, bis die junge Frau von damals verstand, was diese Schmetterlingsbilder zu bedeuten hatten. Als Wissenschaftlerin und Ärztin hatte sie inzwischen umfangreiche Erfahrungen mit sterbenden Kindern gesammelt und war zu einer Pionierin der Sterbeforschung avanciert. Ihr Name: Elisabeth Kübler-Ross.

Wahrscheinlich geht es Ihnen genauso, wie es mir damals ging, als ich die Geschichte zum ersten Mal hörte. Einerseits war ich ergriffen und fassungslos angesichts des eindrücklichen Berichts über die Verbrechen und Grausamkeiten der *Nazis* und anderseits faszinierte mich die Kraft des Schmetterlingssymbols, das dem Gräuel etwas wie Hoffnung, Freiheit und Neubeginn entgegenzusetzen schien.

Schon immer haben Schmetterlinge eine besondere Begeisterung und Bewunderung in mir ausgelöst. Seit meiner frühesten Jugend faszinierten mich ihre Farbenpracht, die Zartheit und Leichtigkeit ihres umherflatternden Daseins und das Wunder ihrer Verwandlung. Seitdem ich die Geschichte der Kinder von Majdanek von Kübler-Ross gelesen habe, haben Schmetterlinge eine noch größere Bedeutung für mich gewonnen.

Bis heute ist mir kein einziger Mensch begegnet, der sich der Schönheit von Schmetterlingen entziehen kann. Fast alle verspüren eine Regung in der Seele bei der Ansicht eines so ätherischen Wesens. Der Schmetterling berührt etwas in uns, erzeugt eine Resonanz, die mit unserer Sehnsucht nach Freiheit, Verwandlung, Leichtigkeit und Unbeschwertheit zusammenhängt.

Der Schmetterling in Kunst und Kultur

Mit unserer Bewunderung für den Schmetterling sind wir nicht allein. Seit der Antike haben Schmetterlinge in vielen Mythen und alten Kulturen ihren Platz. Wir finden sie in unzähligen Kunstwerken, Legenden, Geschichten, Liedern und Gedichten – bis in die Neuzeit hinein. Im antiken Griechenland galten Schmetterlinge als Verkörperung der menschlichen Seele; das altgriechische Wort für Schmetterling lautete ψυχή, *psuchḗ* oder *psyche*, auf Deutsch »*Hauch, Atem, Seele*«. In der griechischen Mythologie ist *Psyche* die Göttin der menschlichen Seele und von so großer Schönheit, dass sie selbst Aphrodite, die Göttin der Schönheit und Liebe, in den Schatten stellt. In vielen mythologischen Darstellungen erscheint die Seele mit Schmetterlingsflügeln: Vom Tode erlöst, kann sie sich von ihrer Hülle befreien und in die Höhe erheben.

Zwar symbolisiert der Schmetterling sowohl im Persien des Altertums, im alten Ägypten, in Japan als auch in der Tradition der Kelten vorrangig Schönheit und

Liebe, doch die meisten Kulturen verehren ihn vor allem als Botschafter der Hoffnung auf ewiges Leben, auf die Verwandlung nach dem Tod, also auf eine Wiedergeburt.[16]

Auch in der christlichen Kunst und Kultur fand der Schmetterling Eingang: als Zeichen des unvergänglichen Lebens und der Unsterblichkeit des Menschen. In einem der tiefgründigsten und meistinterpretierten Gedichte Johann Wolfgang von Goethes steht der Schmetterling für die Grunddynamik des Lebens: das Werden und Vergehen, der Transformation als Taktgeber des Lebens.

Selige Sehnsucht
Sagt es niemand, nur den Weisen,
Weil die Menge gleich verhöhnet,
Das Lebend'ge will ich preisen,
Das nach Flammentod sich sehnet.

In der Liebesnächte Kühlung,
Die dich zeugte, wo du zeugtest,
Überfällt dich fremde Fühlung,
Wenn die stille Kerze leuchtet.

Nicht mehr bleibest du umfangen
In der Finsternis Beschattung,
Und dich reißet neu Verlangen
Auf zu höherer Begattung.

Keine Ferne macht dich schwierig,
Kommst geflogen und gebannt,
Und zuletzt, des Lichts begierig,
Bist du Schmetterling verbrannt.

Und so lang du das nicht hast,
Dieses: Stirb und werde!

Bist du nur ein trüber Gast
Auf der dunklen Erde.[17]

Auch in der Gegenwart spielt die Symbolkraft des Schmetterlings immer wieder eine Rolle. Im Jahr 1969 erscheint mit »Papillon« einer der berühmtesten Gefängnisromane der Gegenwart. Der Autor des Buches, Henri Charrière, verbrachte über zehn Jahre in einem Gefängnis in Französisch-Guayana und unternahm währenddessen unzählige Fluchtversuche. Mit »Papillon« erzählt er in teils autobiografischer Weise aus dieser Zeit. Der Schmetterling, den er sich auf den Halsansatz tätowiert hatte, ist hier das Symbol der Freiheit und der Unbeugsamkeit. Unvergessen sind auch viele eindrückliche Szenen aus dem 1973 gedrehten gleichnamigen Kinofilm mit Dustin Hoffman und Steve McQueen.

Nur wenige Jahre später rückt der Schmetterling erneut ins Rampenlicht und wird mit dem Song »My Butterfly« des französischen Schlagersängers Danyel Gérard zum Evergreen einer ganzen Generation und Epoche. Der Schlager, der den Kosenamen einer verflossenen Liebe verewigt, ist voller romantischer Motive. Er besingt Wind, Sonne, Meer und Vögel und zeigt sich beeinflusst von der Flower-Power-Bewegung, die damals ihren Höhepunkt erlebte.

Die Magie der Metamorphose

So vielfältig die schöngeistige Symbolik der farbenprächtigen Falter ist, so faszinierend ist ihr Werden in der naturwissenschaftlichen Betrachtung: vom Ei zur Raupe zur Puppe zum Schmetterling. Sobald sich die Raupe in ihren Kokon einspinnt, beginnt eine einzigartige Metamorphose. Angeregt durch spezielle Enzyme, löst sich die bisherige Zellstruktur der Raupe allmählich auf. Erstaunlicherweise werden dabei nicht alle Raupenzellen vernichtet. Der Prozess setzt langsam ein. Die Raupe verdaut sich selbst und beginnt mit dem teilweisen Abbau ihrer Zellen. Dabei wird ihr Gewebe zerkleinert und in eine Art Protein-Suppe umgewandelt, aus der sich neue Zellen bilden. Diese völlig neuartigen Zellen werden von der Wissenschaft »Imagozellen« genannt. Sie sind insofern imaginativ, weil sie noch keine Schmetterlingszellen sind, sondern lediglich die Vision des künftigen Schmetterlings in sich tragen. Sie enthalten ein Zukunftsbild ihrer selbst. Gleichzeitig sind sie so andersartig, dass sie von der sich auflösenden Raupe als Fremdkörper eingestuft und attackiert werden. Es herrscht große Verwirrung auf der Zellstrukturebene. Dem Immunsystem der Raupe gelingt es, diese erste Generation von Imagozellen zu eliminieren. Aber diese geben nicht auf und bleiben hartnäckig, sodass immer neue Imagozellen entstehen. In diesem Prozess gibt es einen Zeitpunkt, ab dem jede bekämpfte Zelle durch Tausende neuer Zellen ersetzt wird. Die Imagozellen sind lernfähig und sie kommunizieren miteinander. Sie verbinden sich und bilden mit der Zeit Cluster, die untereinander einen intensiven Informationsaustausch betreiben.

Nach einiger Zeit ist das Immunsystem der Raupe überwältigt und kann die andersartigen Zellen nicht mehr schnell genug zerstören. Immer mehr Imagozellen überleben, bis die Anzahl der Imagozellen und ihrer Verbindungen eine kritische Masse erreicht. Die Imagozellen setzen sich letzten Endes durch und dirigieren den weiteren Umbau der Raupe. Dabei hat jede Zelle ihre eigene Aufgabe. Für jede der neuen Zellen gibt es etwas zu tun, alle sind wichtig. Für jeden Körperteil im künftigen Schmetterling existiert bereits eine Imaginalscheibe, die einen Körperteil im künftigen Insekt gestaltet und alle anderen Zellen unterstützen sie darin, genau das zu tun. Eine Imaginalscheibe für den Flügel eines Schmetterlings kann zum Beispiel mit 50 Zellen beginnen und auf 50.000 Zellen anwachsen, bis der Flügel schließlich komplett aufgebaut ist.

In ihrer Metamorphose wird die Raupe systematisch auseinandergenommen und neu zusammengesetzt bis zur vollständigen Verwandlung. Dabei findet ein fast vollständiger körperlicher Umbau statt: Es gibt kein Körperteil, das der Schmetterling von seiner Raupe übernommen hätte. In meinen Vorträgen bekomme ich häufiger zu hören, dass all dies geschähe, um die Raupe als einen gierigen, destruktiven Konsumenten von grünen Blättern durch die Verwandlung positiv zu ersetzen. Doch darum geht es nicht. Es geht nicht darum, zu bewerten, ob ein Schmetterling besser oder schlechter ist als eine Raupe. Vielmehr geht es darum, zu verstehen, dass an die Stelle der Raupe ein vollkommen anderes Wesen treten muss, weil die Raupe in ihrer alten Form nicht überlebensfähig ist.

Abbildung 1: Der Imago-Prozess – Die Metamorphose von der Raupe zum Schmetterling

Die Raupe ist eine Fressmaschine. Ihr einziger Zweck ist es, zu fressen und zu wachsen. Alles an der Raupe ist auf das Fressen ausgerichtet. Deshalb ist der Körper der Raupe im Wesentlichen ein Rumpf mit Verdauungsorgan. Raupen nehmen fast pausenlos Nahrung auf. Sie schaffen es, in weniger als zwei Wochen ihr Körpergewicht um 3000 Prozent zu steigern. Dafür müssen sie sich fünf- bis sechsmal häuten, da ihre oberste Hautschicht nicht dehnbar ist. Der kleine Kopf der Raupe besteht hauptsächlich aus kräftigen Nahrungsorganen. Ihre Augen können nur zwischen Licht und Dunkel unterscheiden.

Das Problem der Raupe ist, dass sie geschlechtslos ist und sich aus sich selbst heraus nicht vermehren kann. Die Metamorphose ist ihre Rettung – und gleichzeitig ihr Untergang. Sobald die Raupe genug Nahrung aufgenommen hat, stellt sie das Fressen ein und sucht sich einen geschützten Ort, an dem sie sich aufhängen und verpuppen kann. Im Schutz des Kokons geschieht nun Unglaubliches. Die Raupe erfindet sich neu. Aus einem erdgebundenen, pflanzenfressenden Wesen mit eingeschränkter Sicht und Bewegung entsteht ein Insekt, das mit einem außergewöhnlichen Navigationssystem ausgestattet ist.[18] Ein Schmetterling hat keine Ähnlichkeit zu einer Raupe – weder äußerlich noch hinsichtlich der Funktionsweise seines Körpers. Der Schmetterling hat ein neues Herz, neue Augen, Fühler, einen neuen Stoffwechsel. Er ist kein Wurm mit Flügeln. War die Raupe ein Rumpfwesen mit kleinen Extremitäten, so geht beim Schmetterling alles von der Brust des Tieres aus: die häufig farbenfrohen Flügel und auch die sechs zarten Beine, die zum Festhalten und nicht zum Gehen gebraucht werden. Mit ihrem langen Rüssel nippen sie an den süßen Blütensäften und nehmen damit Blütenstaub auf, den sie von einer Pflanze zur anderen tragen. Die wichtigste Aufgabe des Schmetterlings besteht darin, für Nachkommen zu sorgen.[19]

So wichtig dieser praktische Nutzen der schönen Falter auch ist, so wenig erschöpft sich darin ihr Wesen. Denn ihre Ästhetik und vielfältige Schönheit geht weit über das Thema Arterhaltung und Fortpflanzung hinaus. Vielleicht ist die Farben- und Formenpracht der flüchtigen Falter ja auch ein wenig dazu da, um von uns bewundert zu werden?

Der Schmetterling als Vorbild für Transformation

Schmetterlinge sind ein Faszinosum der Natur. Sie sind ein Wunder an Kreativität, Design und Verwandlung, das uns zum Staunen bringt. Wenn wir sie betrachten, kommen wir nicht umhin, uns zu fragen: Wie ist das möglich? Ein Beleg für die Magie, die von dieser Verwandlung ausgeht, ist das Kinderbuch »Die kleine Raupe Nimmersatt«, das weltweit mehr als 50 Millionen Mal verkauft und in 64 Sprachen übersetzt wurde. Aber auch für die Transformation von Organisationen sind Schmetterlinge ein wunderbares Symbol. Dies zum einen, weil sie vier völlig unterschiedliche Lebensformen durchlaufen (Ei, Raupe, Puppe, Schmetterling) und Künstler der Verwandlung und Erneuerung sind. Zum anderen, weil sie Eigenschaften mitbringen, die uns in der heutigen Wirtschaftswelt als Vorbild und Inspiration dienen können. Im folgenden Überblick beleuchten wir diese Eigenschaften näher.

Vielfalt

Die Vielfalt der Schmetterlinge ist einfach überwältigend. Sie bilden mit rund 180.000 Arten und 130 Familien neben den Käfern die formenreichste Insektenordnung. Jede einzelne dieser 180.000 Arten hat ein anderes Farbmuster und anders geformte Flügel. Kein Künstler der Welt wäre in der Lage, diese Varietät zu erschaffen.

Überlebensfähigkeit

Schmetterlinge existieren schon seit der Kreidezeit, also seit mehr als hundert Millionen Jahren auf dieser Erde. Man findet diese Überlebenskünstler auf allen Erdteilen mit Ausnahme der Antarktis. Es gibt kaum ein Lebewesen, das im Laufe der Evolution so überlebensfähig war wie der Schmetterling.

Verbundenheit

Schmetterlinge sind gebende Wesen und tragen durch Bestäubung zum Erhalt unzähliger Arten bei. Zudem sind sie wichtige Bioindikatoren und reagieren sensibel auf die Veränderungen ihrer Umwelt.

Strategisches Talent

Man kann bei den Schmetterlingen eine faszinierende Vielfalt unterschiedlicher Überlebensstrategien beobachten, mit denen sie sich gegen hungrige Vögel, Fledermäuse und andere Tiere schützen. Zum Beispiel finden sie sich während der nächtlichen Ruhephase in kleinen Gruppen zusammen, was den Feinden den Angriff deutlich erschwert.

Agilität und Leichtigkeit

Schmetterlinge sind der Inbegriff von Agilität und Leichtigkeit. Sie bezaubern uns nicht nur durch ihre filigrane Schönheit, sondern können mit einem Gewicht von wenigen Gramm mehr als 80 Kilometer am Tag fliegen und dabei mit ihrer Energie sehr gut haushalten.

Anpassungsfähigkeit

Während der Metamorphose von der Raupe zum Schmetterling ändert sich vieles, doch der genetische Code bleibt gleich. Diese Anpassungskünstler verändern sich also, ohne dabei ihre Identität aufzugeben.

So faszinierend der Verwandlungsprozess des Schmetterlings ist, so wesentlich ist auch der eigentliche Sinn und Zweck der Metamorphose, denn die Raupe geht nicht unter, damit ein schöner Schmetterling entsteht. Beide Daseinsformen haben ihre Berechtigung, jedoch unterschiedliche Aufgaben im Leben des Insekts. Ohne die Verwandlung kann es kein zukünftiges Leben geben. Es geht darum zu verstehen, dass erst die Weiterentwicklung für das Überleben sorgt. Und das gilt für die Transformation von Organisationen ebenso. Der Prozess der Metamorphose gibt uns wertvolle Hinweise darauf, was und wie wir etwas tun müssen, um Transformation im Unternehmen zu gestalten.

Kosmetische Transformationsmaßnahmen: Nicht mehr als angeklebte Flügel

Vielen Unternehmen dämmert es mittlerweile, dass sich in der heutigen Welt etwas ändern muss. Doch ihr Vorantreiben des Wandels entpuppt sich bei näherem Hinsehen oftmals als eher unbeholfen und oberflächlich. Sie konzentrieren sich auf die Mechanik der Transformation im Sinne des Ursache-Wirkungs-Prinzips oder sie versuchen, durch die radikale Überstülpung von Methoden aus den letzten Changemanagement-Trends ihre Organisation zu verändern.

Was sie dabei oftmals übersehen, ist die tiefere Bedeutung der Transformation. Um im Bild der Metamorphose zu bleiben: Es ist keine gute Idee, der Raupe lediglich schillernd-bunte Schmetterlingsflügel anzuheften, denn diese Flügelattrappen sind weder ein neu entstandener Körperteil des Organismus, noch sind sie funktional. Die Raupe kann mit solchen nachgebildeten Aufsätzen nichts anfangen, sie werden ihr sogar hinderlich sein. Und niemals wird auf diese Weise aus der Raupe ein

Schmetterling werden. Sie ist und bleibt eine Raupe, auch wenn sie sich äußerlich geändert hat.

Ähnlich funktionieren viele Changeprojekte in Unternehmen, die aufgesetzt werden, um neuen Herausforderungen oder Marktbedingungen zu begegnen: Der Wandel geschieht nicht von innen heraus, sondern ist eher kosmetischer Natur. Damit neu implementierte Strukturen funktionieren, müssen die Akteure – so die Top-down-Vorgabe – ihr Verhalten ändern. Im Unterschied dazu ist Transformation keine Vorgabe, sondern das Ergebnis eines Prozesses, und zwar anhaltender, unternehmensweiter Motivation und des Engagements für ein gemeinsames Ziel.

Kollektive Transformation in Organisationen

Ich bin davon überzeugt, dass wir aus der Metamorphose des Schmetterlings viel lernen und dies auf Unternehmen, Gesellschaft und Organisationen übertragen können. Lassen Sie mich kurz erklären, weshalb ich diese Überzeugung hege. Gesellschaftliche oder unternehmerische Transformation beginnt mit dem Auftauchen »imaginierender« Individuen oder Pioniere. Oftmals werden sie als »Abweichler«, »Spinner« oder Außenseiter wahrgenommen, weil sie das Bestehende angreifen, vielleicht sogar zerstören wollen. Sie schwimmen gegen den Strom und stellen alte Gewohnheiten und Gesetzmäßigkeiten infrage. Für sie spricht, dass sie in der Regel mit einem gemeinsamen Anliegen, einem Langzeitziel verbunden sind – auch wenn dieses zu Beginn noch vage ist.

Diese Pioniere sind unsere Zukunfts- oder Imagozellen, die sich innerlich mit der Zukunft verbinden und das Heute aus der Zukunft heraus lenken. Diese Individuen sind so etwas wie Fackelträger[20] einer sich entfaltenden Zukunft. Sie schaffen eine Brücke, eine Verbindung zwischen heute und morgen. Die Reaktionen auf diese Wegbereiter sind freilich unterschiedlich. Oft bestehen sie darin, die Zeichen des Neuen zu ignorieren, erste Bewegungen zu unterdrücken oder die neuen Gedanken auszublenden. Sie werden belächelt und auch bekämpft. Das Immunsystem der alten Gesellschaft versucht, diese Visionäre loszuwerden. Dennoch verhindern diese Reaktionen nicht, dass immer mehr neue »imaginierende« Individuen auftauchen. Im Gegenteil! Mit der Zeit bilden sich Cluster von Gleichgesinnten, die sich untereinander austauschen und Gemeinschaften bilden. Sie lernen, sich gegenseitig in ihren jeweiligen Identitäten und Fähigkeiten zu unterstützen. Nach einiger Zeit entstehen so Gedankenwelten und Ideen, die Resonanz erzeugen. Das deutsche Wort *Zeitgeist* drückt treffend aus, was damit gemeint ist.

Die Imagozellen bekommen eine Identität. Getrieben von einem gemeinsamen Anliegen und einer geteilten Vision fangen sie an, sich zu mobilisieren. Es entstehen eine Dynamik und ein Umfeld, in dem die neue Vision aufblühen kann. Dabei werden Motivation und Engagement von der Ebene der Einzelnen auf die Teamebene und schließlich auf die gesamte Organisation ausgeweitet.

Der Schlüssel für eine erfolgreiche Mobilisierung im Unternehmen liegt darin, eine Bewegung an der Basis zu schaffen, die vom mittleren Management und prominenten Unterstützern mitgetragen wird. Die Basis muss lernen, dass es sich lohnt, über den täglichen Egoismus hinauszugehen, um Teil einer größeren Dynamik zu werden. Das Zentrum der Bewegung bilden die Imagozellen.

Was noch wichtig ist: Die Transformation wird im Intellekt des Einzelnen entworfen. Sie beginnt mit einer Reflexion und der Auseinandersetzung mit den inneren Bildern und mentalen Modellen. Nach der rationalen Erkenntnis muss die Idee auch unser Herz erreichen und zu einem neuen Narrativ werden. Dann wird sie ansteckend, inspirierend und erreicht auch andere. Die Transformation ist somit ein Akt der Bewusstseinsentwicklung. Wir brauchen eine Veränderung in unserer Mentalität und Identität, um eine Welt schaffen zu können, die sich deutlich von der jetzigen Welt unterscheidet – die besser ist. Das Gute daran ist, dass einem weiterentwickelten Bewusstsein auch ein größerer Lösungsraum zur Verfügung steht, um eine neue Zukunft gestalten zu können.

So wie sich die Imagozellen des Schmetterlings gegen das eigene Immunsystem durchsetzen müssen, stellen sich den Innovatoren in Organisationen jahrzehntealte Traditionen, lieb gewonnene Abläufe, eingeübte Gewohnheiten und Routinen in den Weg. Diese Vorkämpfer erkennen, warum das alte System an seine Grenzen stößt und eine Weiterentwicklung notwendig ist. Ihnen gelingt es, mögliche Bilder der Zukunft zu entwerfen und Gleichgesinnten einen tieferen Sinn des Wandels zu vermitteln. Immer mehr Imago-Pioniere bringen ihre eigenen Ideen, neue Glaubenssätze und Agenden in die Diskussion mit ein und verbinden sich gedanklich mit dem Morgen.

Mehr und mehr »imaginierende« Individuen finden sich zu Clustern zusammen und erhöhen die Effizienz ihrer Kommunikation. Nach einiger Zeit ist die innerbetriebliche Bewegung so groß geworden und ihre Identität derart gefestigt, dass sie den *Zeitgeist* sowie den zukunftsgerichteten Diskurs einer Organisation prägt. Diese mentale Energie treibt den Transformationsvorgang an, lockert den »psychischen« Boden des Unternehmens auf und reichert ihn mit Nährstoffen an. Es entsteht ein kulturelles Umfeld, in dem die neue Vision aufblühen kann. Die Zukunftszellen warten nicht auf Zukunft; sie wagen den Aufbruch. Eine Transformation ist deshalb noch lange kein durchgeplantes Projekt, sondern eine von zunehmender Gewissheit geleitete Reise, deren Ziel zunächst vage bleibt.

Dass dies auf Widerstand stößt, ist nur natürlich und Teil des Prozesses. Denken wir an die ersten Imagozellen in der Schmetterlingspuppe, die vom Immunsystem der Raupe zunächst erfolgreich bekämpft werden. Von diesem anfänglichen Widerstand dürfen wir uns aber nicht entmutigen lassen. Wir müssen zu resilienten Imagozellen unserer Organisation werden und geduldig bleiben.

Wahre Transformation beginnt in einer Organisation, sobald sich Individuen mit neuen Ideen, mit einem neuen Anliegen, mit einer neuen Vision für die Zukunft zu Gruppen zusammenfinden. Wie die Kraft des Einzelnen zum tiefgreifenden Umbruch ganzer Sozialgefüge beitragen kann, hat kaum jemand so gut auf den Punkt gebracht wie der Systemtheoretiker, Zukunftsforscher und Mitbegründer des Club of Rome Ervin Laszlo: »Der Einzelne hat nach der systemischen Sichtweise die Macht, etwas zu tun. Das ist es, was man im Englischen ›empowerment‹ nennt. In einem chaotischen System, das wir heute wissenschaftlich in seinen sehr fein zusammengesetzten Ordnungen erklären können, haben kleinste Veränderungen die Möglichkeit, sich auszudehnen und das ganze System zu beeinflussen – das ist der so genannte Schmetterlingseffekt. Jeder einzelne Mensch ist so ein Schmetterling und hat die Möglichkeit, das ganze System zu beeinflussen. Wenn ein Schmetterling einen Tornado auslösen kann, wie viel mehr können wir Menschen dann auslösen?!«[21]

2

NACHHALTIGER WANDEL

CHANGE OPTIMIERT, TRANSFORMATION SCHAFFT NEUES UND ANDERES

»Tradition heißt nicht, Asche verwahren,
sondern eine Flamme am Brennen erhalten.«
Jean Jaures geprägt von Thomas Morus (1478 – 1535).

»Nur wer sich ändert, bleibt sich treu.«
Wolf Biermann

»Ein Mann, der Herrn Keuner lange nicht gesehen hatte,
begrüßte ihn mit den Worten: ›Sie haben sich gar nicht verändert.‹
›Oh!‹ sagte Herr Keuner und erbleichte.«
Bertolt Brecht (in Geschichten vom Herrn Keuner)

»Ich weiß nicht, ob es besser wird, wenn es anders wird.
Aber es muss anders werden, wenn es besser werden soll.«
Georg Christoph Lichtenberg

»Veränderung wird nur hervorgerufen durch aktives Handeln,
nicht durch Meditation oder Beten allein.«
Dalai Lama

»Intelligenz ist die Fähigkeit, sich Veränderungen anpassen zu können.«
Stephen Hawking

Als Alice im Wunderland bereits mehrfach ihre Gestalt geändert hatte und mal drei Meter groß, mal klein wie eine Maus geworden war, begegnete sie einer blauen Raupe, die oben auf einem Pilz saß und gemütlich an einer Wasserpfeife paffte. Die Raupe und Alice sahen sich eine Weile schweigend an, dann nahm die Raupe die Wasserpfeife aus dem Mund und sprach Alice an: »›Wer bist denn du?‹ sagte sie.« Und Alice antwortete zaghaft:

»›Ich – ich weiß es selbst kaum, nach alledem – das heißt, wer ich war, heute früh beim Aufstehen, das weiß ich schon, aber ich muss seither wohl mehrere Male vertauscht worden sein.‹

›Wie meinst du das?‹ fragte die Raupe streng. ›Erkläre dich!‹

›Ich fürchte ich, ich kann mich nicht erklären‹, sagte Alice, ›denn ich bin gar nicht ich, sehen Sie.‹

›Ich sehe es nicht‹, sagte die Raupe.

›Leider kann ich es nicht besser ausdrücken‹, antwortete Alice sehr höflich, ›denn erstens begreife ich es selbst nicht; und außerdem ist es sehr verwirrend, an einem Tag so viele verschiedene Größen zu haben.‹

›Gar nicht‹, sagte die Raupe.

›Nun, vielleicht haben Sie diese Erfahrung noch nicht gemacht‹, sagte Alice. ›Aber wenn Sie sich einmal verpuppen – und das tun Sie ja eines Tages, wie Sie wissen – und danach zu einem Schmetterling werden, das wird doch gewiß auch für Sie etwas sonderbar sein, oder nicht?‹

›Keineswegs‹, sagte die Raupe.«[22]

Heute fühlen wir uns immer mehr wie Alice. Wir sind uns unserer gegenwärtigen Identität nicht gewiss und genauso wie Alice spüren wir, dass unsere Umwelt sich permanent verändert – und wir mit ihr. Wir können höchstens im Nachhinein sagen, was und wer wir waren, alles andere bringt uns ins Wanken. Auch sind wir aufgefordert, uns beständig zu verändern. Gleichzeitig haben wir den Wunsch nach Stabilität und suchen das Beständige im Neuen.[23]

Woher kommt dieser ständige Veränderungsdruck? Woher dieser Anspruch? Und welchen Zweck hat diese stetige Veränderung? Gab es in der Menschheitsgeschichte immer das Gefühl, sich ändern zu müssen? Gehört es zu unserem Menschsein dazu? Warum haben wir dann eine so ambivalente Beziehung zum Wandel? Warum wünschen wir uns einerseits den Wandel und finden es anderseits beschwerlich, bedrohlich und beängstigend, von einem Zustand zum anderen zu gelangen? Wieso sind wir Alice und nicht die Raupe?

Antworten auf diese Fragen lassen sich unter anderem finden, wenn wir in unsere Geschichte zurückblicken und uns vor Augen führen, wie jung die moderne Gesellschaft ist, die wir heute als Normalität begreifen. Der Historiker und Journalist Rutger Bregman hat in seinem Buch »Im Grunde gut« die Geschichte der Menschheit untersucht und eine interessante Metapher verwendet, um begreifbar zu machen, wie jung die Geschichte der Menschheit im Vergleich zum Universum ist. Er schreibt:

> »Wir fangen gerade erst an zu existieren. Um Ihnen eine Vorstellung zu geben: Nehmen wir an, dass die Geschichte des Lebens auf der Erde nur ein einziges Kalenderjahr statt 4000 Millionen Jahre umfassen würde. [...] Erst im November entstand das Leben, wie wir es kennen, mit Beinen, Knochen, Zweigen und Blättern. Und der Mensch? Der betrat am 31. Dezember, gegen 23 Uhr, die Bühne. Dann verbrachten wir rund eine Stunde als Jäger und Sammler, um im letzten Augenblick, etwa gegen 23:58 Uhr, die Landwirtschaft zu erfinden. In den 60 Sekunden vor Mitternacht ereignete sich alles, was wir ›Geschichte‹ nennen, mit Pyramiden und Burgen, Rittern und Burgfräuleins, Dampfmaschinen und Flugzeugen.«[24]

Die moderne Gesellschaft gibt es erst seit drei Sekunden. Unter Moderne verstehen wir dabei die Epoche seit der Aufklärung und der Industrialisierung, die beide durch eine Zunahme der individuellen Freiheit und damit eine funktionale Ausdifferenzierung der Systeme, eine neue Einstellung zur Zukunft und eine dynamische Steigerungslogik (»höher, schneller, weiter«) gekennzeichnet sind. Diese Eigenschaften fordern das Individuum heraus und erzeugen einen permanenten Veränderungsdruck.

Wir dürfen also festhalten, dass wir Veränderung zwar kennen und wünschen, dass aber Veränderungsdruck grundsätzlich ein sehr junges Phänomen ist. Der größte Teil der Menschheitsgeschichte war eher davon geprägt, Veränderungen zu vermeiden und dafür zu sorgen, dass die Dinge so bleiben, wie sie sind.[25] Erst seit Beginn der Moderne spüren wir Veränderungsdruck.

Um Wandel wirklich verstehen und somit auch angemessen begleiten und mit ihm umgehen zu können, lohnt es sich, die wesentlichen Strukturmerkmale moderner Gesellschaften genauer zu betrachten.

Eigenschaften der Moderne

1. Zukunft kann anders und besser werden

Während des größten Teils der Menschheitsgeschichte spielten Traditionen und ihre getreue Überlieferung von Generation zu Generation eine wesentliche Rolle in der Gesellschaft. Die Menschen investierten in das Bemühen, alles so zu belassen, wie es ist. Zukunft sollte eine immer gleiche Wiederholung der Vergangenheit sein. Erst durch die gesellschaftliche Moderne entstand ein neues Zukunftsbewusstsein, das den Fokus allen Tuns nicht mehr auf die Wiederholung des immer Gleichen legte, sondern Zukunft als etwas sah, das neu, anders und besser sein sollte. Gestärkt wurde diese Haltung durch die aufkeimende Industrialisierung und den Aufstieg der Wissenschaft. Mit beiden Entwicklungen war ein Fortschrittsglaube verbunden, der sich als neues Mem in den kulturellen Code der Gesellschaft einschrieb. Oder wie der deutsche Philosophieprofessor Odo Marquard beschreibt: »In der modernen Welt erwartet man – mit guten oder schlechten Gefühlen – von der Zukunft zunehmend, dass sie das Neue ist.«[26]

2. Zunehmende Freiheit für ein selbstbestimmtes Leben

Mit dem Ende des Feudalismus und seit dem Beginn der Moderne entwickelte sich ein hohes Maß an Freiheit für die Menschen. Es entstanden die Grundlagen für ein selbstbestimmtes Leben, in dem das Bürgertum sich immer mehr Macht erkämpfte. Für die Individuen bedeutete dies, dass sich die Dinge verändern können und dass der Mensch selbst für diese Veränderung verantwortlich ist. Man kann über sein Schicksal, über sein Leben, über seine Zukunft selbst entscheiden: Nicht die Kirche oder der Adel, aber auch nicht die Vorgaben der Eltern können den Menschen vorschreiben, was sie tun sollen. Die richtige Veränderung herbeizuführen wird zur Lebensaufgabe jeder und jedes Einzelnen.

3. Unterschiedliche Rollen in immer mehr Teilsystemen

Ein weiteres Hauptmerkmal der modernen Gesellschaft ist deren funktionale Ausdifferenzierung. Aus vormals einfachen Hierarchiesystemen, die stabile soziale

Rollen verteilten, werden nun funktionale Teilsysteme (Wirtschaft, Recht, Politik, Kunst, Massenmedien, Erziehung etc.), die eigene Strukturen aufweisen und selbst gesetzten Funktionslogiken folgen[27] sowie jeweils eine bestimmte Funktion im Gesamtsystem erfüllen. Die Menschen müssen in diesen Systemen immer mehr Rollen spielen. Daher ergibt sich für sie ein permanenter Anpassungsbedarf, denn unterschiedliche Teilsysteme und Verantwortungen setzen ganz unterschiedliche Anforderungen voraus. Dies führt zu Disbalancen und empfundenen Störungen, weil die vielfältigen Rollen des Individuums nicht zusammenpassen. Wenn wir sowohl Eltern, Konsument, Wähler, Lebensgefährtin, Kunstbetrachter, Glaubende, Rechtssubjekt, Freundin, Patient und Freizeitsportlerin sind, fühlen wir uns wie Alice: Wir sind uns unserer selbst nicht mehr sicher und können rasch die Orientierung verlieren. In der Vormoderne waren die sozialen Rollen weitgehend stabil. Es gab keine große Variation in den Lebensläufen, und die Lebensgestaltung war durch die Umstände der Geburt vorbestimmt. »Der Sohn eines Bauern wurde Bauer, der Sohn eines Adligen erbte den Titel seines Vaters und setzte die Tradition fort. [...] Dieser Typus von stabiler und gleichmäßiger Lebensführung brachte zugleich die Vorstellung eines einheitlichen personalen Kerns hervor, der die Identität eines Menschen dauerhaft definieren müsste. [...] Der Großteil der Menschen durchlebte keine Identitätskrisen, noch änderten sie im Laufe ihres Lebens radikal ihre Identität. Der mit den sozialen Rollen vorgegebenen und kaum veränderbaren Identität der Vormoderne steht die moderne, wandelbare Identität als Widerspruch gegenüber. Sie wird mobiler, multipler, selbstreflexiver und selbst Gegenstand von Veränderung und Innovation. Je weiter diese Modernisierung fortschreitet, desto stärker werden Identitäten – nun als Plural – wähl- und veränderbar. Eine solche historisch neue Art von Freisetzung ist von Beginn an janusköpfig: Die Individuen erleben sie sowohl als Befreiung als auch als Entwurzelung, sowohl als Chance wie auch als Last.«[28]

4. Ein unendlicher Steigerungszwang

Heutige Gesellschaften sind zur Erhaltung ihrer institutionellen Struktur auf stetiges Wachstum, auf Beschleunigung und auf Innovation angewiesen. Diese inhärente Steigerungslogik dient in erster Linie dazu, sich selbst kulturell und strukturell zu reproduzieren, um den Status quo zu erhalten. Wie Hartmut Rosa schreibt: »Man muss wie ein Geisterfahrer auf einer Rolltreppe permanent nach oben laufen, um nicht nach unten zu gehen.«[29] Man ist gezwungen, sich zu optimieren und in jeder Hinsicht seine Effizienz zu steigern: physisch, psychisch, sozial, kulturell, ökologisch. Wenn man nicht hinaufsteigt, also sich steigert, verbessert, flexibilisiert, innoviert, beschleunigt, verändert, entwickelt, dann fällt man zurück oder wird abgehängt.[30]

Insgesamt führt dies zu einer Kultur, in der das ultimative Ziel der Lebensführung darin besteht, seine Ressourcenlage ständig zu optimieren: mehr Karriere, höheres Einkommen, gesünder leben, attraktiver aussehen, fitter und schlauer werden, sein Beziehungsnetz ausbauen etc. Wir kennen das Motto alle: größer, schneller, höher, weiter.

Zugegeben, diese Beschreibung der modernen Gesellschaft könnte im ersten Augenblick den Anschein erwecken, dass wir Wandel höchst kritisch bewerten müssen. Wäre es inzwischen nicht vernünftiger, hinsichtlich des rasanten Wandels den Rückwärtsgang einzulegen? Denken wir nur an den Klimawandel und an begrenzte Lebensressourcen wie Wasser.

Andererseits ging es der Menschheit noch nie so gut wie heute, wie Walter Wüllenweber zu Recht schildert: »Noch nie war die medizinische Versorgung besser. Noch nie verfügten Menschen über so wirksame Medikamente. Noch nie war unser Essen gesünder und reichhaltiger. Noch nie war die Gefahr so gering, von Mitmenschen umgebracht zu werden. Noch nie genossen die Menschen solche Freiheiten zur persönlichen Entfaltung. Noch nie konnten so viele Bürger ihre Regierungen in demokratischen Wahlen selbst bestimmen. Noch nie verzichteten so viele Staaten auf die Anwendung der Todesstrafe. Noch nie waren die Menschen besser informiert, noch nie besser gebildet und noch nie war der Anteil von Analphabeten so gering. Noch nie waren Reichtum und Wohlstand größer und gleichzeitig der Anteil der Menschen in absoluter Armut so niedrig. Und noch nie in ihrer Geschichte lebten die Menschen so lange. 71 Jahre beträgt die durchschnittliche Lebenserwartung eines Erdenbürgers.«[31]

Mehr des Guten ist nicht notwendigerweise besser, behauptet Paul Watzlawik[32], und wir fügen hinzu: auch nicht notwendigerweise schlechter. Wie alles im Leben ist auch der Wandel per se weder gut noch schlecht. Vielmehr müssen wir berücksichtigen, in welchem Kontext und in welcher Dosierung er verabreicht wird. Funktioniert er oder ist er dysfunktional? Was wir festhalten können, ist, dass die moderne Gesellschaft für Bewegung, Entwicklung, Fortschritt sorgt und dies stets mit Widersprüchen, mit Gegensätzen, mit partiellem Niedergang und mit Einbußen verbunden ist.[33] Wir müssen also lernen, in Grundpolaritäten zu denken und in Maßen zu dosieren. Ein gelungenes Leben braucht Wandel *und* Stabilität. Sie bedingen einander. Neues und Besseres kann nicht ohne Wandel des Alten entstehen. Altes wird umgewandelt durch Neues und gleichzeitig gewürdigt und respektiert.

Wir müssen beide Pole betrachten und verinnerlichen. Der Schatten der Stabilität ist die Erstarrung, das krampfhafte Festhalten an einmal gewonnenen Eigenschaften. Routinen entstehen, die sich immer mehr verselbstständigen, wir reflektieren kaum und wir verlieren unsere Anpassungsfähigkeit. Der Schatten des Wandels ohne Bewahrung des Althergebrachten ist die Entwurzelung, der Identitätsverlust. Ohne Stabilität gibt es keine greifbare Identifikation, ohne greifbare Gestalt keine Gestaltung, keine Kontinuität. Erstarrung und Identitätsverlust sind beide zu vermeiden. Menschen benötigen sich immer abwechselnde Zyklen von Stabilität und Instabilität, Kontinuität und Diskontinuität, Ordnung, Chaos und Wandel zum Überleben.[34]

Wandel ist ein bedeutungsschweres Wort. Manche sehen es als Buzzword, als Modewort. Die Gefahr eines Modeworts besteht darin, dass jeder etwas anderes darunter versteht oder, noch schlimmer, es ignoriert oder meidet, weil es lästig wird. Wenn wir den Wandel angemessen begleiten und steuern wollen, brauchen wir ein neues Denken. Wir brauchen ein anderes Verständnis von Wandel.

Es ist somit Zeit, dass wir uns mit dem Begriff des Wandels etwas ausführlicher auseinandersetzen. Wenn wir heute an Wandel denken, verbinden wir damit traditionell folgende Aussagen und Behauptungen:

- Wandel ist ein Übergangsstadium, das von einem Gleichgewicht zu einem neuen Gleichgewicht führt. Maßgeblich geprägt hat dieses Verständnis von Wandel der Sozialpsychologe Kurt Lewin nach dem Ende des Zweiten Weltkrieges und vor dem Hintergrund der Redemokratisierung Deutschlands. Sein Drei-Phasen-Modell »unfreezing – moving – refreezing« bietet auch heute noch die Grundlage für viele Change-Modelle. Es geht davon aus, dass nach dem Wandel ein neuer Stabilitätszustand erreicht werden würde, die Veränderung selbst also nur ein notwendiger Zwischenschritt ist, um das Alte zu bewältigen. Das sei zwar ein wünschenswertes, aber eben auch ein unrealistisches Bild von Veränderung, urteilen Klinkhammer et al.[35] Tatsächlich ist der Gedanke des »Einfrierens und Auftauens« von Zuständen angesichts der Komplexität von Unternehmen und Kulturen und der Schnelligkeit, mit der sich unsere Welt heute verändert, wenig hilfreich bis problematisch.
- Wandel ist kein Selbstzweck oder etwas, das einfach passiert. Wandel hat ein Ziel, Wandel führt uns von »einem (unzureichenden) Ist-Zustand zu einem (attraktiveren) Soll-Zustand. Wobei die beiden Ist- und Zielzustände eher als stabil und der Weg als dynamisch gesehen werden.«[36] Wie bei einem Navigationsgerät kann Wandel nur gelingen, wenn wir zuvor ein Ziel eingeben, zu dem wir gelan-

gen wollen. Nur wenn wir uns nicht verfahren und die Route strikt befolgen, können wir dort ankommen, wohin wir aufgebrochen sind.

- Um von einem Ist-Zustand zum Soll-Zustand zu kommen, müssen die Veränderungen in Projekten organisiert werden. Man muss Meilensteine festlegen und braucht grüne und rote Ampeln, um nicht vom Weg abzukommen.
- Wenn wir etwas verändern wollen, dann brauchen wir zuerst ein Konzept, einen Plan. Der Plan zeigt uns kausal, wie eine Wirkung erzielt wird. Am besten ist es, Best Practices einzubeziehen, damit die Wandlungsprozesse nach bestimmten Regelmäßigkeiten und Gesetzmäßigkeiten ablaufen können. Mit »geeigneten« Handlungen lassen sich die gewünschten Wirkungen erzielen.
- Wir glauben, dass Erkenntnisse zu Handlungen führen. Wenn wir einen besseren Zugang zur (einen) Wahrheit haben[37], wird der Wandel einfacher. Je mehr wir wissen und verstehen, je präziser unsere Faktenlage ist, desto besser funktioniert der Wandel. Wandel ist demnach direkt von Wissen abhängig.
- Von der ersten Phase der Planung bis zum geplanten Enddatum des Vorhabens gehen wir meistens von einer stabilen Umwelt aus. Rückkopplungen werden selten berücksichtigt. Wir ignorieren, dass die Umwelt sich permanent verändert und einer Dynamik unterliegt.
- Wir glauben, dass Systeme nach dem Prinzip der Mechanik funktionieren und mechanischen Regeln folgen. Der Zugang zur Verbesserung und Veränderung führe nur über die Ratio.

Das alles sind eher unglückliche Vorstellungen von Wandel und einige der Gründe, warum mehr als fünfundsiebzig Prozent der Changeprojekte in den Organisationen nicht erfolgreich und nachhaltig umgesetzt werden.[38] Darüber hinaus finden wir darin auch manch eine Erklärung, warum es uns persönlich so schwerfällt, mit Veränderungen umzugehen.

Es lohnt sich also, eine grundlegend andere Haltung zum Wandel einzunehmen. Und genau das ist es ja, was das Vorhaben dieses Buches auf den Punkt bringt. Zudem kommen wir nicht umhin, den Wandel selbst als treibende Kraft zu sehen und zu beobachten, dass er um uns herum – und in uns – für eine positive Entwicklung sorgen kann.

Ist uns bewusst, dass auch unsere Körper sich verändern und fast jede einzelne Zelle im menschlichen Körper einem permanenten Umbau unterliegt? Innerhalb weniger Jahre haben sich fast alle Zellen unseres Körpers erneuert; Organe, Haut, Knochen –

nahezu alle Körperzellen wachsen nach, wenn alte Zellen absterben. Die Leber zum Beispiel regeneriert sich alle zwei Jahre, unsere Knochen sind nach zehn Jahren komplett neu. Schneller verläuft der Wandel in unseren Blutgefäßen und Darmzellen, dort findet ein zellulärer Reset schon nach wenigen Tagen statt; bei der Haut ist der Wechsel eine Sache von Wochen bis Monaten. Nur unsere Muskeln, unser Herz, Teile unseres Gehirns und Nervensystems und unsere Schweißdrüsen sind von diesem permanenten Regenerationsprozess ausgenommen und verändern sich kaum.

Wie kann Wandel nachhaltig gelingen?

Um diese Spur aufzunehmen, fangen wir mit einem Beispiel an: Stellen wir uns eine Person vor, die einen Body-Mass-Index von 33 hat und bisher gut damit leben konnte. Es hat sie nicht gestört, einige Kilos mehr auf die Waage zu bringen. Die Gewohnheit war stärker, als ihr Wille abzunehmen. Die Beharrlichkeit der Kräfte war stärker als ihr Veränderungswille. Was muss passieren, damit diese Person nachhaltig abnehmen kann?

Als Erstes muss sie in der Gegenwart einen Leidensdruck bzw. Engpass spüren. Gehen wir gemeinsam unterschiedliche Szenarien durch, die dazu führen könnten, dass ein Leidensdruck offenbar wird.

Szenario 1: Nach einer Routineuntersuchung weist der Arzt den jungen Mann darauf hin, dass er übergewichtig ist. Er soll einige Kilos abnehmen. Der Arzt zeigt ihm ein Diagramm mit vielen Zahlen. Sein BMI-Wert liegt im roten Bereich. Man könnte auch sein Gewicht in Relation zum Bruttoinlandsprodukt setzen und schlussfolgern, dass übergewichtige Personen weniger leistungsfähig sind. Man könnte weitere Zahlenspielchen betreiben und damit unterschiedliche Botschaften senden. Aber wie wirkt das alles auf ihn? Vielleicht stimmt es ihn nachdenklich, aber reicht das, um ihn dazu zu bringen, sein Verhalten und sich selbst zu ändern?

Szenario 2: Nach einer Routineuntersuchung zeigt der Arzt dem jungen Mann seine Cholesterinwerte. Er erklärt, dass ihm, wenn er sein Verhalten in Bezug auf Ernährung und Bewegung nicht ändert, die Gefahr eines Herzinfarkts drohe. Wieder verlässt der junge Mann den Termin nachdenklich. Wahrscheinlich hat er den Leidensdruck wahrgenommen, zumal dieser mit Angst verbunden ist. Wie wird er sich zukünftig verhalten? Reicht der Leidensdruck aus, damit er sein Verhalten und sich verändert?

Szenario 3: Unser hypothetischer junger Mann hat sich unsterblich in eine Frau verliebt. Er bekommt mit, dass die Frau großen Wert auf Gesundheit und Bewegung legt. Diesmal ist der Veränderungsdruck positiv aufgeladen, er will ihr gefallen und unbedingt sein Gewicht reduzieren. Was muss nun als Nächstes passieren? Er fängt an, zu recherchieren. Er braucht Wissen und Erkenntnisse – und zwar die richtigen Erkenntnisse. Auf einer etwas unseriösen Internetseite liest er, dass Obst gesund ist. Daraufhin nimmt er sich vor, am Abend zwei bis drei Kilogramm Trauben zu essen. Außerdem bestellt er sich mehrere Bücher. Aber wird er auf diese Weise zu den richtigen Einsichten gelangen? Und natürlich reicht es nicht, Bücher zu lesen. Wenn wir nur Gespräche führen und Erkenntnisse gewinnen, entsteht keine Verhaltensänderung. Wir müssen auch handeln und Dinge in die Praxis umsetzen.

Nachdem der junge Mann sich über das Thema informiert hat, beginnt er zu reflektieren. Er entwickelt einen Willen und fängt an, sein Leben umzustellen. Er steht morgens früher auf und startet mit einer Joggingrunde in den Tag. Er achtet auf seine Kalorienaufnahme. Er zeigt Initiative, ist aktiv und bestrebt, sich zu verändern. Er ist immer noch verliebt und verspürt daher eine positive Motivation. Damit es zu einer nachhaltigen Veränderung kommt, muss er jedoch auch belohnt werden. Und diese Belohnung muss kurzfristig erfolgen und ihm etwas bedeuten. Wenn er in den ersten drei Monaten nicht mindestens ein Kilo abnimmt, dann wird es schwierig für ihn, seine Verhaltensänderungen durchzuhalten. Irgendwann muss er Freude an der veränderten Lebensweise finden. Nur so kann er die neuen Verhaltensweisen beibehalten.

Gehen wir davon aus, dass unser junger Mann nach ein paar Monaten sein gewünschtes Zielgewicht erreicht hat. Hat er damit automatisch sein Gleichgewicht gefunden? Ist jetzt alles gut? Ziel erreicht, Wandel beendet? Muss er nichts mehr tun?

Nun, wir wissen, dass dem nicht so ist und dass es zu schön wäre, wenn das Gewicht ohne weiteres Zutun unverändert bliebe. So gesehen handelt es sich also nicht darum, etwas Neues zu erreichen. Das neue Zielgewicht ist kein stabiler Status quo, der sich selbst erhält, sondern ein Zustand, der immer wieder neu ausbalanciert werden muss – nur um so zu bleiben, wie er ist.

Was für unseren Körper gilt, trifft auch auf Organisationen zu. »Tagtäglich muss etwas verändert, neu oder eben genau gleichgemacht werden, um das ›Gewicht‹ der Organisation zu halten, was hier heißen würde, sich weiterhin im Markt erfolgreich zu behaupten. Diese Überlegungen haben Implikationen für unser Verständnis von Change-Management: Erfolgsversprechende Modelle müssen daher der genauen Beobachtung dienen und berücksichtigen, wie konkret Unternehmen tagtäglich auf die Anforderungen von ›Außen‹, also seitens der Gesellschaft, des Marktes und der Mitbewerber reagieren, und welche Antworten im ›Innen‹ darauf gegeben werden.«[39]

Fünf Voraussetzungen für Wandel

Menschen, soziale Systeme und Gesellschaften können sich ändern bzw. entwickeln. In Anlehnung an Gerhard Roth und Klaus Eidenschink können Entwicklungsmaßnahmen jedoch nur dann nachhaltig gelingen, wenn fünf Voraussetzungen gegeben sind:

1. Bereitschaft zu Veränderungen oder Veränderungskompetenz

Die Bereitschaft, zu erkennen, dass es Zeit für Veränderungen und Entwicklungen ist und dass man die verfestigten Denkgebäude und Routinen überwinden muss, ist abhängig von der Persönlichkeit und von der Intelligenz der Personen. Diese Bereitschaft sieht bei dynamischen Menschen anders aus als bei stabilen, beim Erlebnishungrigen anders als beim Veränderungsvermeider.[40] Leider ist die Persönlichkeit einer Person nur ganz schwer zu ändern. In Organisationen hängt die Veränderungsbereitschaft von der Kultur ab. Organisationen, die eher traditionell und konservativ geprägt sind, neigen dazu, an festen Strukturen, Ritualen und Gewohnheiten festzuhalten. In der Gesellschaft wiederum hängt diese Bereitschaft ebenfalls von der Kultur, von der Geschichte und von den Werten der jeweiligen Generation ab und ganz besonders auch von den führenden politischen Parteien.

2. Zwang oder Leidensdruck

Die zweite Voraussetzung für nachhaltige Veränderungen ist der Leidensdruck. Wenn der Status quo als negativ, bedrohlich, schmerzlich usw. wahrgenommen wird, hat Veränderung eine Chance. Umgekehrt sind Veränderungen dann schwer, wenn nur ein geringer oder gar kein Leidensdruck vorhanden ist.[41] Warum sollte man sich auch ändern, wenn das Gewohnte einem Sicherheit und Orientierung gibt? Wenn aber Dysfunktionalität und Anomalien im System erkannt werden und die Zukunftsprognosen negativ sind, kann dies Veränderungsbereitschaft fördern.

3. Neue Erkenntnisse und neue Erlebnisse
Von Einstein wissen wir, dass man Probleme niemals mit derselben Denkweise lösen kann, durch die sie entstanden sind. Transformationen benötigen Paradigmenwechsel. Daher sind neue Erkenntnisse durch Lernen, Dialoge, Neugier wesentliche Voraussetzungen für Veränderung. Wissen allein reicht jedoch nicht aus. Durch neue Erkenntnisse allein können wir nichts verändern. Erkennen muss mit Handeln einhergehen.

4. Belohnung
Die nächste Voraussetzung ist die Belohnungserwartung: Was bringt mir die Veränderung, die ich vornehmen oder über mich ergehen lassen soll?[42] Eine ausreichende Höhe der Belohnung ist ebenso nötig, um Gewohnheiten zu überwinden, die den Veränderungen entgegenstehen, wie eine angemessene Art der Belohnung, die der Situation und der handelnden Person entspricht. Außerdem muss die Belohnung zeitnah erfolgen, um ihre Wirkung zu entfalten und die Person zu motivieren, nicht aufzugeben.

5. Langer Atem und Geduld
Die letzte Voraussetzung, die für die Nachhaltigkeit der Veränderung wesentlich ist, ist ein gutes Durchhaltevermögen, also ein »langer Atem« und große Geduld. An dieser Voraussetzung, schreibt Gerhard Roth, hapert es sehr oft.[43]

Warum fällt uns Veränderung so schwer?

Menschen mögen keine Veränderung, sie bleiben lieber beim Alten, bei dem, was sie kennen. Stimmt dieses Narrativ? Wenn wir Menschen in ärmeren Ländern fragen würden, ob sie sich Veränderung wünschen, würden wir wahrscheinlich auf viel Zustimmung stoßen und auf wenig Skepsis, ob das Neue auch das Bessere sein wird. Zudem ist ja auch für uns in Europa seit der Industrialisierung Veränderung ein fortwährend schnurrender Motor, der unser Leben und vor allem unsere Wirtschaft antreibt. Stillstand ist Rückschritt – so lautet die Maxime.

Wenn Veränderung allerdings uns selbst betrifft, dann sieht die Sache häufig anders aus. Dieses Dilemma hat der brasilianische Künstler Lute sehr eingängig in einem Comic für die Zeitschrift »Hoje em Dia« ausgedrückt. In seinem Cartoon fragt ein Redner der Vereinten Nationen das Publikum, wer in einer besseren Welt leben möchte, woraufhin das Publikum begeistert die Hände hebt. Daraufhin fragt der Redner, wer bereit sei, auf hemmungslosen Konsum zu verzichten, woraufhin das Publikum die Hände senkt und die Augen abwendet. Der zentrale Punkt dieser Geschichte ist, dass die Fragen *Who wants change?* und *Who wants to change?* keine Schnittmenge haben.

Menschen verändern sich ihr ganzes Leben lang, paradoxerweise um irgendwie doch die gleiche Person zu bleiben. Oder sie verhindern ihre Veränderung, indem sie Gewohnheiten aufbauen und an ihnen festhalten. Doch Lebendigkeit und Fülle kommen im Leben nur durch die Polarität zustande, durch das Wechselspiel von Beständigkeit und Wandel. Beides ist Teil unseres Lebens. »Veränderung gehört zu jedem Leben, aber auch: eine gewisse Beständigkeit. Wir können nicht zwischen Beständigkeit und Wandel wählen, denn beides gehört zu unserem Leben. Weder können wir so bleiben, wie wir jetzt sind, noch werden wir morgen als neue Menschen aufwachen. Vieles im Leben verändert sich, aber nicht alles. Manches bleibt auch so, wie es ist, zumindest für eine bestimmte Zeit. Zwischen Beständigkeit und Wandel besteht kein starrer Gegensatz, sondern ein dialektisches Verhältnis: Um Veränderung auszuhalten, brauchen wir auch eine gewisse Beständigkeit, auf die wir bauen können.«[44]

Die Gründe, warum uns Veränderung schwerfällt, sind:

- Veränderungen lösen intensive Gefühle aus: Angst, Schuld, Scham, Ekel, Wut, Hass, Trauer, Verachtung oder Schmerz.[45] Und meist haben wir nicht gelernt, mit diesen Gefühlen umzugehen.
- Abhängig von unserer Persönlichkeit können wir Offenheit und Bereitschaft zur Veränderung zeigen oder sie meiden. Wie viele Aspekte unserer Persönlichkeit ist auch dieser genetisch geprägt und im Nachhinein schwierig zu verändern.[46]
- Der Mensch ist ein Gewohnheitstier, er liebt Rituale und Gewohnheiten. Eine Gewohnheit, das sind wiederkehrende, automatische, unbewusste Gedanken, Verhaltensweisen und Emotionen, die wir uns durch häufiges Wiederholen angeeignet haben. Sie geben Menschen Halt, Sicherheit und Orientierung. Unser Gehirn belohnt den Gewohnheitszustand sogar, weil er der Energiebilanz unseres Gehirns entgegenkommt.

Es verwundert also nicht, dass es uns nicht leichtfällt, etwas in unserem persönlichen Leben zu verändern. Dies geschieht nicht von allein. Veränderungen sind in den meisten Fällen Hürden, Herausforderungen, denen wir uns zunächst bewusst stellen müssen, um sie zu meistern.

Change oder Transformation?

Die beiden Begriffe Change und Transformation haben gegenwärtig Konjunktur, ganz besonders im Kontext von Wirtschaft, Gesellschaft und Politik. Allerdings werden sie häufig nicht trennscharf verwendet, manchmal sogar miteinander verwechselt oder synonym gebraucht. Ihre wichtige Unterscheidung geht im allgemeinen Diskurs häufig verloren. Da dies wenig hilfreich ist, werden wir beide Begriffe voneinander abgrenzen.

Bevor wir zunächst den Begriff Transformation erklären, müssen wir auf zwei hervorragende Wissenschafts- und Wirtschaftshistoriker und ihre Ideen eingehen, ohne deren Kenntnis man Transformation nicht verstehen kann. Zudem möchte ich an dieser Stelle die beeindruckenden Werke dieser beiden Person würdigen.

Der Begriff der *Great Transformation* tauchte erstmals in den Forschungsarbeiten von Karl Polanyi in prominenter Verwendung auf. Dieser wurde 1886 in Wien geboren und wuchs zunächst in Budapest auf, studierte dort Jura und Philosophie, bevor er 1919 aus Ungarn nach Wien fliehen musste. Karl Polanyi war politisch sehr engagiert und gehörte der sozialistischen Bewegung in Wien an. Als 1934 die sozialdemokratische Partei verboten wurde, musste Karl Polanyi Wien verlassen und emigrierte – wie so viele Wiener Intellektuelle – nach Großbritannien. Dort und via Stipendium in den USA arbeitete er bis 1944 an seinem Buch »The Great Transformation«, das auch heute noch zu den einflussreichsten Wirtschaftsbüchern gehört und in zahlreiche Sprachen übersetzt wurde. Das Buch löste bei seinem Erscheinen 1944 für ein intellektuelles Erdbeben aus und auch heute noch ist alles, was Polanyi thematisierte, aktueller denn je. Es gibt Menschen, die entweder zu früh geboren sind oder die Gabe haben, in die Zukunft zu schauen – Polanyi gehört definitiv dazu.

Polanyi beobachtete die Entwicklungen der europäischen Zivilisation mit Besorgnis und fürchtete deren Zusammenbruch. Er suchte nach Erklärungen und Wegen, die Gesellschaft zu retten und auf einen besseren Weg zu bringen. Er sah Fehlentwicklungen, die im 19. Jahrhundert mit dem uneingeschränkten Glauben an einen sich selbst regulierenden freien Markt begonnen hatten. Eine seiner zentralen Thesen ist, dass eine derartige Institution, also ein sich selbst regulierender freier Markt, nicht existieren kann, ohne die Natur und die Menschen zu zerstören. Er hob überdies hervor, dass Wirtschaft nicht nur bestimmten Marktmechanismen folgt, sondern dass es weitere Mitspieler gibt, zum Beispiel die Gesellschaft und die Natur. Damit bot das

Buch für die damalige Zeit erstaunliche Einsichten, die auch heute von großem Interesse sind.[47]

Der aufkommende Markt hingegen folgte, so Karl Polanyis Überzeugung, einer ganz anderen Logik. Er wies insbesondere darauf hin, dass, wenn Arbeit selbst zur Ware wird, die Gesellschaft bedrohlich ins Wanken gerate und drohe, sozial zu verrohen. Er führte zudem aus, dass Grund und Boden nur ein anderer Name für Natur sei und nicht einfach ein beliebiger Akteur in der Wirtschaft, mit dem man nach Belieben verfahren kann. Die Vorstellung, Natur mit den Mechanismen des Marktes zu verwalten, sei eine Illusion. Angesichts komplexer und irreversibler Naturprozesse wie zum Beispiel der globalen Erwärmung versage jedes System. Karl Polanyi sprach sich dafür aus, die drei Produktionsfaktoren der heutigen Wirtschaft – Arbeit, Boden und Kapital – wieder in die Gesellschaft einzubinden.

Er bekam für all diese Erkenntnisse und Thesen sehr viel Gegenwind und leider keine angemessene Anerkennung wie zum Beispiel die Ökonomen Friedrich August von Hayek und John Maynard Keynes, weil der Zeitgeist noch nicht so weit war. Heute liegen die Dinge anders und es kristallisiert sich heraus, dass wir die Gesellschaft als wichtigen Akteur betrachten müssen. Lange genug sind wir den Ideen von Individualismus, Egoismus, Homo oecomomicus gefolgt, und der Finanzkapitalismus hat dazu beigetragen, das Wirtschaftsleben aus der Einbettung in die Gesellschaft herauszulösen. In der Perspektive von Karl Polanyi ist es eher umgekehrt. Dort ist Gesellschaft die Grundlage für Wirtschaft. Wenn sich diese Verbindung auflöst, wenn Wirtschaft nicht mehr in die Gesellschaft eingebettet ist, sondern ein Eigenleben führt, wenn sie bestimmt, was wir tun, wie wir arbeiten, wie wir konsumieren und wie wir denken, dann erhalten wir am Ende ein System, das unsere sozialen Beziehungen und darüber hinaus die Beziehungen zu unserer natürlichen Umwelt zerstört. Es entsteht ein System, das nicht nachhaltig ist, sondern sich nach und nach selbst zerstört.

Karl Polanyi starb 1964. Seine Ideen von damals sind heute lebendiger als je zuvor. Aber wir brauchen eine andere Logik, ein anderes Funktionieren im System, um seine Erkenntnisse nutzen zu können. Wir brauchen einen Paradigmenwechsel, was uns zu unserem zweiten Wissenschaftler führt.

Thomas Samuel Kuhn war ein US-amerikanischer Wissenschaftsphilosoph und -historiker. Er vertrat eine Theorie des nicht-linearen Fortschritts der Wissenschaft und prägte Anfang der 1960er-Jahre den Begriff *Paradigmenwechsel*. Unter einem Paradigma versteht Kuhn bestimmte Vorstellungen, Grundannahmen, Theorien, Arbeits- und Denkweisen, die den meisten Menschen nicht unbedingt bewusst sein müssen, die aber ihr Denken und Handeln ganz wesentlich beeinflussen. Paradigmen dienen als »Denkrahmen« und bilden für die Menschen die Leitplanken eines gemeinsamen Wirklichkeitsmodells. Sie sind davon überzeugt, dass das System so funktioniert und nicht anders. Das jeweils herrschende Paradigma gibt damit auch vor, was für Fragen erlaubt und wie sie zu beantworten sind. Jede Wirklichkeit – Politik, Wirtschaft, Privates und Öffentliches – spielt sich in diesem Rahmen ab. Was sich hier nicht einfügt, wird in der Regel wegerklärt, bekämpft oder ignoriert.

Ein Paradigma ist nach Kuhn jedoch nicht nur eine Sichtweise, sondern die Organisation von Sichtweisen, also ein Ordnungsprinzip.[48] Es organisiert unsere Wahrnehmung. Es funktioniert wie ein Filter und teilt uns mit, was dazugehört und was nicht. Es bestimmt, welche Aspekte wesentlich und unwesentlich sind. Es beeinflusst das, was wir beobachten und vor allem die Art und Weise, wie wir es interpretieren. Paradigmen sind Kuhn zufolge Vokabulare der Problemlösung: Sie setzen sich durch, wenn sie sich als Antwort auf Probleme bewähren.

Eine wichtige Aufgabe der Wissenschaft ist es, dafür zu sorgen, dass die herrschenden Paradigmen durch ständiges Forschen bestätigt, optimiert und durch die Lehre an den wissenschaftlichen Nachwuchs weitergegeben werden – dies stellt die Phase der *Normalwissenschaft* dar. Dennoch stoßen Wissenschaftler im Rahmen ihrer Arbeit auf Phänomene, die den gültigen Paradigmen nicht mehr entsprechen. Diese Anomalien,[49] wie Kuhn sie nennt, werden meistens von einem Außenseiter festgestellt und benannt und vom etablierten Wissenschaftsbetrieb zuerst ignoriert, belächelt oder als Fehler oder Zufall eingestuft. Wenn aber mehrere Personen auf diese Abweichungen hinweisen und ein signifikantes Maß der Hinweise überschritten wird, dann beginnt die *außerordentliche Phase* der Wissenschaft, auch Krise genannt. Man beginnt, nach neuen Erklärungen zu suchen, welche die Anomalien erklären können. Man konkurriert miteinander, vor allem aber mit dem alten Paradigma. Kuhn hebt besonders hervor, dass ein Paradigmenwechsel erst möglich wird, wenn die Forscher den Rahmen ihres Denkens und ihrer Praxis so ausweiten, dass er auch die Fakten integrieren kann, die bis dahin als Anomalien unberücksichtigt blieben. Dieser Prozess neuer Denk-, Verhaltens- und Sichtweisen wird als Paradigmenwechsel bezeichnet. Dieser entsteht nicht über Nacht, sondern entwickelt sich in einem längeren Prozess, bis das neue Paradigma allgemein anerkannt wird.

Transformation

Vor diesem Verständnishintergrund können wir nun den Begriff der Transformation richtig einordnen.

Transformation ist ein Wandel, der immer mit einem Paradigmenwechsel verbunden ist, denn bei einer Transformation werden die Spielregeln, Gesetzmäßigkeiten und der Referenzrahmen des Systems verändert. Es geht nicht nur um graduelle Verbesserungen und Optimierungen, um adaptierte Formen des Bestehenden. Transformation verlangt von uns, neu zu denken, uns neu zu sortieren und zu prüfen, was funktional und was dysfunktional ist. Nach Fredmund Malik bedeutet Transformation eine »radikale Veränderung in der Art, wie wir leben, denken, wie wir arbeiten, wer wir sind, was wir als Wirklichkeit erachten, welche Alltagsbegriffe wir verwenden und welche wissenschaftlichen Kategorien wir wählen«.[50]

Daher überrascht es nicht, wenn Transformation meist mit gewaltigen Irritationen beginnt. Wenn sie in uns das Gefühl erzeugt, dass es so nicht weitergehen kann. Wenn wir in einen Tunnel blicken und kein Licht sehen. Wenn Anomalien entstehen. Erst wenn die Anzahl der Anomalien steigt, beginnt eine Bewegung, stehen wir am Anfang von etwas Neuem, wobei der Weg einer Bewegung nicht vorgegeben wird und eine Veränderung nur dann ermöglicht wird, wenn die Akteure des Systems sich in einen Beobachterstatus versetzen und in einen Dialog treten. Und zwar in eine Beobachtung zweiter Ordnung, wie Heinz von Foerster sie nennt.[51] Dabei nehmen wir eine höhere kognitive Stufe ein, um von dieser ausgehend die eigene Weltsicht, die eigenen Orientierungen, inneren Bilder und Normen zu reflektieren, zu bewerten und zu verändern. Mit anderen Worten: »Transformation ist ein Prozess des Entdeckens und Experimentierens, der nicht linear läuft, sondern ein suchender, iterativer, zyklischer Kreationsprozess mit offenem Ausgang, der alle Beteiligten auf intensive Weise herausfordert.«[52] Transformation bedeutet immer Unschärfe in Bezug auf das Vorgehen. Der Weg ist nicht klar, nur durch iteratives Experimentieren kann Transformation schrittweise vorangehen. Transformation ist also ein langfristiger, im Idealfall unendlicher Prozess, der erst sichtbar wird, wenn man ihn aus der Distanz betrachtet.

In Anlehnung an den Sozialwissenschaftler Rolf Reißig verstehe ich unter Transformation einen besonderen Typ des Wandels, der durch folgende Merkmale charakterisiert ist:

1. durch einen **Paradigmenwechsel** statt bloßer Modifikation des eingeschlagenen Pfades.
2. durch eingreifendes, **gestaltendes Handeln** von Akteuren, mit dem sich Grundstrukturen und Institutionen der Gesellschaft sowie Lebensweisen der Menschen verändern; Transformationen gehen von einer Bewegung aus und verlangen soziale und demokratische Teilhabe.
3. durch **Orientierung auf Zukunft,** jedoch nicht als planvolle Umsetzung eines feststehenden übergeordneten Ziels, sondern als offener Suchprozess in einem neuen Möglichkeitsraum, der ganz unterschiedliche Optionen bietet;[53] das Neue und Zukünftige sind nicht vorbestimmt, sondern bilden sich erst im Prozess des Wandels heraus.
4. durch eine besondere soziale Intelligenz: eine intensive Dialog-, Streit- und Konfliktkultur, die ein hohes Maß an gegenseitiger Offenheit, gegenseitigem Respekt und die grundlegende Bereitschaft, tradierte Denkmuster zu überwinden, erfordert.
5. durch eine DNA, in der das Neue bereits im Alten angelegt ist. Transformation trägt immer auch imitative Züge und kann sich an existierenden Vorbildern orientieren, muss es aber nicht.
6. durch Narrative, die die neue Praxis verständlich verbreiten.
7. durch Geduld in der Gestaltung. Transformation ist eher ein Prozess des Werdens als ein Zustand des plötzlichen Seins, denn Transformationen durchlaufen Konflikte, Unsicherheiten, Verwirrungen, Auf- und Abwärtsspiralen, Widerstände, Korrekturen und Korrekturen der Korrekturen. Sie verunsichern und verstören, lösen Begeisterung oder Abwehr aus. Sie verursachen Wut und Weltflucht.[54]

Ein solches Verständnis von Transformation verlangt uns einiges ab. Aber wir sind nicht die erste Generation und die einzige Gesellschaft, die Transformation gestaltet. Transformation bedeutet vielleicht den Abschied von einem deterministisch geprägten Denken, aber nicht den Abschied von frei handelnden Individuen und sozialen Gruppen.

Change

Mit diesem Verständnis von Transformation wird zugleich der Unterschied zum Begriff »Change« deutlich, der einen Wandel, eine Veränderung innerhalb eines bestehenden Paradigmas beschreibt. Ein Change liegt also dann vor, wenn kein

Paradigmenwechsel stattfindet. Die grundsätzlichen Weltsichten, Logiken und inneren Bilder eines Systems bleiben unverändert. Change bedeutet, dass die bisherigen Vorgehensweisen, Prozesse und Strukturen nicht grundsätzlich infrage gestellt werden. Man spielt dasselbe Spiel, nur mit verbesserten Spielregeln. Changemanagement bedeutet, das Bestehende weiterzuentwickeln und die Handlungen der beteiligten Akteure darauf abzustimmen.

Change macht ein System besser, schneller, billiger, effizienter. Prof. Peter Kruse hat dies »Funktionsoptimierung«[55] oder »Best Practice« genannt. Zukunft ist dabei eine überarbeitete oder verbesserte Version der Vergangenheit. In einem Changemanagement-Prozess ist die Systemlogik der Vergangenheit der grundlegende Bezugspunkt für den Wandel. In diesem Sinne impliziert Change, dass sich manches ändert, während vieles gleich bleibt.

Change wird stets wie ein Projekt gehandhabt, das einen definierten Anfangs- und Endpunkt hat, und somit zeitlich begrenzt ist. Das Ziel ist bekannt und wird im Rahmen der Umsetzung höchstens feinjustiert. »Change« bedeutet eine Veränderung mit einem klaren Ziel, das alle Beteiligten immer deutlich vor Augen haben.

Übergangsphase und Zwischenzeit

Organisationen und Gesellschaften sind in der Regel träge Systeme. Wandel entsteht in ihnen nicht auf Knopfdruck oder durch fleißiges Affirmieren. Neues löst Altes nicht direkt ab. Es gibt kein Stufenmodell mit klaren Grenzen. Aus einer Raupe wird nicht im nächsten Schritt ein Schmetterling. Stattdessen beginnt die Phase des Puppenstadiums, sogenannte Übergangsphasen werden durchlaufen. Es beginnt eine Zwischenphase, in der sich vieles ändert und in Bewegung ist – eine Phase voller Widersprüche und paralleler Prozesse. Einerseits durchlaufen alte Strukturen einen graduellen Auflösungsprozess, andererseits entwickelt sich langsam etwas Neues und Anderes.

Sobald sich die Raupe in ihren Kokon einspinnt, beginnt für sie die faszinierende Übergangsphase. Von außen betrachtet, befindet sich das Tier nun in einem absoluten Ruhezustand. Aber dieser Eindruck täuscht. Altes wird langsam abgelegt und findet doch im Neuen seine Fortführung. Durch diese Paradoxie kommt es zu Anfang dieser Phase häufiger zum Konflikt. Es findet eine Auseinandersetzung zwischen dem Alten und Neuen statt.

In der Phase des Übergangs entsteht nicht nur Neues, es zerbricht auch etwas. Zunehmend erkennen die Akteure, dass manches Alte nicht mehr richtig funktioniert. Es ist eine Phase, in der bekannte Ordnungsmuster und Wahrheiten ihre Gültigkeit verlieren. Alte Gewohnheiten und Identitäten werden infrage gestellt, während viele neue Themen im Chaos herumschwirren. Nur ganz langsam lichtet sich der Nebel, und die Konturen des Neuen werden erkennbar.

Jeder Paradigmenwechsel durchschreitet solch eine Phase. Es herrschen Verwirrung, Ratlosigkeit, Überforderung, Angst, Werteverfall, Auflösung von traditionellen Ordnungsprinzipien. Gleichzeitig fehlt den Verantwortlichen das Vertrauen. Sie haben Angst, zu versagen oder zu viel oder zu wenig zu wagen. Ihre erste Reaktion in dieser Situation: Sie bewerten das Neue kritisch, stellen es infrage. Wozu braucht es einen Schmetterling, wenn die Raupe bislang hervorragend funktioniert hat? Never change a running system, richtig?

Dabei geht es mitnichten darum, zu bewerten, ob der Schmetterling besser ist als die Raupe. Hilfreicher wäre es, zunächst zu verstehen, dass aus derselben DNA zwei unterschiedliche Systeme entstanden sind, die beide grundsätzlich ihre Berechtigung haben, aber völlig unterschiedlichen Gesetzmäßigkeiten folgen. Fredmund Malik beschreibt die unterschiedlichen Systeme von Raupe und Schmetterling wie folgt: »Während die Raupe den Naturgesetzen der Geodynamik unterworfen ist, so muss sich der Schmetterling in der ganz anderen Welt der Aerodynamik behaupten. Dafür braucht der Schmetterling aber ein anderes System des Funktionierens als die Raupe, er braucht andere Sinnesorgane, andere Nervenschaltungen und ein anderes biologisches Navigationssystem. Zwar sind die geodynamischen Gesetze deswegen für ihn nicht ungültig, aber ihre Relevanz hat sich für den Schmetterling gänzlich verändert.«[56]

Übergänge sind Phasen, in denen wir verunsichert sind und uns instabil fühlen. Deswegen sind wir bestrebt, im Neuen einen letzten Rest des Alten zu sehen und bewahren, um zumindest für ein wenig Sicherheit zu sorgen. Nicht zuletzt vertrauen wir in solchen Zwischenzeiten gerne unseren bewährten Reflexen und wollen mit denselben Paradigmen, Denkmustern und Konzepten auch die neuen Herausforderungen lösen – wohl wissend, dass dies kein gutes Ende nehmen würde.

A BUTTERFLY IS A TRANSFORMATION, **NOT A** BETTER **CATERPILLAR**

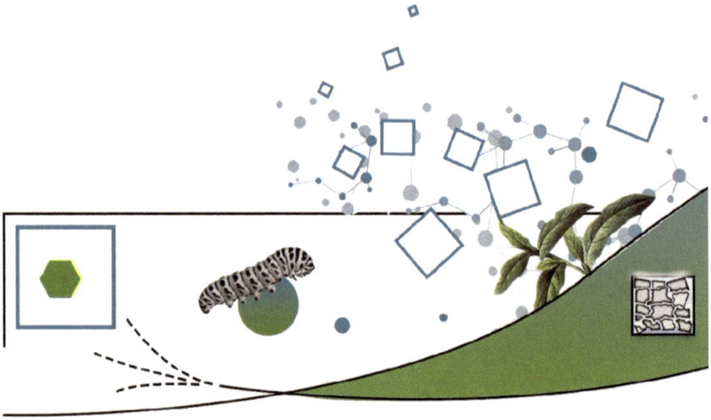

CHANGE

CHANGE macht das System besser, schneller, qualitativer...

Vergangenheit ist der Bezugspunkt

Zukunft ist eine überarbeitete oder verbesserte Version der Vergangenheit

Alte bzw. verbesserte Spielregeln, Denkweisen

Kein Paradigmenwechsel

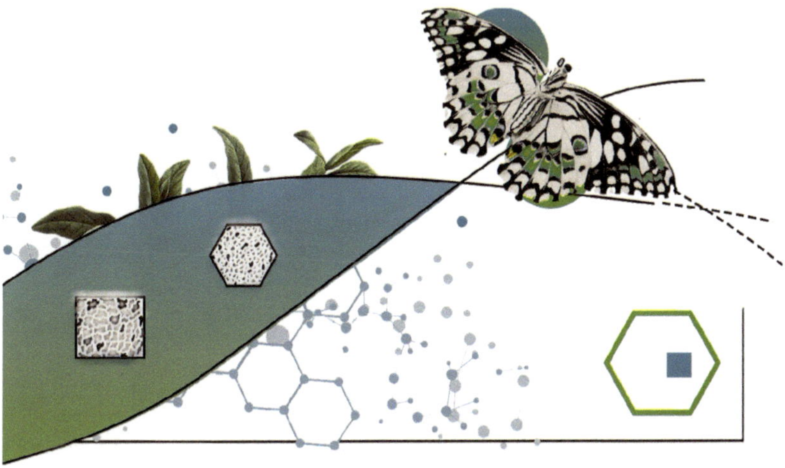

TRANSFORMATION

Durch TRANSFORMATION entstehen neue Systeme

Zukunft ist der Bezugspunkt

Die Zukunft wird verwirklicht, indem man sich
von den Zwängen der Vergangenheit befreit

Neue Spielregeln, Denkweisen

Paradigmenwechsel

Abbildung 2: Die zwei S-Kurven der Transformation

Aber stecken in solchen Zwischenphasen außer Zweifel, Angst und Verwirrung nicht auch ungeahnte Kräfte und Potenziale für die Zukunft? In ihrem Buch »Der unendliche Augenblick« schreibt die deutsche Philosophin Natalie Knapp: »Übergänge sind kreative Freiräume, die stets Erneuerungen mit sich bringen. Es sind Phasen, in denen das Leben ein Vielfaches seiner üblichen Kraft entfaltet und mit besonderer Intensität spürbar wird. Übergänge sind die *poetischen Zonen* des Lebens. Wie wir mit ihnen umgehen, hat einen großen Einfluss auf unsere Lebensqualität. Denn oft zeigt sich in solchen Zeiten die Tiefendimension unserer Seele, das Potenzial, das sich in den darauffolgenden ruhigeren Jahren stabilisieren und entfalten kann.«[57]

In allen Übergangsphasen entsteht ein Raum für Pessimisten und Optimisten gleichermaßen. Aber wie sinnvoll ist es, die Rolle der Pessimisten einzunehmen, apathisch stehen zu bleiben und bangend auf die Zukunft zu warten? »Nicht Pessimismus, sondern Optimismus verbessert die Welt. Es sind immer die Optimisten, die andere zum Handeln inspirieren. Innovation, Fortschritt – das kommt nie von Schwarzmalern.«[58]

Es ist genau diese Zwischenphase, die wir aktiv gestalten müssen. Wir müssen handeln. Zwar sollten wir dabei nicht naiv und zu optimistisch sein und Risiken leichtfertig ignorieren, aber wir sollten die Chancen auch nicht liegen lassen, sondern sie als Möglichkeit begreifen. Jakob von Uexküll bezeichnet solche Menschen als Possibilisten. »Ein Possibilist zu sein heißt, den kritischen Zustand der Welt anzuerkennen und trotzdem das zu tun, was möglich ist. Sie warten nicht darauf, dass ein anderer die Probleme löst, sondern beginnen: irgendwie, mit viel Kreativität und Witz und ohne den Druck, die Welt sofort verändern zu müssen. Possibilisten gleichen damit jenen kleinen grünen Sprösslingen, die sich unaufhaltsam einen Weg durch die scheinbar undurchdringlichen Asphaltdecken der versiegelten Naturflächen suchen und mit ihren Wurzeln irgendwann die dicksten Mauern sprengen können.«[59]

Possibilisten nehmen sich Zeit, weil sie wissen, dass eine Transformation nicht von heute auf morgen entsteht und dass es nicht darum geht, Zyklen algorithmisch abzuarbeiten. Das Neue entsteht nicht linear, ein Neuanfang beginnt nicht erst mit dem Erreichen eines Endes. Es gibt keine getrennten Stufen mit klaren Grenzen. Im Gegenteil: Die Phasen einer Transformation gleichen eher s-kurvigen, einander überlappenden Schichten und ihre Schnittmenge bildet den Übergang ab.

Nehmen wir an, dass ein blaues Quadrat sich transformieren möchte und ein unscharfes Bild seiner Zukunft in sich trägt. In der Übergangszeit löst sich das Quadrat auf und nimmt langsam eine neue Form an: Es wird zu einem grünen Hexagon. Dabei muss nicht alles aufgelöst werden, aber vieles muss in die neue Hexagon-Form verwandelt werden. Wichtig dabei ist, dass das Hexagon ein Quadrat als »DNA« behält. Bei einer Transformation muss also nicht alles neu erdacht werden. Aber der Rahmen, die Paradigmen wandeln sich.

Übergangsphasen sind tragisch und faszinierend gleichermaßen. Die Tragik ergibt sich daraus, dass ein Übergang viele Verlierer hervorbringt; die Faszination liegt darin, dass uns das Neue zum Staunen bringt. Wir sind voller Hoffnung, weil die Veränderung verheißt, eine Veränderung hin zum Besseren zu sein, und werden enttäuscht sein, weil mit dem Neuen auch neue Probleme entstehen werden.[60] Transformation ist somit auch emotional ein Wechselbad der Gefühle, ein Auf und Ab.

Nachhaltiger Wandel in Organisationen

Damit Organisationen lebens- und zukunftsfähig bleiben, müssen sie sich idealerweise fortwährend zwischen zwei Polen bewegen: Bewahren und Erneuern. Diese Bewegung gilt es auszutarieren, um eine gute Balance und eine gewisse Robustheit zu erreichen. Soweit zum Ideal. Real ist, dass Organisationen eher dazu neigen, den Status quo zu bewahren, als sich zu erneuern. Das gilt es zu verstehen und zu akzeptieren. Organisationen sind – wie viele soziale Systeme – per se träge. Sie entwickeln ihre Stabilität, indem sie das wiederholen, was sich im Arbeitsalltag praktisch bewährt hat. Und in der Tat könnten Organisationen auch gar nicht funktionieren, wenn sie jeden Tag neu entscheiden müssten, wer welche Rolle ausfüllen soll und welchem Zweck man eigentlich dienen möchte. Daher sind die Beharrungskräfte der Organisationen groß und in gewisser Weise sehr gerechtfertigt, denn das Muster der Wiederholung funktioniert und beschert dem Unternehmen Erfolg. Wäre dies nicht der Fall, wäre die Organisation schon längst vom Markt verschwunden.[61]

Bewährte Wiederholungen prägen auch ganz entscheidend die Kultur der Organisation und sorgen dafür, dass Erfahrungen stabilisiert werden. Aus diesen Erfahrungen entstehen Geschichten, die über Abteilungsgrenzen und Mitarbeitergenerationen hinweg transportieren, welche Erfahrungen und Glaubenssätze es sind, die das Verhalten im Unternehmen organisieren. Die Geschichten werden interpretiert und wiederholt. Letztendlich münden sie in bestimmte Werte, Grundannahmen und Überzeugungen, die das Unternehmen prägen. Ihre Gesamtheit macht die Persönlichkeit oder den Charakter der Organisation aus, also die Art, wie es auf die großen und kleinen Fragen des Lebens antwortet. Wir können uns vorstellen, wie komplex und zeitintensiv diese Prozesse sind. Sie konstituieren Identität und die wirft man auch in Zeiten des Wandels nicht über Bord. Die Identität bzw. das, was sie ausmacht, gehört zu dem Pol des Bewahrens. Sie bildet die DNA des Systems, das Quadrat im Hexagon, das man nicht einfach aufgibt.

Nun agieren Organisationen natürlich nicht in einer Blase. Ihre Umwelt hat sich in der Vergangenheit immer verändert. Allerdings hat das Tempo der Veränderung in jüngster Vergangenheit stark zugenommen. Das können wir als Warnung oder Anlass verstehen, dass es nicht so weitergehen kann wie bisher. Die Themen der Transformation liegen in der Unternehmensluft. Die Akteure fragen sich immer mehr, ob es Anlass zur Entwicklung und zum Lernen gibt. Doch ohne Veränderungs- und Leidensdruck kann kein nachhaltiger Wandel eingeleitet werden.

Nun führt die Erkenntnis von allgemeinem Wandel leider nicht zwangsweise zu einem gelungenen Start der Veränderung in der Organisation und alles andere läuft automatisch ab. Das erste und häufigste Problem ist die Beharrlichkeit unserer Routinen, die Verfestigung von Selbstverständlichkeiten, Arbeitsweisen und Strukturen, die viel stärker sind als unser Wille. Selbst wenn wir mit aller Kraft spüren, dass sich etwas ändern muss, reicht diese Erkenntnis nicht aus. Das zweite Problem ist, wie es Klaus Eidenschink und Ulrich Merkes treffend formulieren, *Die Logik von Verkrustungen*. Gemeint ist damit, dass, da Entscheidungen in Organisationen immer aufeinander bezogen sind und einander wechselseitig stabilisieren, das Bewahren leichter als das Verändern ist. Diese Asymmetrie gilt es, im Blick zu behalten. Je härter die Kruste, desto mächtiger muss die Intervention sein.[62]

Um die Anpassungsfähigkeit und Flexibilität im Sinne eines nachhaltigen Erfolgs in Organisationen zu erhöhen, braucht es eine Kultur der Offenheit und Reflexion. Besonders in traditionellen und konservativen Organisationen ist diese Kulturveränderung zugegebenermaßen eine Herkulesaufgabe. Wir werden sie weniger durch Überzeugung als über alltägliche Praktikabilität erreichen. Dazu müssen wir vorhandene Strukturen, Muster, Gewohnheiten, Regeln, Routinen, Vorgaben, Arbeitsweisen immer wieder hinsichtlich ihrer Funktionalität hinterfragen bzw. sie einer kontinuierlichen Prüfung unterziehen. Wir müssen uns fragen: »Sind unsere Gewohnheiten noch zeit- und marktgerecht?«[63] Existieren die Gründe, weshalb sie einst eingeführt wurden, überhaupt noch? Oder sind die Gründe hinfällig und die Gewohnheiten längst kontraproduktiv geworden?

Und damit wir solche Fragen überhaupt zulassen dürfen und sie einen Raum bekommen, bedarf es der Fähigkeit, sich irritieren zu lassen. Eidenschink und Merkes nennen diese organisationale Fähigkeit *Irritationskompetenz.* Man könne sie gut daran beobachten, »wie viele Möglichkeiten diese [die Organisation] hat und gezielt nutzt (oder auch nicht), um mit unterschiedlichen Umwelten gekoppelt zu bleiben und sich mit geschäftsrelevanten Irritationen zu versehen bzw. Routinen zu entwickeln, wie sie schwache Signale von Veränderungen ernst nimmt, statt zu erstarren oder in Hektik und Chaos zu landen.«[64] Wenn wir also wissen wollen, wie flexibel und offen unsere Organisation für Wandel und Veränderung ist, können wir beobachten, wie sie auf Störungen und Irritationen reagiert.

Ein zweiter Indikator für die Veränderbarkeit von Unternehmen ist der Grad des vorhandenen Leidensdrucks. Dieser ist in der Regel dann besonders ausgeprägt, wenn die Störungen von außen kommen. Was uns handeln und aktiv werden lässt, ist also weniger ein kreativer Gestaltungswunsch (hin zu) als ein Vermeidungswunsch (weg von). Anders formuliert: mehr Desaster als Design, wobei »Desaster« hier weniger als Katastrophe verstanden, sondern eher im Lichte seiner etymologischer Wurzel »weg vom Guten« (ital. dis-, weg von) betrachtet werden soll. Störungen, Desaster oder Krisen sind wichtige Signale, die unsere Aufmerksamkeit auf Dinge lenken, die unser Zutun benötigen. Wenn ein Sturm scheinbar stabile Bäume zu Fall bringt, so sagt die alternative Nobelpreisträgerin und Aktivistin Frances Moore Lappé, dann ermöglich uns dies einen Blick auf die ansonsten verborgenen Wurzeln und ihren Zustand. Krisen, das will diese Analogie sagen, geben uns die Möglichkeit, die Schwächen oder Krankheiten eines Systems zu erkennen, die bislang verborgen waren. Krisen sind somit wichtige Hinweise und »begrüßenswertes Zeichen eines Übergangs«. Wir brauchen sie oftmals als Handlungsimpulse.[65]

Ich sehe die Organisation der Zukunft als eine Bewegung, als Movement. Nicht nur die Führungsebene und CEOs, sondern viele Menschen übernehmen die Verantwortung für die Zukunftsfähigkeit des Unternehmens. Es wird nicht mehr reichen, von oben gesagt zu bekommen, was zu tun sei und die Gestaltung Einzelnen zu überlassen. In zukünftigen Systemen wird jede und jeder eine Rolle im Prozess der

Veränderung spielen. Und wir müssen uns von dem Glauben verabschieden, dass Veränderungen als einmalige Aktionen gemeistert werden können. »Veränderung in lebenden Systemen ist etwas Kontinuierliches und wird nicht durch lang geplante Innovationen erzeugt.«[66]

Nachhaltiger Wandel in der Gesellschaft

Moderne Gesellschaften zeichnen sich durch eine hohe kulturelle und soziale Vielfalt aus. Es sind Multioptionsgesellschaften, die einem permanenten sozialen, ökologischen, kulturellen, wirtschaftlichen und politischen Wandlungsprozess unterliegen. Unter gesellschaftlicher Transformation verstehe ich einen Prozess der Umformung, Umgestaltung, Entwicklung der gesellschaftlichen Gemeinschaften, der nicht rasant und revolutionär, sondern eher langsam und träge läuft. Gesellschaftliche Transformation lässt sich nicht planen und steuern. Sie ist ein zukunftsorientierter Suchprozess nach Alternativen in vielen unterschiedlichen Bereichen der Gesellschaft. Transformation ist ein Prozess des Entdeckens und Experimentierens, der nicht linear verläuft, sondern iterativ, zyklisch, kreativ. Transformation, das haben wir bereits festgestellt, bedeutet immer Unschärfe in Bezug auf das Vorgehen. Der Weg ist nicht durchgängig klar. Er wird erst aus der Distanz, aus der Retrospektive sichtbar.

Im Gegensatz dazu steht das, was wir in der Politik beobachten: leichte Kurskorrekturen früherer Positionen, die oftmals als Reaktion auf bestimmte Spannungen, Defizite und Unstimmigkeiten in der Gesellschaft erfolgen. Dabei geht es in der Regel um »kleine Reparaturen«, um Verbesserungen, Effizienzsteigerungen und Optimierungen des Bestehenden. In der Politik findet – unserem Verständnis entsprechend – Change statt, nicht Transformation. Vielmehr sind unsere Entscheidungsträger in der Politik seit vielen Jahren in eine Art Zukunftsvergessenheit geraten. Sie betreiben Restauration von Gegenwart und Résistance von Transformation.

Das ist nicht ungewöhnlich. Die Veränderungskraft und die Impulse für Transformation kommen in der Regel nicht aus der Politik. Die ersten Pulsschläge werden vielmehr als soziale Bewegungen laut. Hier zeigt sich die Bereitschaft zur Veränderung als Erstes. Etwas vibriert im System und konkretisiert Themen, die in der Luft liegen. Durch die Institutionalisierung solcher Bewegungen und Kritikformen wird die Transformation konstituiert, beeinflusst, befördert oder gehemmt und durch eine gesunde Diskurs- und Kritikkultur kann die Bewegung an Dynamik gewinnen. Immer mehr Akteure kommen hinzu. Für die Veränderung der Gesellschaft sind lediglich drei bis fünf Prozent der Bevölkerung notwendig.[67] Margaret Mead hat es zutreffend formuliert. »Zweifle nie daran, dass eine kleine Gruppe engagierter Menschen die Welt verändern kann – tatsächlich ist dies die einzige Art und Weise, in der die Welt jemals verändert wurde.« Es braucht keine Mehrheiten, um Gesellschaften zu verändern. Es braucht nur diese drei bis fünf Prozent aller Beteiligten in jeder gesellschaftlichen Schicht, Gruppe, Funktionseinheit. Es braucht die Imagozellen. In dem Augenblick, in dem die Imagozellen alle relevanten gesellschaftlichen Bereiche durchdrungen haben und beginnen, sich zu vernetzen, entsteht das Neue.

Jede soziale Bewegung – wie die Frauenbewegung, die Bürgerrechtsbewegung in den USA, die Anti-Atomkraft-Bewegung, die Friedensbewegung – war in ihren Anfängen eine Minderheitsbewegung, die bottom-up aus der Gesellschaft heraus entstanden ist. Peu à peu erzeugen diese Bewegungen gesellschaftliche Tiefenwirkung, indem sie über viele Jahre kulturelle Vorstellungen verändern, indem sie Lebensstile verändern, indem sie Normen verändern. Aus Graswurzelbewegungen werden Bürgerinitiativen, aus Bürgerinitiativen werden Parteien und Koalitionspartner.

Wir sehen also, dass es tatsächlich auf jede und jeden Einzelnen ankommt. Sie bewirken etwas, indem sie ihre konkreten Handlungsspielräume nutzen – im privaten ebenso wie im beruflichen und öffentlichen Bereich – und indem sie neue Wege gehen. Deshalb ist es so wichtig, dass jeder versucht, Verantwortung zu übernehmen und Vorbild zu sein.

Meine Erfahrungen mit Transformation

Ich werde häufiger nach einem Rezept für Transformation gefragt. Wir müssen jedoch zu allererst verstehen, dass es keine Veränderungscheckliste oder die eine richtige Strategie gibt. Wenn wir Menschen in einem sozialen System, in einer Gesellschaft zur Veränderung motivieren wollen, können wir nicht alle mit genau denselben Bildern, demselben Sound, demselben Narrativ erreichen, denn jede Veränderungsabsicht erzeugt, wie Klaus Eidenschink zurecht feststellt, mindestens zwei unterschiedliche Gruppen: Die eine Gruppe sind die Veränderungswilligen, die andere Gruppe sind die Stabilitätsaffinen.[68] Beide Gruppen nehmen häufig Perspektiven ein, die im Widerspruch zueinander stehen und somit der Versöhnung bedürfen.

Als ich in einem Konzern eine Bewegung für kulturelle Transformation mitgegründet habe, habe ich die Erfahrung gemacht, dass es in dem unternehmensinternen Prozess fatalerweise einen Punkt gibt, an dem die Akteure der Transformation als intellektuelle und aktivistische Elite erscheinen, die sich überlegt, welche Strategien für die Gestaltung einer Transformation notwendig sind. Doch man kann Transformation nicht von oben nach unten diktieren, sondern muss aus der Mitte heraus Menschen inspirieren und motivieren. Die Frage, die sich uns damals stellte, war: Wie überzeugen wir die anderen, ein Teil der Bewegung zu werden? Uns wurde ziemlich schnell klar, dass wir dies nicht mit Zahlen und Fakten erreichen. Ohne eine emotionale Rhetorik ist es schwer, eine Gemeinde zu bilden und zu erweitern.

Wie also gelingt es in solch einem Prozess, eine gesunde und erfolgreiche Bindung aufzubauen? Wie können wir uns mit anderen verbinden und Mehrheiten schaffen? Meiner Erfahrung nach funktioniert dies nur durch eine besondere Art der Kommunikation: nicht von oben herab, sondern als Einladung. Wenn es also überhaupt eine Strategie, ein »Rezept für Transformation« gibt, dann lautet dies, dass man die Menschen an ganz unterschiedlichen Orten abholen muss. Man muss es schaffen, in den Veränderungswilligen und Stabilitätsaffinen Neugierde zu wecken und eine offene Haltung zu fördern, sodass sie für einen Dialog und für Resonanz bereit sind. In diesem Zusammenkommen soll es jedoch nicht um eine pädagogische Maßnahme gehen. Keine der Parteien oder Gruppen sollte mit der Haltung beginnen, dass das Ziel und die Zukunft schon bekannt sind. Es geht also nicht um Haltung, Meinung und eigenes Wollen, sondern um das Erkunden des anderen. Ein hervorragender erster Schritt auf diesem Weg wäre es, mit Gemeinsamkeiten zu beginnen: Was verbindet uns eigentlich, was sind die gemeinsamen Erfahrungsebenen, was ist unser gemeinsamer Leidensdruck? Auf diesen Gemeinsamkeiten kann man aufbauen, hieran kann man anknüpfen.

Wenn wir Transformation als Angebot formulieren, ist dies wie eine Flaschenpost, die wir ins Meer werfen.[69] Diese Flasche kann gefunden und entkorkt werden oder eben auch nicht. Der Finder kann damit machen, was er will. Natürlich spekulieren wir darauf, dass der Inhalt der Flasche auch auf ein relevantes Bedürfnis des Finders trifft. Und so beobachten wir, ob unser Angebot attraktiv ist und angenommen wird. Ein sehr gutes Angebot sind meiner Erfahrung nach Bilder und Geschichten, die emotional andockungsfähig sind und die Leute abholen. Ideal wäre es, andere mit unseren Botschaften so zu begeistern, dass sie sich weiter dafür interessieren und selbst aktiv werden.

THE GREAT
TRANSFORMATION
NEXT
4 MILES
Change

3

VORBILD RENAISSANCE

WAS UNS DER SPRUNG VOM MITTELALTER IN DIE NEUZEIT LEHRT

»Für die meisten von uns liegt die größte Gefahr nicht darin,
hoch zu zielen und zu scheitern, sondern darin,
unser Ziel zu niedrig zu hängen und es zu erreichen.«
Traditionell Michelangelo zugeschrieben

»Die Erkenntnis, die nicht durch die Sinne gegangen ist,
kann keine andere Wahrheit erzeugen als die schädliche.«
Leonardo da Vinci

»Ich habe vor, für die Ewigkeit zu bauen.«
Filippo Brunelleschi

»Die ergiebigste und natürlichste Übung unseres Geistes ist meines Wissens das Gespräch. Ich sehe in seiner Pflege das Schönste, was wir im Leben tun können. Jedem kann es passieren, dass er dabei Unsinn redet. Schlimm wird es erst, wenn er es feierlich tut.«
Michel de Montaigne

»Wir kommen rückwärts vorwärts, wie die Ruderer.«
Michel de Montaigne

Ein heftiges Gewitter ging am 29. Juli des Jahres 1500 über dem Vatikan in Rom nieder. Dabei wurde der Palast des Papstes von einem Blitz getroffen und der Papst – wenn auch nur leicht – verletzt. Die damaligen Zeitgenossen sahen darin ein Zeichen: Dies sei die allerletzte Mahnung Gottes vor dem kommenden Weltuntergang. Das Jüngste Gericht stehe unmittelbar bevor.[70] *Man hatte bereits seit einigen Jahren das Ende der Welt vorhergesagt und glaubte, dass die Welt so sehr in einer Krise stecke, dass die Endzeit nun gekommen sei.*

Auch heute bewegen wir uns gefühlt von einer Krise zur nächsten: von der Finanzkrise zur Flüchtlingskrise zur Coronakrise zur Klimakrise. Die Krise, so hört man, sei das eigentliche *New Normal* bzw. so etwas wie die *Geburtswehen einer neuen Welt*, wie Fredmund Malik es formuliert[71]. Aber sind wir im Verlauf der Menschheitsgeschichte nicht immer wieder mit großen Herausforderungen und Krisen konfrontiert worden, die wir bisher ja doch alle irgendwie gemeistert haben? Zumindest gibt es uns und unsere Welt noch.

Lassen Sie uns die Renaissance nun nicht als Krisenzeit betrachten, sondern als gutes Beispiel für eine gesellschaftliche Transformation. Mit bis dahin unvorstellbaren Leistungen in Architektur und Malerei, Wissenschaft und Forschung, Literatur und Philosophie hat diese Kulturepoche ein völlig neues Welt- und Menschenbild entstehen lassen. Es ist kein Zufall, dass diese Zeit einen massiven Umbruch markiert, denn die historische Forschung sieht hier den Beginn der Neuzeit. Ein fundamentaler Wandel im Denken und Handeln hat sich vollzogen, der die Menschen damals genauso herausgefordert haben dürfte wie uns heute die digitale und soziale Transformation des 21. Jahrhunderts. Auch nach etwa 600 Jahren kann uns die Renaissance als ideale Referenzzeit dienen, um die Mechanismen und Auswirkungen einer wahren Transformation zu analysieren. Bevor wir damit beginnen, müssen wir zum besseren Verständnis einen kurzen Blick auf die unmittelbare Zeit vor der Renaissance werfen: das Mittelalter.

Prägend für die mittelalterliche Gesellschaft war einerseits die statische Gemeinschaftsbindung, anderseits die Religion. Mehr als drei Viertel der Menschen lebten gemeinsam auf dem Land, ihr Leben war bestimmt vom Rhythmus der Jahreszeiten, der Naturalwirtschaft und Tradition. Jeder Einzelne war unmittelbar auf seine Gruppe angewiesen. Das Bestehende und die Tradition wurden nicht infrage gestellt. Selbstständiges, kritisches Denken war weder gewünscht noch die Vision eines erfüllten menschlichen Lebens. Gott und die Kirche bildeten das Zentrum. Jeder Bereich war im christlichen Glauben geprägt, so auch Wissenschaft und Bildung. Lesen und schreiben konnten nur wenige Menschen. Das gesamte Wissen, jegliche Orientierung wurde in erster Linie durch die Heilige Schrift vermittelt. Auch an den meisten Universitäten stand die Theologie im Mittelpunkt und prägte die gesamte Lehre. Die christliche Bevölkerung war bestrebt, ein gottgefälliges Leben zu führen. Ihr gemeinsamer Glaube war das Instrument, das sie in allen Altersgruppen und Ständen verband. Der Glaube an Gott war fester Bestandteil des Heilsplans und der Existenz von Mensch und Erde. Ohne Gott und Heilige Schrift keine Welt. Die göttliche Ordnung war bestimmend, weil u. a. die christliche Lehre Aussicht auf ein Leben nach dem Tod predigte. Das Leben auf Erden war nur Prüfung. Das Schicksal eines jeden Einzelnen lag in Gottes Hand und nur ein sündenfreies Leben versprach den ewigen Himmel nach dem Tod. Für Reflexion gab es kaum Raum, Kritik an den bestehenden, vermeintlich von Gott gegebenen Systemen kam einer Gotteslästerung gleich.

Besonders gegen Ende des Mittelalters, im 14. Jahrhundert, litten die Menschen unter Kriegen, Verwüstungen und Seuchen. Zwischen 1347 und 1351 grassierte die Pest in weiten Teilen Europas, der mindestens ein Drittel der europäischen Bevölkerung zum Opfer fiel. Ganz besonders hart traf es die ärmsten Bevölkerungsschichten, weil sie unterernährt waren und unter mangelnden hygienischen Bedingungen lebten. Der Tod war allgegenwärtig. Und doch war es gerade diese von Krisen und Krankheiten geschüttelte Welt, in der die Initialzündung für die Neuzeit erfolgte.

Zum ersten Mal benutzte der italienische Architekt und Maler Giorgio Vasari 1550 den Begriff *Rinascimento* im Sinne von *Wiedergeburt des antiken Geistes* und *Wiederaufblühens* der Künste.[72] Diese Bezeichnung bedeutete eine Wiedergeburt alter Ideen und Werte in einem neuen Kontext. Vasari beschwor vorbildhaft die Größe des römischen Imperiums und all seiner damals auf italienischem Boden immer noch gegenwärtigen Ausformungen in Kunst und Baukunst. Doch er verstand diese Wiedergeburt nicht als sklavische Kopie des Alten. Vielmehr sollte man die römische und griechische Antike als reiche Quelle künstlerischer und intellektueller Eingebungen betrachten, sie weiterentwickelt und daraus eigenständig Neues schaffen – ein unerhört folgenreicher, weltgeschichtlich einzigartiger Vorgang[73], mit dem sich ein fundamentaler Wandel im menschlichen Denken und Handeln vollzog. Eine Zeit der gesellschaftlichen Transformation brach an, die uns in der Literatur die Werke von Dante Alighieri, in der bildenden Kunst Michelangelo und Leonardo da Vinci, in der Architektur Filippo Brunelleschi und in der Politik Machiavelli bescherte – um nur einige wenige Namen dieser Blütezeit zu nennen. Von herausragender Bedeutung –

besonders in der italienischen Renaissance – war das Engagement der Kaufmannsfamilie Medici in Florenz, die in großem Stil Kunst, Wissenschaft und Architektur förderte und damit letztlich selbst Teil einer florierenden Entwicklung wurde.

Wenn wir uns nun darauf konzentrieren wollen, welche Besonderheiten den transformationalen Charakter der Renaissance auszeichnen, kristallisieren sich folgende Beobachtungen heraus:

1. Transformation ist eine Bewegung
Der Begriff der Renaissance hat sehr unterschiedliche Deutungen: als historische Kulturepoche des 15. und 16. Jahrhunderts, als rein geisteswissenschaftlich geprägte Stilrichtung vornehmlich in der Malerei, Bildhauerei und Architektur oder als die Bewegung einer Minderheit von Gebildeten, die mutig, suchend und neugierig waren und sich für technische Neuerungen, Innovation und Fortschritt interessierten.[74] Als solche trugen sie etwas Neues in sich und stellten vieles auf den Kopf, was vorher selbstverständlich war.[75] Sie zweifelten grundlegende Wahrheiten und Gesetzmäßigkeiten an und entfachten einen Diskurs darüber. Sie schrieben einander Briefe, diskutierten in den Universitäten, in den Rathäusern und auf den großen öffentlichen Plätzen.[76] Damit machen sie ihre Ideen öffentlich sichtbar, auch wenn diese nicht von der gesamten Öffentlichkeit getragen wurden. Die Geister, die das Ideal der Renaissance in sich trugen, kommunizierten, besuchten einander und reisten. Es fand ein reger wirtschaftlicher, wissenschaftlicher und diplomatischer Austausch statt. Die Imagozellen verbanden sich.

2. Transformation braucht ein gemeinsames Anliegen
Die Bewegung der Renaissance verfolgte ein gemeinsames Anliegen, nämlich den Menschen als Individuum in den Mittelpunkt allen Denkens und Strebens zu stellen und sich vom ausschließlich religiös geprägten Menschen- und Weltbild des Mittelalters zu verabschieden. Vor allem die gebildete Oberschicht und die Künstler betrachteten den Menschen als von Natur aus gut, als würdevolles und mit Verstand gesegnetes Geschöpf Gottes. Das kann als Vorbote des sich entwickelnden Humanismus verstanden werden. Man beschäftigte sich mit dem Wesen des Menschen und spürte seiner Existenz und seinem Sinn nach.[77] Bislang war das menschliche Leben im Abendland bedingt durch den christlichen Glauben ganz auf das Jenseits und die Erlösung durch Jesus Christus ausgerichtet. Die Humanisten betonten dagegen die Natürlichkeit und den Verstand des Menschen, der sein Schicksal sehr wohl selbst in die Hand nehmen konnte. Zwar blieben Gott und die Kirche weiterhin die zentralen Fixpunkte, gleichzei-

tig nahmen Experiment, wissenschaftliche Neugier, Erkenntnis und Wahrheit immer mehr Raum ein. Der aufblühende Handel belegte, dass kaufmännischer Erfolg nicht durch christliche Vorgaben gedieh, sondern auf Basis realistischen Kalküls entstand. Der Mensch der Renaissance sezierte, beobachtete und verglich. Bezeichnend hierfür ist das künstlerische Schaffen zweier Künstler: Leonardo da Vinci, der in bestechenden Detailzeichnungen zum Beispiel die Lage eines Fötus im Mutterleib festhielt, und Michelangelo, der den genauen Verlauf von Muskeln zeichnete und die richtigen Proportionen des Körperbaus studierte, ehe er seine Skulpturen konzipierte.[78] Das Bild der Antike war hier insofern wegweisend, als bereits griechische und römische Gelehrte und Künstler dem menschlichen Dasein alle Aufmerksamkeit gewidmet hatten. Aber diese Haltung provozierte nie den Bruch mit Glauben und Kirche. Die antikisierenden Erscheinungsformen der Renaissance wurden ab etwa 1420 umgehend in die christliche Lehre als ein gottgefälliges Streben eingebunden. Dieses Vorgehen erwies sich in der Anfangszeit als ein gefährlicher Spagat, denn die Verlagerung der Perspektive auf den Menschen konnte bei der Amtskirche schnell den Vorwurf und Verdacht eines heidnischen Götzendienstes wecken.[79]

Im Mittelalter bestand die Aufgabe der Maler, Architekten, Philosophen, Philologen, Wissenschaftler darin, Heilsgeschichte zu vermitteln und somit das göttliche System zu erklären. Sie waren *Mägde der Theologie* und – wie zum Beispiel Michelangelo – von tiefer Frömmigkeit.[80] In der Renaissance jedoch lasen sie und bildeten sich, trachteten nach mehr Erkenntnis, um den eigenen Horizont zu erweitern. Diese Befreiung führte – zunächst nur bei der geistigen Elite – zu einer anderen Einstellung zur Zukunft: Der Mensch wurde mehr und mehr zum Gestalter der Welt und nahm sein Schicksal selbst in die Hand. Und gerade weil diese Veränderung zunächst nur von einer kleinen privilegierten Gruppe getragen wurde, brauchte es die Gemeinsamkeit des Anliegens, um Früchte zu tragen.

3. Transformation ist träge

Der Prozess der Transformation ist träge, weil er sich innerhalb von sozialen Systemen vollzieht. Diese Systeme brauchen Zeit, um sich an den neuen Kontext anzupassen. Wäre dies nicht der Fall, bestünde die Gefahr, dass sie ständig anders funktionieren, was die Systeme überfordern würde. Es wäre ständig notwendig, zu verhandeln, was funktional bzw. dysfunktional ist. Die Renaissance als Kulturepoche ist ein Spiegelbild dieser Trägheit. Bezeichnenderweise wurde sie erst gegen Ende ihrer Zeit als eigenständige Bewegung identifiziert und mit einem Begriff belegt. Aus heutiger Sicht begann sie nicht mit einem Paukenschlag, also einem sichtbaren

Startschuss, sondern vollzog sich allmählich, in vielen kleinen Schritten und unterschiedlichen Ausformungen. In manchen Dingen war die Renaissance revolutionär, mutig und neu, in anderem hielt sie an Althergebrachtem fest. Vergessen wir nicht, dass alle Kunst – auch und vor allem die Bilderwelt der Renaissance – fast ausnahmslos religiös geprägt war. Hauptauftraggeber für Malerei, Architektur, Bildhauerei etc. war die Kirche. Nicht in den Formaten und Inhalten lag das Neue, sondern im Menschenbild, das entstand. Ein Kennzeichen des neuen Selbstbewusstseins, das nicht mit Gott brechen will, war die Tatsache, dass Künstler spätestens jetzt ihre Werke signierten. Kunst zu schaffen, war in ihren Augen nun mehr als ein bloßer Gottesdienst – es war persönlichster Ausdruck ihres individuellen Schaffens geworden.[81]

Außerdem entwickelten sich die einzelnen Disziplinen nicht synchron: Die Renaissance-Architektur beginnt gegen 1430, die Renaissance-Musik dagegen erst um 1600. In der Kunstgeschichte wiederum spricht man von einer Frühphase (1420–1480), einer Hochphase (1480–1520) und einer Spätphase (1520–1600). Die Renaissance war also weniger eine *kulturelle Revolution* im Sinne eines plötzlichen Bruchs mit der Vergangenheit als vielmehr eine *kulturelle Bewegung* mit einer eher langsamen Entwicklung.[82] Keine der Veränderungen machte sich sofort bemerkbar, sondern sie entwickelten sich organisch aus dem Mittelalter und etablierten sich erst nach und nach als das Neue.

4. Transformation braucht prominente Unterstützer

Die größten Förderer von Architektur und Kunst in der Renaissance finden wir im 15. Jahrhundert in den reichen Städten Ober- und Mittelitaliens. Unter ihnen gewannen vor allem die Mitglieder der Familie Medici in Florenz an Profil. Sie hatten durch ihren Textilhandel und die Begründung eines modernen Bankwesens großen Reichtum erworben und hielten ihre schützende Hand über die Humanisten und Künstler der Stadt. Sie gründeten eine Kunstakademie in Florenz und verteilten lukrative Aufträge, die Künstler aus allen Teilen Italiens anzogen. Gleichzeitig schafften sie es trotz der erbitterten Konkurrenz anderer einflussreicher Familien, die Bankiers des Papstes und damit Teil der Machtelite zu werden. Sie waren zwar nicht aktive Mitgestalter einer neuen Haltung, aber sie gaben Künstlern, Architekten und Schriftstellern Raum, neue Ideen zu entwickeln, die über die orthodoxe Haltung der katholischen Kirche hinausgingen.

Transformationen können nur dann erfolgreich gestaltet werden, wenn eine Bewegung aus der Mitte der Gesellschaft oder Organisation entsteht, die von den Verantwortlichen direkt oder indirekt unterstützt wird. *Unterstützung* bedeutet, die Bewegung nicht zu bekämpfen, sondern ihr ausreichend Raum zu geben, sie zu fördern und die besten

Rahmenbedingungen zu schaffen. Auch wenn die Entscheidungsträger und Förderer nicht aktiv gestalterisch wirken, ist ihre Unterstützung für das Neue unabdingbar.

5. Transformation benötigt eine Metanoia

Der Übergang vom Mittelalter zur Renaissance war ein Prozess, der sich über einen langen Zeitraum hinweg allmählich entwickelte und bereits um 1400 begann. Deutliche Anzeichen lassen sich Mitte des 15. Jahrhunderts bei den Wiener Astronomen Johannes von Gmunden und Georg von Peuerbach, den Wegbereitern der sogenannten *kopernikanischen Wende,* finden. Mit ihr und ihrem Namensgeber, dem Astronomen Nikolaus Kopernikus wandelte sich nicht nur die Vorstellung von der Erde als ruhender Mittelpunkt der Welt, sondern es entstand ein sehr viel weitreichenderes neues Denken (Metanoia) in Philosophie, Wissenschaft und Religion über die Stellung des Menschen in der Welt. Bis dato ging man von der Annahme aus, alle Himmelskörper kreisten in gleichförmigen Bahnen um die im Zentrum ruhende Erde (geozentrisches Weltbild). Dies war zum einen nahe an den beobachtbaren Erfahrungen der Menschen, zum anderen stand es im Einklang mit der Bibel und stützte die darin enthaltene Schöpfungsgeschichte. Mit Kopernikus und später Johannes Kepler, Giordano Bruno und Galileo Galilei erwies sich das geozentrische Weltbild als überholt und wurde durch das heliozentrische Weltbild ersetzt. Aufbauend auf diesen astronomischen Forschungen und Erkenntnissen begannen die Menschen, auf die Meere hinauszufahren, entdeckten den Seeweg nach Indien und Amerika und brachten von dort viele neue Waren und Eindrücke mit. Entsprechend begann sich das Weltbild zu öffnen und das Streben nach Wissen rückte immer mehr ins Zentrum.

6. Transformation zeigt sich in vielen Lebens- und Arbeitsbereichen

Die Transformation der Renaissance erfasste nicht nur bestimmte Gebiete der Kunst wie Malerei und Bildhauerei. Sie beeinflusste alle Bereiche der Kultur und Gesellschaft. Im literarisch-geisteswissenschaftlichen Bereich bezeichnen wir sie als Humanismus, im Bereich der Architektur und Musik als Renaissance. Doch nicht nur in der Kunst entwickelte sich die Epoche zur Hochblüte, auch die Wirtschaft florierte dank eines weltweit ausgebauten Handelsnetzes. Die neuen Helden waren keine Ritter, Fürsten oder Könige, sondern Kaufleute und Handelsherren, Bankiers und Handwerksmeister.[83] Die Familie der Medici ist hierfür ein schillerndes Beispiel.

7. Durch Transformation verändern sich die Bilder

Der zentrale Aspekt der Renaissance war das sich ändernde Menschenbild und die Entstehung eines neuzeitlichen Selbstbewusstseins, das in Leonardo da Vincis

Zeichnung des *vitruvianischen Menschen* einzigartig zum Ausdruck kommt. Aber auch in anderen Bildnissen sehen wir die Veränderungen. Unter anderem entstehen in der Malerei gerade in jener Zeit viele Porträts zeitgenössischer Persönlichkeiten – der Mensch rückt in den Mittelpunkt. Der Mensch als Schöpfung und Ebenbild Gottes wird in seiner Individualität und Schönheit erkannt. Im Menschen äußert sich die Schönheit des Göttlichen. Einen prominenten Menschen im Porträt festzuhalten, heißt, ihn in seiner optischen und historischen Einzigartigkeit zu fassen, mit allen sichtbaren Details, die ihn unverwechselbar machen. Dieses künstlerische Bemühen war – getreu dem Wesen der Renaissance – ein Wiederaufleben antikrömischer Porträtkunst.[84]

8. Transformation braucht eine andere Haltung

Nicht zufällig brachte die Renaissance in nahezu allen Bereichen der Kultur und Gesellschaft eine Fülle großartiger Meister hervor. In der Malerei Leonardo da Vinci, Michelangelo, Raffael in Italien, Jan van Eyck, Rogier van der Weyden, Albrecht Dürer und Albrecht Altdorfer jenseits der Alpen, in der Architektur Leon Battista Alberti, Filippo Brunelleschi und am Ende Andrea Palladio, in der italienischen Renaissance-Literatur kennen wir, Petrarca, Dante Alighieri und Giovanni Boccaccio, in der Musik denken wir an den »Erfinder« der Oper Jacopo Peri, in der Wissenschaft an Kopernikus, Kepler und Galilei. Überall sprossen neue Ideen hervor, entfesselte sich eine enorme Schaffenskraft und dies auch interdisziplinär: Da Vinci und Brunelleschi zum Beispiel waren beide nicht nur Maler und Architekten, sondern mit universalem Anspruch auch Erfinder, Ingenieure, Mechaniker und Bildhauer. Die Kirche hatte nicht mehr die alleinige und ausschließliche Deutungshoheit über alle Erscheinungsformen des Glaubens und des Lebens. Zu ihr gesellten sich wissenschaftliche Disziplinen und nachprüfbare Erkenntnisse, die die Geheimnisse des Lebens ans Tageslicht brachten. Das zutiefst Neue und Menschliche in der Renaissance war weniger eine Abkehr vom Glauben, denn eine neue Sichtweise auf Gott und das Heilsgeschehen. Die Muttergottes wurde nun wie eine gewöhnliche Frau als weibliches Wesen aus Fleisch und Blut präsentiert. Sie und Josef an ihrer Seite zeigten erstmals Emotionen wie Glück, Furcht oder Trauer, das Christuskind mutierte zum pausbäckigen Baby, das Personal der Heiligen bekam Körper, Ausdruck, Seele und Charakter. Künstler schilderten die biblischen Inhalte so, wie sie glaubten, dass diese sich abgespielt hatten. Die abendländische Malerei überschlug sich in dem Bemühen, neue Sichtweisen zu (er-)finden. Der Mensch der Renaissance brauchte und schätze weiterhin die »göttliche Ordnung«, aber er erkämpfte sich Freiräume, die Bilderwelt neu und individuell zu formulieren. Kirchen blieben gewaltige Gotteshäuser, gewagte Baukunst mit antiken Zitaten, aber stets im Dienst der Ehre Gottes. Einen besonderen Ausdruck fand die Renaissance in der Figur des David. Michelangelo hatte diesen für das Innere des Florentiner Doms konzipiert. Aber erstmalig in der skulpturalen Kunst verharrte dieser David nicht mehr in einer Mauernische: Er musste hinaus in die Öffentlichkeit, er beanspruchte Raum, Nähe und Distanz. In seinem Gesichtsausdruck und seiner Körperhaltung, in seiner überlebensgroßen Erscheinung (5,25 m hoch!) verkörpert er das Ideal dieser Kulturepoche: Der Mensch im Besitz seiner Kraft und kraft seines Verstandes kann die Herausforderungen seines Daseins annehmen und bestehen[85].

9. Die Transformation hat Vorboten

Die neuen Strömungen des 15. Jahrhunderts, die wir in Kunst und Kultur mit dem Epochenbegriff der *Renaissance* bezeichnen, entsprangen – wie wir heute wissen – keinem plötzlichen Ereignis oder Impuls. Wesentliche Merkmale des Neuen zeichneten sich bereits etwa 150 Jahre früher ab, wie sich heute am Beispiel prominenter Persönlichkeiten rekonstruiert lässt.

Einer dieser Pioniere war der Heilige Franziskus von Assisi, der als bekanntester Ordensgründer und Reformator des christlichen Glaubens zu Beginn des 13. Jahrhunderts gilt. Freiwillig führte er ein Leben in großer Armut. Auf seinen Wanderungen durch Mittelitalien schlossen sich ihm schon bald Jünger an, 1209 erfolgte die Gründung des »Ordens der Minderen Brüder«. Franz von Assisi stand mit seinem reformerischen Armutsideal nicht allein: Die Zeit zwischen dem 11. und 13. Jh. war durch eine umfassende Armutsbewegung geprägt, die sich als Protest gegen den Feudalismus und eine nach Besitz strebende Kurie, als Ausdruck einer alternativen Lebensform verstand. Franziskus wurde zum Sprachrohr, zur Identifikationsfigur einer der ersten großen gesellschaftskritischen Massenbewegungen im Abendland. Franziskus achtete Kirche und Papsttum als unumstößliche Autoritäten. Indem sie das Armutsideal Christi wörtlich nahmen und ein völlig besitzloses Leben führten, gewannen er und seine Ordensbrüder im Volk eine nie dagewesene Verehrung. Mit Glaubwürdigkeit und Authentizität übernahmen die Franziskaner Vorbildfunktion und schufen damit umso mehr einen Gegenentwurf zum allzu weltlichen Lebensstil des Papstes und des römischen Klerus.[86]

Kaum eine Herrschergestalt hat der ersten Hälfte des 13. Jahrhunderts, so sehr den Stempel aufgedrückt wie der Staufer Friedrich II., der römisch-deutsche Kaiser und König von Sizilien. Schon zu Lebzeiten ehrte und verachtete man ihn zugleich. Kompromisslos hielt er an seinem ihm von Gott übertragenen Sendungsauftrag fest und nahm seine Funktion als Kaiser ernst, indem er sich als Wahrer von Recht und Gerechtigkeit verstand. Dieses Selbstverständnis führte zwangsläufig zum Dauerkonflikt mit diversen Päpsten in Rom, denen er mehrfach die Stirn bot. Anstatt sich an Kreuzzügen gegen Glaubensfeinde im Heiligen Land zu beteiligen, schätzte er arabische Gelehrte, rekrutierte seine Leibgarde aus Moslems und ließ seinen arabischen Untertanen ihren Glauben. In Sizilien schuf Friedrich II. einen zukunftsweisenden Musterstaat mit qualifizierten, von der Kirche unabhängigen Beamten. Der Staufer wurde zu einem der großen Förderer der Wissenschaft und Künste, vor allem als Bauherr hinterließ er beeindruckende Zeugnisse der Architektur, die sich nicht in mittelalterliche Kategorien fassen lassen, sondern bereits damals den Rückgriff auf antike Vorbilder belegen. Neben dem beeindruckenden Castel del Monte in Apulien, das bis heute hinsichtlich seiner Funktion Fragen aufwirft, war es auch das Brückentor von Capua mit seinem marmornen Skulpturenschmuck, das hiervon Zeugnis ablegt.

Eine besondere, zukunftsweisende Rolle in der Malerei spielte der Künstler Giotto di Bondone. Inmitten einer Bilderwelt, die vom auratischen Glanz byzantinischer Ikonen und der Entrücktheit heiliger Gestalten beseelt war, brachte Giotto erstmals ein individuelles Empfinden in die Wiedergabe biblischer Themen ein und erwies sich als Wegbereiter einer eigenständigen abendländischen Malerei. Alle Bildgegenstände wurden nun erstmals in einen irdisch nachvollziehbaren Zusammenhang gebracht: Die heiligen Figuren – ob Christus, Maria, die Apostel oder Heilige wie auch historische Gestalten – wurden zu körperhaften Wesen, die ein seelisches Innenleben für sich beanspruchten, indem sie nun erstmals jubelten oder trauerten, Demut oder Aggressionen zeigten, angstvoll warteten oder nachdenklich auf einem Stein hockten. Im Kunstverständnis Giottos wird das Heilsgeschehen erstmals in einer Weise gezeigt, die es der Lebenswirklichkeit des Betrachters näherbringt. Die sichtbare Verdinglichung und Verweltlichung sakraler Szenen ebenso wie die Lust, detailreich zu fabulieren, wird Generationen von Malern nach Giotto beschäftigen. Ohne die revolutionäre Gestaltungskraft Giottos hätte es die betörende Bilderwelt der Renaissance in dieser Ausprägung nicht gegeben.[87]

Abschließend sei mit Dante Alighieri an Italiens Dichtergenie des 14. Jahrhunderts erinnert. Wer sich in Dantes Werk vertieft, bekommt Einblick in den enzyklopädischen Kosmos der Welt des 14. Jahrhunderts. Hier begegnen wir mittelalterlichen, also zeitgenössischen Vorstellungen ebenso wie einem erstaunlich stilsicheren Rückgriff – und Vorgriff – auf antikrömische Stoffe. Wie kein anderer Dichter vor ihm stellte Dante die eigene Person in den Mittelpunkt seiner Werke, sei es als Liebender oder Umherirrender. Zudem war Dante beseelt von dem Gedanken, seinen Lesern, den damals Herrschenden wie auch der Kirche einen Spiegel vorzuhalten, sie zur Selbsterkenntnis zu bringen und ihnen einen Weg zur Besserung zu weisen.

10. Große Persönlichkeiten beeinflussen die Transformation
Es gibt kaum eine Phase in der Menschheitsgeschichte, in der so viele Imagozellen – Künstler, Wissenschaftler und Entdecker – gelebt haben, die man als Zukunftsgestalter und Architekten der Moderne bezeichnen könnte. Darunter möchte ich zwei Personen hervorheben, die ganz besonders auffällig waren: Leonardo da Vinci und Filippo Brunelleschi.

Wir können beide Personen als Universalgenies bezeichnen, auch wenn der Umgang mit diesem Begriff gewagt ist. Sie waren geniale Autodidakten, die ihre Kenntnisse eher durch Erfahrung gewannen als durch eine Ausbildung. Sie waren zudem auch Generalisten, die unterschiedlichste Themen miteinander verknüpften und über den Tellerrand schauten. Sie hinterfragten den Status quo und suchten nach Ideen, die die Welt verändern. Meist stießen sie dabei auf Konzepte, deren Zeit noch nicht reif war, und wurden deshalb angefeindet und vielfach missverstanden. Da sie in Diskussionen eher launische, anstrengende, rätselhafte Diskussionspartner waren, konnten sie ihre Auftraggeber zur Weißglut treiben. So zumindest werden sie von Zeitgenossen oder im Nachbild späterer Generationen beschrieben. Beide zeigten auch, dass sie misstrauisch und skeptisch waren, gerade wenn es um ihre eigenen Ergebnisse und Ideen ging. Brunelleschi fürchtete zudem, seine Ideen könnten ihm gestohlen werden, daher schrieb er seine Berechnungen in verschlüsselter Form auf und weigerte sich, Einzelheiten seines Plans zu preiszugeben. Wahrscheinlich aus ähnlichen Motiven nutzte Leonardo da Vinci für seine Aufzeichnungen die Spiegelschrift, sodass viele seiner Aufzeichnungen auch nach seinem Tod lange unbekannt blieben.

Brunelleschi war vor mehr als 600 Jahren für eine der größten Ingenieurleistungen aller Zeiten verantwortlich. Er schuf ein Bauwerk, das nach dem damaligen Stand der Technik gar nicht hätte möglich sein dürfen, und löste damit ein Problem, auf das man in Florenz 150 Jahre lang keine Antwort hatte.

Eine Triebfeder der kulturellen Blüte in der Renaissance war das Kräftemessen zwischen den unabhängigen Stadtrepubliken in Ober- und Mittelitalien. Jede Stadt versuchte, die andere durch große Bauvorhaben – v. a. die Errichtung weithin sichtbarer

Gotteshäuser – zu übertreffen und so beschlossen die Stadtoberhäupter von Florenz im Jahr 1294 den Bau einer neuen Kathedrale, die sich von allen anderen unterscheiden sollte. Sie sollte die Identität, die Bedeutung und den Reichtum der Stadt verkörpern und die größte Kirche der Christenheit werden, ein Prestigeprojekt, größer und schöner als die Dome in Pisa, Siena oder Mailand, mit einer gewaltigen Kuppel von 45 Metern Durchmesser. Also begann man mit großem Eifer, ein monströses Langhaus mit abschließendem Chor zu errichten, hatte aber keine Idee, wie man in schwindelnder Höhe über dem achteckigen »Loch« der offenen Vierung eine gewaltige Kuppel aufsetzen sollte. Statik und Bautechnik der Zeit sprachen absolut dagegen. Der Kuppelbau begann erst in 52 Metern Höhe, was für ein Holzgerüst viel zu hoch, zu teuer und zu schwer gewesen wäre. Als Filippo Brunelleschi geboren wurde, befand sich die Kathedrale bereits seit 80 Jahren im Bau, ohne dass eine Lösung für das Problem der Kuppel gefunden wurde. Er erhielt eine Ausbildung als Goldschmied und hatte keine Erfahrung in Bauwesen – wie konnte er dennoch so ein Meisterwerk bauen?

Brunelleschi war mutig genug, neue Wege zu gehen. Er entschied sich für gebrannte Ziegeln als Baumaterial, da diese leicht, aber zugleich fest waren, und beabsichtigte, sie um der Stabilität willen im Fischgrätmuster mauern zu lassen. Außerdem entschied er sich für eine zweischalige Kuppel mit einem Hohlraum dazwischen. Dies garantierte ein geringeres Gewicht und damit eine geringere Einsturzgefahr. Um die Stabilität der Kuppel zu sichern, wurden Rippen und Zugringe aus Stein eingeplant. Das Baugerüst verankerte er als Klettergerüst innerhalb der noch zu bauenden Kuppel. Eine solche Konstruktion hatte es bisher nicht gegeben. Niemand in der Baukommission glaubte an ein Gelingen des Vorhabens. Ganze 16 Jahre dauerten die Bauarbeiten, und Brunelleschi sollte recht behalten. Erst lange Zeit später fanden Wissenschaftler heraus, dass Brunelleschi die auf zwei Schalen basierende Bauweise in den Thermen Roms studiert haben muss. Außerdem war ihm wohl das Baptisterium des Doms, die um 1100 geschaffene Taufkirche, ein Vorbild. Auch sie ist »gemäß der Kunst der Alten« zweischalig gebaut. Die Kuppel der Kathedrale von Florenz ist heute noch die größte gemauerte Kuppel der Welt.[88] Ihre oben im Scheitel aufgesetzte Laterne wurde übrigens anderthalb Jahrhunderte später zum bevorzugten Arbeitsplatz eines Astronomen, der für seine Zeit ebenfalls eine Imagozelle sein sollte: Galileo Galilei.[89]

Was Brunelleschi überdies auszeichnete, war seine Art, die Arbeit seiner Bauarbeiter in der Dombauhütte zu organisieren. Er verzeichnete die Arbeitszeiten, Überstunden und Fehlzeiten eines jeden Arbeiters und bezahlte sie pro geleistete Stunde. Gleichzeitig achtete er auf das Einhalten der täglichen Pausen und dachte auch an die Sicherheit der Arbeiter: Ab 1426 schützten Sichtblenden an der Kuppel die Arbeiter davor, in den Abgrund von 70, 80 und mehr Meter Tiefe starren zu müssen und von Schwindel und Höhenangst erfasst zu werden. Mit diesen und anderen fortschrittlichen Regelungen schrieb Brunelleschi auch ein überraschendes Kapitel Sozialgeschichte.[90]

Es war auch Filippo Brunelleschi, der als einer der Ersten die Gesetzmäßigkeiten der zentralperspektivischen Darstellung in seinen Konstruktionen berücksichtigte. Voller Begeisterung ließen sich Maler seiner Zeit in die Konstruktion der Linearperspektive einführen. Plötzlich wurden Gemälde und Zeichnungen zu realistisch anmutenden Projektionen der Wirklichkeit. In der mittelalterlichen Bilderwelt war diese Nähe nicht gewollt und wohl auch nicht gekonnt. Den Werken vor 1430 fehlte eine realistisch wirkende räumliche Tiefe, zumindest in einem stimmigen Maß. In danach entstandenen Werken bezog die Zentralperspektive den Betrachter erstmalig mit ein und vermittelte ihm ein natürliches Raumgefühl. Womit wir bei Leonardo da Vinci wären.

Leonardo da Vinci war seiner Zeit weit voraus und hätte eigentlich perfekt in unsere Gegenwart gepasst. Er war Vegetarier, homosexuell, Natur liebend, leicht ablenkbar, perfektionistisch, freiheitsliebend, Linkshänder und unehelich. Sein Erziehungs- und Führungsverhalten war antiautoritär und damit ebenfalls untypisch für seine Zeit. Obwohl er wusste, dass Salaj, sein Schüler, ihn bestahl, erzog er ihn mit viel Geduld und Liebe. Ebenso behandelte er alle Tiere als gleichberechtigte Geschöpfe. Oftmals, wenn er an einen öffentlichen Marktplatz kam, auf dem Vögel verkauft wurden, nahm er sie aus ihrem Käfig, zahlte den verlangten Preis und schenkte ihnen die Freiheit.

Seine Skizzen und Studien zeugen davon, dass er sich bereits im 15. Jahrhundert intensiv mit bahnbrechenden technischen Lösungen auseinandersetzte, die erst viele Jahrhunderte später von anderen Visionären umgesetzt wurden und die Menschheit revolutionierten, wie Hubschrauber, Panzer, Autos und U-Boote. Doch die meisten dieser Entdeckungen verließen Leonardos Notizbücher nicht. Die Zeit war noch nicht reif dafür, das Verständnis für seine Entwicklung fehlte und natürlich irrte er sich, wie jeder Forscher und Erfinder, auch vielfach. Leonardo hatte damals zum Beispiel auch die Telefonie schon vorausgesehen. Doch wie sollen sich Menschen unterhalten, wenn sie Tausende Kilometer auseinander sind?

Brunelleschi und Da Vinci waren außergewöhnliche Denker, die neue, unmögliche Wege beschritten. Beide hatten eine völlig neue Art zu denken und die Welt zu betrachten. Ihre Geschichte ist eine Geschichte von Beharrlichkeit, Irrtum, menschlichem Einfallsreichtum und der Fähigkeit, abseits festgelegter Muster zu denken.

11. Transformation kann durch eine Basisinnovation an Fahrt aufnehmen

Johannes Gutenberg war kein Humanist oder Renaissancekünstler, er war eher ein Tüftler und Geschäftsmann. Dennoch hat seine Innovation die Renaissance beflügelt und die Welt auf tiefgreifende Weise verändert. Hätte es den Buchdruck nicht gegeben, wäre die Reformation undenkbar gewesen. Erst die mediale Verbreitung der lutherischen Lehre fand die erforderliche Unterstützung in der Bevölkerung, die zum größten Umbruch in der Christenheit Europas führen sollte.

Vor Erfindung des Buchdrucks lag die Alphabetisierungsrate bei etwa zehn Prozent. Fast niemand außer den Geistlichen konnte lesen oder schreiben. Wissen konnte man sich nur durch Zuschauen oder Zuhören aneignen, nicht aus Büchern. Der Buchdruck stellte erstmalig einer großen Zahl von Bürgern Bildung und Wissen zur Verfügung. Flugblätter kommunizierten Parolen und Meinungen, in Karikaturen wurden Papst und Klerus verhöhnt. Wer nicht lesen konnte, verstand anhand der meisterhaft gezeichneten Illustrationen schnell, was gemeint war. Plötzlich war Wissen nicht mehr das alleinige Privileg einer Elite, sondern konnte in größere Gesellschaftskreise vordringen. Immer mehr Menschen begannen, sich zu bilden; gebundene Bücher ebneten der Wissenschaft den Weg und halfen, das Bildungsmonopol der Kirche zu brechen. In der Folge war die Verschriftlichung und Nachprüfbarkeit von Wissen nicht mehr aufzuhalten. Es entstanden viele neue Wissenschaftsdisziplinen. Mit dem Buchdruck veränderte sich die Weltgeschichte rasant, das mechanisch niedergeschriebene Wort wirkte wie ein Katalysator, obgleich man natürlich versuchte, dagegen vorzugehen: Die katholische Kirche war dem Buchdruck gegenüber feindlich eingestellt, denn das Wissensmonopol, das sie bis ins 15. Jahrhundert innehatte, war ins Wanken geraten. Sie holte zum Gegenschlag aus und gab ab 1559 den *Index librorum prohibitorum*, das Verzeichnis der verbotenen Bücher, heraus, der übrigens bis in die 1960er-Jahre weitergeführt wurde. Dennoch gewann diesen Kampf nicht die Kirche, sondern die Demokratisierung des Wissens. Durch den Buchdruck war etwas in Gang gesetzt worden, das nicht mehr aufzuhalten war. Nicht kriegerische Auseinandersetzungen, wirtschaftliche Notlagen oder teuflische Erscheinungen führten zu einer der größten Bedrohungen der katholischen Kirche und des Papsttums. Ein grob zusammengezimmertes Holzgerüst, Bleilettern, Tinte und Papier – mehr brauchte es nicht, um einer gewaltigen Transformation von weltweiten Ausmaßen den Weg zu ebenen.

Selbstverständlich erheben diese elf Beobachtungen nicht den Anspruch, die kulturelle Vielfalt der Renaissance auch nur annähernd abzubilden oder hinsichtlich ihres transformationalen Charakters als Handreichung eine Art Checkliste anzubieten. Gewiss nicht. Denn in einem Fall genügt vielleicht eine einzige Basistechnologie, um Transformation zu initiieren, im anderen Fall bedarf es möglicherweise weit mehr als der von uns genannten Aspekte, um Transformation nachhaltig einzuleiten.

Das Interessante an dieser Betrachtung ist vielmehr, dass und was wir aus der Renaissance lernen können, denn die Parallelen sind unübersehbar, wie der Renaissance-Kenner und Da-Vinci-Experte Jens Möller schreibt: »Wie die Menschen damals haben auch wir mit den disruptiven Kräften des wissenschaftlich-technischen Fortschritts zu kämpfen, die fortlaufend Neues entstehen, aber auch Altes verschwinden lassen. So sind die Veränderungen, die zu Leonardos Zeiten durch Innovationen wie Druckerpressen, Räderuhren und mechanische Maschinen ausgelöst wurden, durchaus mit denen vergleichbar, die wir heute durch Big Data, Digitalisierung und Automatisierung erleben. Auch die Reaktionen der Menschen auf diese Veränderungen sind sich damals wie heute sehr ähnlich. Während einige die Innovationen begrüßten, fühlten sich andere von ihnen bedroht und bekämpften sie. Auf Jahre großen Fortschritts folgten oft Jahre der Abschottung, des Extremismus oder sogar des Krieges – Entwicklungen, die wir leider auch heute wieder beobachten müssen.«[91]

Doch wir müssen diesem Muster nicht zwangsweise folgen, sondern können aus der Geschichte, von der Renaissance und ihren großen Denkern lernen, indem wir verstehen, dass Wandel nicht den Weltuntergang bedeutet, sondern eine Chance ist. »Damit wir die Herausforderungen und Probleme unserer heutigen Zeit bewältigen können, muss diese Bereitschaft auch unseren Kopf erreichen. Was wir dringend benötigen, ist ein neues ›Mindset‹. Eine Denkweise, die es uns ermöglicht, die zentrale Bedeutung von Kreativität und Innovation zu verstehen und unsere komplexe Welt proaktiv mitzugestalten.«[92]

Unser Anliegen war es, die potenziellen Mechanismen und Wirkungsweisen von Transformation anhand einer so herausragenden zeitgeschichtlichen Epoche wie der Renaissance ein wenig auszuleuchten. Wenn uns dies gelungen ist, haben wir unser Ziel erreicht und können uns unserem nächsten Beispiel, der Transformation einer Technologie zuwenden.

4

VON BELL ZU JOBS

DIE TRANSFORMATION EINER SCHLÜSSELINDUSTRIE

*»Sie müssen nicht großartig sein, um anzufangen.
Aber Sie müssen anfangen, um großartig zu werden.«*
Allan & Barbara Pease

*»Zuerst ignorieren sie dich, dann lachen sie über dich,
dann bekämpfen sie dich und dann gewinnst du.«*
Mahatma Gandhi

*»Was gestern die Formel für den Erfolg war,
wird morgen das Rezept für die Niederlage sein.«*
Arnold Glasow

*»Menschen mit einer neuen Idee gelten so lange als Spinner,
bis sich die Sache durchgesetzt hat.«*
Mark Twain

»Nichts ist mächtiger als eine Idee zur richtigen Zeit.«
Victor Hugo

Mehr schlecht als recht hatte sich Samuel Morse in den 1820er-Jahren als reisender Porträtmaler durchgeschlagen, als er einen großen Auftrag erhielt. Ein Ganzkörperporträt von Marquis de La Fayette, einem französischen Adeligen, der an der Seite von George Washington kämpfte, sollte erstellt werden, das Salär würde überaus auskömmlich sein. Obgleich es Morse schwerfiel, seine hochschwangere Frau Lucretia mit zwei kleinen Kindern alleine zu lassen, trat er die Reise ins 660 Kilometer entfernte Washington an. Seine Frau schrieb ihm regelmäßig Briefe, und er sehnte sich danach, bald wieder in den Schoß seiner Familie zurückkehren zu können. Da erreichte ihn unerwartet ein Brief seines Vaters: »In tiefer Trauer muss ich dir den plötzlichen und unerwarteten Tod deiner geliebten Frau verkünden.« Morse war am Boden zerstört und unterbrach seine Arbeit sofort. Dennoch brauchte er vier Tage, um nach Hause zu reiten. Als er dort ankam, war seit dem Tod seiner Frau bereits eine Woche vergangen, man hatte sie schon beerdigt – ohne ihn. Aus seiner tiefen Trauer erwuchs in ihm der Entschluss, einen Weg zu finden, Nachrichten schneller über weite Entfernungen zu übermitteln. Er war besessen von dieser Idee, dennoch sollte es noch einige Jahre dauern, bis ihm die Erfindung gelang, mit der er die Welt veränderte.

Noch vor knapp 200 Jahren brauchte die Übermittlung von Informationen über weite Distanzen so lange wie die Menschen, die sie transportierten. Bis eine Botschaft von einem Kontinent zum anderen gelangte, konnten gar Monate vergehen. Kommunikation war nur per Brief möglich. Dieser wurde mit der Postkutsche zum Hafen gebracht und mit einem Schiff über den Ozean transportiert. Ging das Schiff nicht unter, gelangte der Brief nach Wochen und Monaten in eine Hafenstadt und von dort mit der Postkutsche – sofern diese unterwegs nicht überfallen wurde – weiter in die Stadt des Adressaten.[93]

Das änderte sich erst mit der Erfindung der Schreibtelegrafie um 1840 durch den US-amerikanischen Erfinder und Kunstprofessor Samuel F. B. Morse. Morse konstruierte einen Apparat, der ein elektrisches Signal fast ohne Zeitverlust durch einen Draht übermitteln konnte. Unter Zuhilfenahme des speziell codierten Morse-Alphabets konnte das Gerät Wörter und ganze Texte von einem Standort zu einem anderen senden. Man brauchte dazu allerdings Leitungen, durch die die elektrischen Signale gesendet werden konnten. Die erste Versuchsstrecke für eine solche Telegrafenleitung führte von Washington nach Baltimore und war 1843 eine Weltpremiere; sie wurde innerhalb weniger Jahre zu einem riesigen Netzwerk von Kabeln ausgebaut. Telegrafenkabel erstreckten sich von Stadt zu Stadt und von Land zu Land, sogar zwischen den Kontinenten und Tausende Kilometer am Meeresgrund entlang. Um 1870 waren große Teile der Erde bereits verkabelt.[94] Die Telegrafie wurde zum Nervensystem des weltweiten Handels, des Journalismus und der Diplomatie. Sie revolutionierte die Informationsvermittlung.[95]

Zum ersten Mal konnten Informationen also schneller als Menschen reisen. Der Telegraf ermöglichte es den Menschen, Worte über einen Draht zu senden. Der Nachteil war, dass immer nur eine Nachricht zur gleichen Zeit durch den Draht geschickt werden konnte und Privatleute die Telegrafen noch nicht von jedem Ort aus nutzen durften. Zudem musste man die Dienste speziell ausgebildeter Telegrafisten in Anspruch nehmen, die in den Telegrafenämtern saßen, was umständlich und auch kostspielig war.[96] Die Telegrafie war daher zwar schnell, aber doch nicht unmittelbar. Die Nachrichten mussten in den Telegrafenämtern codiert, übertragen und decodiert werden. Und sie waren nicht vertraulich; mindestens zwei Personen hatten die Nachricht vor dem Empfänger bereits gelesen.

Mit der Erfindung des Telefons änderte sich dies; die Kommunikation konnte nun auch über große Entfernungen hinweg ihre Vertraulichkeit wahren. Dennoch war die Telegrafie ein wichtiger Wegbereiter und Vorbote für die weitere Entwicklung der Telekommunikation. Mit der zunehmenden Industrialisierung, dem weltweiten Handel, den Demokratiebewegungen in Europa lag der Bedarf nach schneller Kommunikation über weite Distanzen »in der Luft«. Doch auch in der Telekommunikation entstanden Innovation und Fortschritt nicht als ein Geistesblitz, sondern entwickelten sich als kontinuierlicher Prozess, der nach und nach immer mehr an Klarheit gewinnt. Das ist für Innovationen nicht ungewöhnlich. Meistens ist es zudem so, dass gleichzeitig mehrerer Menschen auf dieselbe Idee kommen.[97] Marchetti spricht hier von »historischer Gelegenheit«[98] und meint damit, dass, wenn die Zeit reif ist und mit der Innovation ein akutes Bedürfnis befriedigt wird, sich auch die gesellschaftliche Akzeptanz dafür findet und die Idee zu einem erfolgreichen Geschäftsmodell werden lässt. Heute, im Rückblick, wissen wir, dass die sich entwickelnde Industrialisierung im 19. und frühen 20. Jahrhundert genau diesen Nährboden bildete, auf dem Innovationen wie Telefon, Radio, Fernsehen und viele andere Kommunikationsmedien gedeihen konnten.

Die Triebkräfte der Industrialisierung

Die industrielle Transformation lässt sich weder zeitlich genau eingrenzen noch kann man sie als lineare Entwicklung oder einfache Ursache-Wirkungs-Kette beschreiben.[99] Sie war ein evolutionärer Prozess, dessen Anfänge sich mit dem zunehmenden Glauben an die Wissenschaft konkret bis in die Renaissance zurückverfolgen lassen. Maschinen wie die Eisenbahn oder Apparate wie das Telefon veränderten die Wahrnehmung in Bezug auf Raum und Zeit und konfrontierten die Menschen mit einer neuen Wirklichkeit.[100]

Hinter all den neuen Entwicklungen und dem Wandel standen keine Pläne, Konzepte oder Ziele. Die industrielle Transformation wurde weder politisch oder administrativ geplant, noch auf internationalen Konferenzen beschlossen. Vielmehr war sie das Resultat einer Verflechtungsdynamik, »bei der unterschiedliche Handlungsepisoden und Intentionen einer Vielzahl von Akteuren vor dem Hintergrund spezifischer geografischer und physischer Begebenheiten ineinandergriffen, sodass selbst heute nur begrenzt nachvollzogen werden kann, was diese Prozesse in einigen Teilen der Welt entfesselte und schließlich dominant werden ließ, während andere Gesellschaften diesen Entwicklungspfad von sich aus nicht einschlugen«[101].

Durch die zahlreichen Innovationen und deren ökonomische Umsetzung änderten sich parallel auch die politischen, sozialen und kulturellen Bedingungen, mit der auch ein Wandel der sozialen Rolle des Menschen, der Funktion von Gesellschaft und ihrer Institutionen einherging. Dieses komplexe Zusammenspiel materieller, kultureller und politischer Faktoren, ihre weitreichenden Verzahnungen und Wechselwirkungen waren in dieser Form erstmalig aufgetreten und gelten als wichtige Paten der Transformation.[102] Überdies hat David Landes in seinem Buch »Wohlstand und Armut der Nationen« drei weitere Triebkräfte genannt, die Europa während der Industrialisierung maßgeblich beeinflusst und hierzulande auch ihren Erfolg befördert haben:

1. Die zunehmende Autonomie des Denkens

Der Kampf um die Autonomie des Denkens reicht bis ins Mittelalter zurück. Die herrschende europäische Weltanschauung war die der römisch-katholischen Kirche. Neue Ideen, die in diese geschlossene Welt eindrangen, galten zwangsläufig als Anmaßung und potenzielle Umsturzgefahr – genau wie im Islam. Doch in Europa wurde der Einfluss der Kirche durch konkurrierende Ansprüche der weltlichen Obrigkeiten begrenzt. »Diese ketzerischen Lehren mögen weder intellektuell noch wissenschaftlich aufgeklärt gewesen sein, aber sie haben den Alleinvertretungsanspruch der kirchlichen Lehre untergraben und damit indirekt dem Neuen den Weg geebnet«, schreibt Landes.[103]

2. Rationalismus und analytische Wissenschaft
Das, was als Wahrheit und Wissen galt, änderte sich. Dinge, die niemand gesehen hatte, konnten nicht mehr als wahr angesehen werden. Wichtig war nicht die Wahrnehmung, sondern die Realität, die es durch planvolle Experimente zu erforschen galt. Dies war ein intellektueller Paradigmenwechsel, denn damit verband sich der Sprung von der Beobachtung zum Experiment, von der Passivität zur Aktivität, vom Glauben zum Gestalten.[104]

3. Die Erfindung der Erfindung
Die dritte institutionelle Säule, auf der die industrielle Transformation ruht, war der »Übergang zum routinemäßigen Entdecken, die Erfindung des Erfindens«.[105] Gemeint sind damit die Institutionalisierung der Wissenschaften und ihr Wechselspiel aus Kooperation und Kompetition. Dies wurde zunächst in Form von informellen Kaffeehausbegegnungen ausgetragen und später in wissenschaftlichen Akademien, durch Zeitschriftenartikel und andere Publikationen. Wesentlich hierbei war, dass diese Form von dynamischem Erkenntnisgewinn eine gegenseitige Befruchtung begünstigte und die Entwicklung vorantrieb.

Auch wenn diese drei Triebkräfte zweifellos ein wichtiger Nährboden für die Industrialisierung waren, vermögen sie dennoch eine Frage nicht zu beantworten: Warum begann die Industrialisierung in England? Warum nicht in Frankreich oder in Deutschland? Gründe dafür gibt es reichlich. England stand zum Beispiel viel Kohle zur Verfügung, nahm eine führende Stellung in der Textil- und Eisenindustrie ein, verfügte über ein gutes Patentsystem und verzeichnete relativ hohe Arbeitskosten, was die Suche nach arbeitssparenden Innovationen förderte. In ihrem Anfang 2011 veröffentlichten Artikel liefern die Ökonomen Ralf Meisenzahl und Joel Mokyr jedoch eine andere Erklärung: die Rolle des britischen Humankapitalvorteils, insbesondere eine Gruppe, die sie *Tweaker* nennen. Sie glauben, dass Großbritannien die industrielle Revolution deshalb dominierte, weil es über eine weitaus größere Anzahl von qualifizierten Ingenieuren und Handwerkern verfügte als seine Konkurrenten: einfallsreiche und kreative Männer, die die wichtigsten Erfindungen des Industriezeitalters aufgriffen, sie perfektionierten und zum Laufen brachten. Im Jahr 1779 zum Beispiel erfand Samuel Crompton, ein pensioniertes Genie aus Lancashire, zwar das Spinnrad, das die Mechanisierung der Baumwollherstellung ermöglichte. Doch der eigentliche Vorsprung Englands bestand darin, dass Henry Stones aus Horwich dem Spinnrad Metallrollen hinzufügte und James Hargreaves aus Tottington herausfand, wie man die Beschleunigung und Verlangsamung des Spinnrads glätten konnte. William Kelly aus Glasgow wiederum ertüftelte, wie man das Rad mit Wasserkraft antreiben konnte, und John Kennedy aus Manchester passte das Rad so an, dass es feine Garne produzierte. Richard Roberts schließlich, ebenfalls aus Manchester, ein Meister der Präzisionswerkzeugmaschinen – und der Tweaker der Tweaker – schuf das »automatische« Spinnrad: eine anspruchsvolle, schnelle und zuverlässige Weiterentwicklung von Cromptons ursprünglicher Kreation. Solche Ingenieure und Handwerker, so argumentieren die beiden Ökonomen, lieferten die »Mikroerfindungen, die notwendig sind, um Makroerfindungen hochproduktiv und lohnend zu machen«.[106]

Von der ständischen Agrar- zur bürgerlichen Industriegesellschaft

Vor dem Hintergrund ständiger technischer Innovationen im 19. Jahrhundert war die Welt in Bewegung geraten. Es herrschte ein sehr enthusiastischer Fortschrittsglaube, der davon ausging, dass alles Denkbare auch machbar sei. Dieser Fortschrittsglaube veränderte die Gesellschaft. In der ständischen Agrargesellschaft basierten Macht und wirtschaftliche Möglichkeiten ausschließlich auf Grundbesitz, ein Aufstieg von einem niederen Stand in einen höheren war in der Regel nicht vorgesehen. In der nun entstehenden Gesellschaft traten Techniker, Erfinder, Forscher sowie wagemutige Unternehmer an die Stelle von Bauern, Krämern und Handwerkern.[107] Die Zivilisation erlebte eine deutliche Schwerpunktverschiebung von einer relativ langsamen Agrargesellschaft hin zu einer schnelleren, modernen bürgerlichen Industriegesellschaft.[108] Jahrtausende lang war der Alltag der meisten Menschen vom Jahreszyklus der Natur bestimmt gewesen – das endete mit der Industrialisierung. Nun gab die Technik den Takt vor.[109] Durch diese Transformation bildete sich eine qualitativ neue, eben die industriell-kapitalistische Lebensweise heraus, die sämtliche Lebensbereiche durchzog. Nichts blieb, wie es war, und vor allen Dingen konnte Zukunft nicht mehr mit Rückgriff auf die Vergangenheit erklärt werden. In der vorindustriellen Zeit gab es eine grundlegende Kontinuität, Dinge, die konstant blieben und Sicherheit gaben. Mit der industriellen Transformation veränderte sich diese Logik, Zukunft galt fortan als offen und gestaltbar.

Die Transformation veränderte die inneren Bilder der Menschen und schuf ein neues Weltbild, in dem Fortschrittsglaube, Aufklärung, Rationalität und Autonomie alle gesellschaftlichen Bereiche durchzogen. Der Fortschritt und die vielen technischen Errungenschaften machten das Leben vieler Menschen angenehmer, reicher und gesünder. Doch all dies forderte auch seinen Preis, denn das Leben wurde auch unsicherer und schneller, für viele Menschen verlor es an Inhalt und Tradition. Wie Andreas Braun schreibt: »Im Schatten der Fortschrittseuphorie, mit der die umfassende Befreiung des Menschen von den Gesetzen der Natur gefeiert wurde, blieb ein *Hohlraum des Bewusstseins und der Empfindung* zurück, der sich in Angst und Verzweiflung äußerte.«[110]

Mit zu dieser Ambivalenz trug sicher auch die veränderte Wahrnehmung von Raum und Zeit bei. Durch die Innovationen in den Kommunikationsmedien waren die Kontinente näher zusammengerückt, Informationen flossen durch Telegrafie und Telefonie über weite Entfernungen nahezu in Echtzeit. Und auch Waren und Menschen konnten innerhalb kürzester Zeit von A nach B gelangen, was zu einer immer engeren Verflechtung der Weltwirtschaft führte. Entscheidend für die nachhaltige Durchsetzung all dieser Innovationen und technischen Errungenschaften sind die gesellschaftliche Akzeptanz, die Nachfrage und der wirtschaftliche Nutzen – sowohl aufseiten des Konsumenten wie des Produzenten. Für die Telekommunikation ist dies zweifellos gegeben, auch deswegen ist sie ein hervorragendes Beispiel für eine technische Transformation.

Die drei Phasen der modernen Telekommunikation

Die Geschichte der modernen Telekommunikation ist nun mehr als 160 Jahre alt. In dieser Zeit haben viele hervorragende Erfinder und Tüftler an dem Projekt gearbeitet und Meilensteine gesetzt. Dennoch sind zwei Ereignisse entscheidend: das Debüt des Bell'schen Telefons und das iPhone der ersten Generation von Apple. Obwohl beide Ereignisse technologisch Welten voneinander entfernt sind, haben sie jedes für sich einen unumkehrbaren Wandel in der Art und Weise ausgelöst, wie wir kommunizieren, die Welt und uns selbst wahrnehmen. Sowohl Alexander Graham Bell als auch Steve Jobs gelten seither als zentrale Figuren in der Geschichte der modernen Kommunikation.

Technologien durchlaufen genauso wie Produkte Lebenszyklusphasen, in denen sich ihre strategische Bedeutung jeweils verändert. Die vier typischen Phasen – Einführung, Wachstum, Reife und Degeneration – können Monate, Jahre oder Jahrzehnte dauern, je nach Technologie, Industrie und Innovationsbereitschaft der Wettbewerber.[111] Doch nicht alle Technologien durchlaufen den gesamten Lebenszyklus. Manche Innovationen werden verdrängt oder aufgegeben, bevor sie ihr volles Potenzial erreicht haben – entweder weil ihre Relevanz für den Markt nicht stark genug ist oder weil andere Technologien sich als leistungsfähiger erweisen. Wenn wir die Entwicklung des Produkts Telefon in der Kommunikationsindustrie betrachten, können wir drei S-Kurven zeichnen.

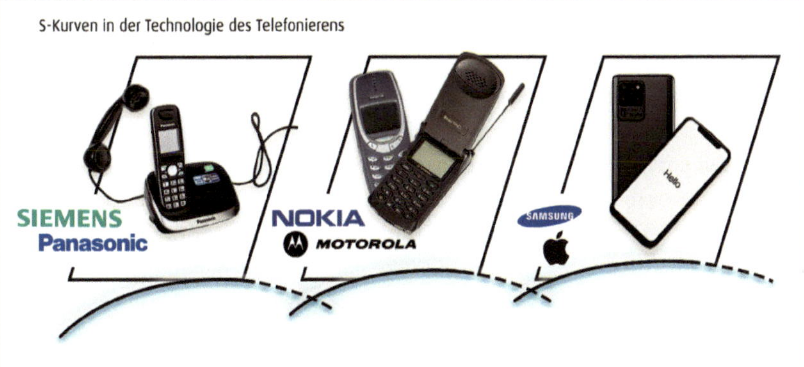

Abbildung 3: S-Kurven in der Technologie des Telefonierens

Kurve 1: Die Geschichte des Telefons

Die Geschichte des Telefons beginnt im Jahr 1837, als der US-Amerikaner Samuel F. B. Morse den ersten Telegrafen konstruierte, mit dem Morsesignale versandt werden konnten. Es dauerte jedoch noch einige weitere Jahrzehnte, bis die Entwicklung des Telefons zur Marktreife gelangte, und es war Alexander Graham Bell, der das Telefon im Jahr 1876 in Boston erstmals zur praktischen Anwendung brachte,[112] – allerdings in Form eines Festnetzes, was bedeutete, dass das Telefon nicht personalisiert, sondern an einen Haushalt oder Ort gebunden war. Der Telefonapparat war ein Haushaltsgerät, das nur eine Funktion hatte: damit zu telefonieren. Etwas mobiler wurde das Telefon durch elastische, gekringelte Kabel und später durch Basisstationen, die es ermöglichten, sich zumindest in einem gewissen Radius beim Telefonieren zu bewegen, d. h. im Radius des Kabels oder der Basisstation mobil zu sein. Die Technologie brauchte fünfzig Jahre, um fünfzig Millionen Nutzer weltweit zu vernetzen. Zu Beginn waren es meist Geschäftsleute und Firmen, die ein Telefon besaßen und nutzten. Später wurde es auch privat zur Selbstverständlichkeit: Weit entfernte Eltern und Freunde rückten näher, man brauchte sich keine Briefe mehr zu schreiben, die wochenlang unterwegs waren. Gewohnheiten und soziale Beziehungen passten sich umgehend an: Es war kein Drama mehr, wenn die Kinder das Haus verließen und Hunderte oder gar Tausende von Kilometern entfernt eine Ausbildung absolvierten. Man konnte ja telefonieren.

Nach dem steilen Anstieg der Kurve im ausgehenden 19. Jahrhundert erreichte das Festnetztelefon in der zweiten Hälfte des 20. Jahrhunderts seine Reifephase. Auf diesem Hochplateau, einer Zeit, in der fast jeder Haushalt und jedes Unternehmen über mindestens ein Telefon verfügte, verharrte es bis zum Beginn des 21. Jahrhunderts. Mittlerweile haben immer weniger Menschen ein Festnetztelefon – die technologische Kurve ist deutlich abgefallen.

Kurve 2: Die Entwicklung des Mobiltelefons

Schon vor 1973 gab es unterschiedliche Versuche der Konstruktion eines Mobiltelefons, unter anderem von Lars Magnus Ericsson, dem Gründer der gleichnamigen Telekommunikationsgesellschaft aus Schweden, allerdings benötigte solch ein Gerät so viel Strom, dass es an das elektrische System eines Autos, einer elektrischen Freileitung oder an einen Aktenkoffer mit einer riesigen Batterie angeschlossen werden musste.[113] Doch 1973 war es dann soweit: Der Motorola-Ingenieur Martin Cooper stellte nach nur sechs Wochen Entwicklungszeit den Prototyp eines Mobiltelefons, das DynaTAC, vor. Den »Erbsenzählern« zuwider, wie er später sagte, also all jenen zuwider, die ihm vorwarfen, Geld zu verschwenden, weil sie in seinem Wirken kein Geschäft sahen.[114] Am 3. April 1973 wählte er seinen direkten Konkurrenten Joel S. Engel von der amerikanischen Telefongesellschaft AT & T an.[115] Das war das erste richtige Gespräch mit einem Mobiltelefon, geführt auf einer verkehrsreichen Straße in Manhattan inmitten gelber Taxis und Wolkenkratzer. Es muss merkwürdig ausgesehen haben, weil er etwas viel zu Großes an sein Ohr halten musste, das man durchaus mit einem Ziegelstein hätte verwechseln können. Das DynaTAC 8000x wog fast ein Kilo und man konnte damit gerade einmal dreißig Minuten telefonieren. Dennoch war das erste Telefon ohne Kabel eine technische Revolution! Allerdings war es in dieser Form noch nicht alltagstauglich und es sollte weitere zehn Jahre dauern, bis es in die Hände der ersten Verbraucher gelangte. Der echte Durchbruch kam erst mit dem Wechsel von der Analog- zur Digitaltechnik und mit dem GSM-Standard hält 1992 auch die SMS Einzug.

Der wesentliche Unterschied zu den bisherigen Telefonen war die Möglichkeit, von unterwegs telefonieren zu können. Außerdem gab es nun nicht mehr nur ein Telefon pro Haushalt, sondern ein Telefon pro Person. In einem Interview aus dem Jahr 2013 kommentierte Martin Cooper die Auswirkungen der Erfindung des Mobiltelefons mit den Worten: »Wir scherzten, dass man in der Zukunft, wenn man geboren wird, eine Telefonnummer zugewiesen bekommt, und wenn man nicht ans Telefon geht, ist man tot«.[116] Er konnte nicht ahnen, wie dicht dieser Scherz fünfzig Jahre später an der Lebenswirklichkeit der Menschen sein sollte.

Ende der 90er-Jahre ist der Aufstieg des Mobiltelefons nicht mehr zu bremsen, parallel verschwinden Zug um Zug die öffentlichen Telefonzellen. Immer kleiner und kostengünstiger tritt es seinen Siegeszug rund um die Welt an. Bald schon folgen neue Kommunikationsstandards: die ersten zaghaften Internetverbindungen, neuartige Dienste wie Spiele, Kamera und Videotelefonie – eine Revolution.[117]

Kurve 3: Der Siegeszug des Smartphones

Die Entstehungsgeschichte des Mobiltelefons ist sehr eng mit Cooper verbunden. Bei den Smartphones ist das anders. Es gibt keinen Konsens darüber, wessen Idee es ursprünglich war. Einige Experten glauben, dass Smartphones aus den Mobiltelefonen hervorgegangen sind, als die Hersteller begannen, spezielle Programme und Web-Browsing-Funktionen in ihre Handygeräte zu integrieren. Andere sagen, dass Personal Digital Assistants (PDAs) mit ihren Touchscreens und offenen Betriebssystemen die eigentlichen Vorläufer des Smartphones seien. Ein drittes Lager behauptet, dass Pager und Messaging-Geräte, einschließlich der frühen BlackBerrys, als mobile Daten- und E-Mail-Geräte für ein breites Publikum Smartphones den Weg geebnet haben. Insofern könnten also sowohl IBM, Nokia, Ericsson, Palm, BlackBerry, Apple und Samsung für sich in Anspruch nehmen, die Erfinder der Smartphone-Technologien zu sein. Und wer ist es wirklich? Kann es eine eindeutige Zuordnung überhaupt geben?

Die Geschichte der Ideen und Durchbrüche, die schließlich zum Smartphone führten, reicht über ein Jahrhundert zurück. Das ist bei vielen Innovationen der Fall: Es gibt immer etwas, das älter ist als sie, zumindest auf dem Papier und in den Geschichtsbüchern.

Dennoch verbinden gerade beim Smartphone viele Menschen Apple-Mitbegründer Steve Jobs und seine spektakuläre Präsentation des ersten iPhones 2007 auf der Macworld-Konferenz in San Francisco mit der Erfindung des Smartphones. Was dabei jedoch vergessen wird, ist, dass Telefone mit Smartphone-Funktionen damals bereits seit mehr als einem Jahrzehnt auf dem Markt waren. Auf einige dieser Vorentwicklungen gehen wir kurz ein, weil sie für das Verständnis von Transformation hilfreich sind.

Simon Personal Communicator von IBM

15 Jahre bevor Steve Jobs das iPhone vorstellte, hatte bereits der IBM-Ingenieur Frank Canova Jr. eine Smartphone-Produktvision. Für ihn lag die Zukunft der Kommunikation ganz klar in einem Gerät, das Mobiltelefon und Computer kombiniert. Es sollte über einen Touchscreen verfügen, mit dem man das Gerät mit den Fingern steuern kann, und über einen leicht zu navigierenden Startbildschirm mit Symbolen, die man durch Antippen aktiviert. Auch sollte es mit Internetzugang und E-Mail ausgestattet sein.[118] Canova machte sich daran, solch ein Gerät zu entwerfen. Er konzipierte, patentierte und baute 1992 den Prototyp des *Simon Personal Communicator*, obwohl IBM keineswegs hinter dieser Idee stand.[119] Das Unternehmen hatte damals keine gute Zeit und war aufgrund veränderter Kundenbedürfnisse insbesondere bei Großrechnern mitten in einer enormen weltweiten Umstrukturierung. Motorola hingegen war der weltweit größte Verkäufer von Mobiltelefonen und sie waren daran interessiert, in einigen Projekten mit IBM zusammenzuarbeiten. Frank Canova nahm das Angebot an und wandte sich an Motorola. Fortan erhielten Canova und sein Team die Unterstützung, die sie brauchten – in Form von Material und neuesten Telefonmodellen. Um sein Ziel zu erreichen, trieb der Visionär seine Leute bis zum Äußersten. Das Team arbeitete achtzig Stunden die Woche, dennoch brachten sie das Gerät vier Monate später als geplant zu einem Preis von 899 Dollar auf den Markt. Es unterstützte mehrere Kommunikationsformen: Anrufe, E-Mail, Fax und Pager-Nachrichten. Es verfügte über eine grafische Benutzeroberfläche, einen Touchscreen und viele weitere Funktionen, die wir heute von unseren Smartphones kennen. Dennoch blieb der Erfolg aus. Es wurden weniger als 50.000 Exemplare des Simon verkaufen, bevor das Telefon 1995 eingestellt wurde. IBM, die sich weiterhin in finanziellen Schwierigkeiten befanden, hatten bereits damit begonnen, das Simon-Team zu verkleinern. Die nächste Generation des Simon, das Neon, kam nie auf den Markt – aber sein Bildschirm konnte sich drehen, wenn man das Telefon kippte. Wir werden diese Funktion erst 2007 mit dem iPhone kennenlernen.

Die spannende Frage ist nun: Warum wurde das Simon nicht das erste erfolgreiche Smartphone? »Es dreht sich alles um den richtigen Zeitpunkt«, sagt Canova. Das Simon war klobig, kastenförmig und so groß wie ein Ziegelstein. »Wir kannten die Schwachstellen, aber wir konnten es damals nicht kleiner machen«, sagt Canova. »Die Lebensdauer der Batterie war das schwierigste Problem.«[120] Letztlich war die

Zeit damals einfach noch nicht reif, die Technologie hatte noch nicht den Stand erreicht, der es ermöglicht hätte, die Bauteile kleiner und benutzerfreundlicher zu gestalten. Trotz alledem kann man sich des Eindrucks nicht erwehren, dass das Simon das iPhone in der Puppe war.

MyDevice

Ein weiterer Vorläufer des Smartphones war *MyDevice* der finnischen Firma MyOrigo. Der Erfinder Johannes Väänänen entwickelte Anfang 2002 ein Telefon mit einem eleganten Design und einer einzigartigen Benutzeroberfläche. Als Mobilfunktelefon verfügte es über Funktionen, die ihrer Zeit weit voraus waren:

- einen vollflächigen Touchscreen auf der Vorderseite;
- ein 16:9-Breitbild-Display;
- eine Auto-Rotation-Funktion;
- die Möglichkeit, neue Anwendungen sicher zu installieren;
- einen Java-fähigen Web-Browser;
- einen MP3-Player, der mit SD/MMC-Karten bestückt werden konnte.

Und natürlich konnte man mit dem MyDevice auch telefonieren, Nachrichten schreiben und Fotos machen.

Das MyDevice war für seine Zeit bemerkenswert. Väänänen hatte es geschafft, ein internetfähiges Telefon zu bauen, das einige bestehende und viele neuartige Technologien kombinierte – und trotzdem für die Menschen, die es kauften, einfach und normal aussehen würde. Es hatte eine minimalistische, aber leistungsfähige Benutzeroberfläche, mit der man sich innerhalb von Minuten vertraut machen konnte, ohne auch nur eine Seite der Bedienungsanleitung zurate ziehen zu müssen. Das waren genau die Stärken, die später das iPhone auszeichnen sollten. Und das war kein Zufall, denn nachdem MyOrigo im Jahr 2005 in Konkurs ging, kaufte Apple die Schlüsselpatente für das MyDevice. Zuvor hatte man das Gerät allerdings schon im Jahr 2002 als erstem Unternehmen Nokia vorgestellt. Doch die damaligen Mobilfunk-Marktführer sahen kein Potenzial für ein Touchscreen-Telefon. Man versuchte es weiter bei Siemens, Ericsson, Alcatel, Samsung, Motorola – ohne Erfolg![121]

Wer also hat wirklich dafür gesorgt, dass das Smartphone zum Erfolg wurde? Hängt die Antwort hierauf nicht auch davon ab, was wir unter einem Smartphone verstehen, wie wir es definieren? »Im Gegensatz zu Mobiltelefonen, die aus vielen Komponenten gebaut sind und nur über eine begrenzte Funktionalität verfügen, läuft ein Smartphone auf einem Betriebssystem, das es Dritten erlaubt, Software-Anwendungen dafür bereitzustellen.«[122] Ein Smartphone ist also im Grunde ein vollwertiger Computer, der mit drahtloser Konnektivität kombiniert und in einer handlichen Größe geliefert wird. Software ist wichtiger als Hardware und lässt durch die verschiedenen Anwendungen (Apps) ein Kommunikationsökosystem entstehen. Das Telefonieren ist dabei nur eine Teilmenge des Ökosystems, das nun Funktionen kennt wie: Musik herunterladen und wiedergeben, E-Mails senden und empfangen, Uhr, Wecker, Adressbuch, Kamera, Internetportal, Postkasten, Notizzettel, Spielzeug. Kurz: Ein Smartphone ist kein Telefon, sondern ein »Fenster zur Welt oder [eine] Kommunikationsplattform.«[123]

Diesen grundlegenden Unterschied zwischen Mobilfunktelefon und Smartphone konnten damals offenkundig nur wenige Menschen sehen. In der gesamten Telekommunikationsindustrie, wo gegen Ende des 20. Jahrhunderts ein harter Wettbewerb tobte, hatte man ganz andere Sorgen. Hier brachten ab den 1990er-Jahren unter anderem die Firmen Nokia, Motorola, Ericsson, Siemens, BenQ Mobile, Alcatel, Sendo, Mitsubishi, Grundig Mobile, Palm, Maxfield etwa alle sechs Monate das fortschrittlichste Telefon der Welt auf den Markt. Heute produziert keine dieser Firmen noch ein Telefon. Der Markt belohnte und bestrafte sofort. Dabei gab es warnende Stimmen, wie Risto Siilasmaa in seinem Buch *Transforming NOKIA* schreibt: »Die Konkurrenz in der Mobilgeräteindustrie ist ein Bandenkrieg [...] Es ist eine Welt der Schlagringe und Maschinenpistolen [...] Es ist chaotisch, es ist blutig. [...] Ich warnte, dass sich das Schlachtfeld von der Hardwarekompetenz zur Softwarekompetenz, von Betriebssystemplattformen (Symbian, MeeGo, iPhone OS usw.) zu Ökosystemplattformen (iTunes, Ovi Store, iAd usw.) und von internen Fähigkeiten zu Ökosystemfähigkeiten verlagert.«[124] Wir wissen heute, dass diese Warnungen ungehört verhallten.

Ein Meilenstein in der Geschichte der Telekommunikation ist und bleibt der Auftritt von Apples CEO Steve Jobs auf der Macworld Expo 2007 und seine Präsentation des ersten iPhones. Doch wie wir vielleicht andeutungsweise zeigen konnten, war dieses iPhone mitnichten eine neue Erfindung von Jobs und auch nicht von Steve Wozniak, seinem damaligen Partner, sondern eine »Verschmelzung der Visionen, Ideen und Eroberungen der vielen, die vor Steve Jobs« da waren.[125] Steve Jobs ist kein Erfinder, sondern – genau so wie die britischen Ingenieure Ende des 18. Jahrhunderts (vgl. S. 94) – ein Tweaker, ein »Verbesserer«. Malcolm Gladwell schreibt in seinem gleichnamigen Artikel für den New Yorker dazu: »Der Visionär beginnt mit einem sauberen Blatt Papier und stellt sich die Welt neu vor. Der Tweaker nimmt die Dinge so, wie sie sind, und muss sie zu einer fast perfekten Lösung schieben und ziehen.«[126] Jobs Gabe bestand darin, das zu nehmen, was vor ihm lag und es rücksichtslos zu verfeinern bzw. neu miteinander zu kombinieren. Seine Gabe war es ebenfalls, die Signale des Markts und die Wünsche der Kunden zu erkennen und daraus Kapital zu schlagen. Er äußerte sich dazu in einem Video: »Ich sehe mir an, was zu sehen ist und dennoch von vielen noch nicht gesehen wird.« Obwohl der Apple iPod in den Jahren 2004 bis 2007 bis zu 45 Prozent zum Gesamtumsatz von Apple beigetragen hat[127], machte Jobs sich wegen dieser Abhängigkeit Sorgen. Er sah, dass die Devices von Palm und Blackberry Erfolg hatten und neue Mobiltelefone mit Kamerafunktion bereits den Markt der Digitalkameras dezimierten. Das Gleiche konnte auch dem iPod passieren, wenn Handys eines Tages auch Musik speichern und abspielen konnten. Er entschied also, sich selbst zu kannibalisieren, bevor es die Wettbewerber taten.

Sechs Gründe des Scheiterns

Wenn man die Marktfrüher der ersten zwei S-Kurven der Telekommunikation – Siemens, Nokia und Motorola – betrachtet, dann ist es erstaunlich, dass diese es nicht geschafft haben, auch die nächste Kurve zu dominieren, verfügten sie doch über das größte Know-how, die beste Marktpräsenz, das größte Netzwerk. Wieso konnten sie ihre Marktführerschaft nicht nutzen und fortführen? Und wird es Apple und Samsung mit der nächsten S-Kurve der Telekommunikation genauso ergehen? Vielleicht stehen uns die größten Durchbrüche in der Telekommunikation ja noch bevor? In einem Labor in San Francisco wird zum Beispiel derzeit eine neue Smartphone-Technologie entwickelt, die mit direkten Befehlen vom Gehirn arbeitet. Der User trägt dazu ein Headset und kann kraft seiner Gedanken mit dem Gerät kommunizieren. Damit würde der Mensch in das digitale Ökosystem integriert und könnte seine Umwelt drahtlos steuern.[128] Der Beginn einer neuen S-Kurve? Besitzen Apple und Samsung die Voraussetzungen, sie zu dominieren? Welche Faktoren könnten dies verhindern?

1. The Hungry Beast and the Ugly Baby

Ed Catmull, Mitgründer und Präsident von Pixar Animation Studios in Kalifornien, verwendet in seinem Buch *Creativity Inc.* (dt. *Die Kreativitäts-AG*) zwei Analogien, um den Kampf um das Neue zu beschreiben, den viele Organisationen durchmachen und letztendlich verlieren. In der ersten Analogie vergleicht er neue Ideen mit Babys. Alle Babys sind in den Augen der Eltern wunderschön, in den Augen anderer Menschen jedoch weniger, denn Babys sind zerbrechlich, unbeholfen, verletzlich und unvollständig. Es ist der Aufgabe der Familie, sie zu beschützen. Sie müssen ernährt und aufgepäppelt werden, um zu wachsen und schön zu werden. Dennoch ist die Vorstellung, das eigene Baby nicht schön zu finden, für fast alle Eltern fast absurd. In den Augen von Eltern gibt es keine *Ugly Babys.*

So ist es auch mit den meisten Innovationen. Sie brauchen Zeit zum Reifen, benötigen Arbeit, Zeit und Geduld – um zu wachsen und schön zu werden. Selten kommen Ideen »fertig« auf die Welt. Sie brauchen unseren Schutz, um nicht durch vorschnelle Urteile zerstört zu werden. Ed Catmull meint dazu: »Unsere Aufgabe ist es, das Neue zu beschützen. [...] Ich meine damit, dass eine eigene Idee zunächst einmal unansehnlich und unzureichend definiert ist, aber sie ist auch alles andere als althergebracht und ausgetreten – und das ist das Aufregende daran. In diesem verletzlichen Zustand ist sie Neinsagern ausgeliefert, die das Potenzial der Idee nicht erkennen oder nicht die Geduld haben, sie sich entwickeln zu lassen, und so wird sie leicht zerstört. Es ist unsere Aufgabe, das Neue vor Menschen zu beschützen, die nicht verstehen, dass man erst durch Phasen des Nicht-so-Großartigen muss, bevor etwas Großartiges entstehen kann. Das ist wie bei einer Raupe, die sich zu einem Schmetterling entwickelt – sie überlebt nur, weil sie in einen Kokon eingesponnen ist. Oder mit anderen Worten: Sie überlebt, weil sie vor dem geschützt ist, was ihr schaden würde. Sie ist geschützt vor dem Biest.«[129]

Mit dem *Hungry Beast* meint Catmull vor allem das Tagesgeschäft, das »Daily Business«. Die Mechanismen, die das tägliche Geschäft bestimmen, sind unheimlich stark, weil sie den Erfolg von früher und heute finanzieren. Damit sie funktionieren, wollen sie mehr Budget, mehr Headcount, mehr Ressourcen und besondere Aufmerksamkeit. Sie haben immer Hunger nach mehr, ohne abgeben und teilen zu können. Sie sind die Angestellten des Unternehmens und ihre wachsenden Gehälter und die Kosten für die allgemeine Wartung und den Unterhalt des Unternehmens. Es sind auch die Deadlines und Prioritäten, das Marketing und der Vertrieb. Jeder Bereich im Unternehmen, der mittel- oder unmittelbar Umsatz generiert, ist Teil des Biestes.

Wie kann man das Biest im Zaum halten, seinen Appetit zügeln, seiner Macht Grenzen setzen, ohne das Unternehmen zu gefährden? Nach Ed Catmull basiert der Erfolg einer Organisation auf ihrer Fähigkeit, ein Gleichgewicht zwischen dem »Füttern der Bestie« und dem »Schutz und der Pflege der Babys« zu finden. Anders ausgedrückt: Unternehmen müssen sowohl ein erfolgreiches Tagesgeschäft sicherstellen als auch neue Ideen und Arbeitsweisen entwickeln und erforschen. Ein Unternehmen, das einen der beiden Pole ignoriert, wird sich entweder selbst auffressen oder in der Bedeutungslosigkeit verschwinden.

2. Das Fehlen einer Streit- und Dialogkultur

Erfolgreich in Organisationen sind vor allem jene Personen, die gegenüber der Organisation und den Verantwortlichen Loyalität beweisen. Das führt in der Konsequenz jedoch dazu, dass die Kontroverse tendenziell erfolgsverhindernd und Jasagen erfolgsfördernd ist. Damit Mitarbeiterinnen und Mitarbeiter Karriere machen können und ins Rampenlicht rücken, ist es für sie besser, durch Schweigen und Nicken ihre Loyalität aufzuzeigen. Doch Schweigen bedeutet auch, potenziell wichtige Informationen, Entwicklungen, Bedenken, Vorschläge oder Fragen zurückzuhalten. Folgerichtig konstatiert Reinhard Sprenger: »Konflikt vermeiden aber heißt die Zukunft vermeiden.«[130] Gerade in turbulente Zeiten des Wandels müssen die Verantwortlichen verinnerlichen, dass der langfristige Erfolg einer Organisation von der Bereitschaft des offenen Stellungs- und Oppositionsbeziehens abhängt.

Risto Siilasmaa, Vorstandsvorsitzender und Interims-CEO von Nokia 2012 bis 2020, hat in seinem Buch *Transforming Nokia* beschrieben, wie spät er gemerkt habe, dass die Nokia-Mitarbeiter aufgehört hatten, den Status quo infrage zu stellen und die Wahrheit so zu beschreiben, wie sie sie sahen. Sie hatten aufgehört, zu streiten. Widersprüche wurden sorgsam unter den Teppich gekehrt.[131] Es wurde zwar weiterhin diskutiert, aber kaum gestritten. Es wurde Vieles gesagt, aber wenig geredet. Man suchte schnell den Konsens, ohne eine gesunde Dialogkultur zu pflegen. Konflikte wurden nicht ausgetragen. Dabei geht es bei Konflikten gar nicht immer darum, eine Vereinbarung zu erzielen. Häufig reicht es schon aus, einander besser verstehen zu wollen.[132] Es geht darum, Erkenntnisse zu gewinnen, und zwar nicht allein, sondern in der Auseinandersetzung mit anderen. Das offene Austragen dieser Gegensätze dient dem Wohl des Unternehmens, nicht der konformistische Versuch der Harmonisierung. »Zu einer offenen Gesellschaft/Organisation gehört ein offenes Wort«, schreibt Wolf Lotter.[133]

3. Fifty Shades of Green

Je höher man in der Hierarchie aufsteigt, desto mehr entfernt man sich vom tatsächlichen Geschehen in einer Organisation. Je weiter Entscheidungsträger von der »Front« weg sind, desto mehr Filter durchlaufen die Informationen, bevor sie die Entscheider erreichen. Die Ampeln der Reports werden auf dem Weg nach oben grüner. Die Informationen werden verwässert und beschönigt. Vor den Vorständen will ja keiner verlieren oder schlecht dastehen. Menschen haben Angst davor, negative Entwicklungen zu übermitteln. Sie haben Angst davor, kritisiert oder abserviert zu werden. Deswegen übermittelt kaum einer schlechte Nachrichten. Sie könnten an ihm haften und als Misserfolg interpretiert werden. Die Folge dieser bedenklichen Kultur ist, dass schlechte Nachrichten die richtigen Adressaten teilweise zu spät oder gar nicht erreichen oder bis zur Unkenntlichkeit verwässert werden. Nicht selten sind die Entscheidungsträger tatsächlich die Letzten, die erfahren, was im Unternehmen wirklich vor sich geht.

Ein weiteres Problem, das dazu beiträgt, dass Organisationen der Wandel nicht gelingt, sind falsche Indikatoren und Kennzahlen. Gerade in Zeiten der Transformation bauen strategische Entscheidungen oftmals auf Daten auf, die völlig ungeeignet, ja irreführend sind, weil sie zum einen nur die Vergangenheit, zum anderen rein operative Information abbilden. »Daher beurteilen diese Unternehmen auch ihren Erfolg nur nach operativen Daten, denn über ihre strategischen Entwicklungen haben sie gar keine Information. Sie wissen gar nicht, worauf sie schauen sollten. Infolgedessen werden sie von strategischen Fehlentwicklungen regelmäßig überrascht und können nicht mehr angemessen reagieren.«[134]

Die Folge von bis zur Unkenntlichkeit gefilterten Informationen und falschen Daten ist, dass Unternehmen ihre Fähigkeit verlieren, sich veränderten Märkten anzupassen, und langsamer werden. Wenn aktuelle Analysen keine Dringlichkeit aufzeigen und Veränderungsbedarf nicht wahrgenommen wird, können die Entscheidungsträger nicht rechtzeitig lenken. Entweder es passiert nichts oder es entsteht Aktionismus. Beides ist nicht zielführend.

4. PowerPoint-Catwalks

Seit Jahrtausenden sitzen Menschen um Lagerfeuer herum und erzählen sich Geschichten – sie zählen keine Bulletpoints auf. Deswegen fordert Jeff Bezos von Amazon von seinen Führungskräften Geschichten statt PowerPoint-Präsentationen, und zwar in Form von maximal sechs Seiten, in ganzen Sätzen und mit Überschriften. »Es geht vor allem darum, sich in seinen Gedanken zu disziplinieren und aufs Wichtige zu fokussieren. Das führt auch zu einer sinnvollen Taxonomie und Strukturierung der Informationen innerhalb der Unterabschnitte und zu einer guten Ordnung der Informationen. Durch die knappe Vorgabe soll ein Dokument so zusammengefasst werden, dass nur das Wichtigste präsentiert wird.«[135]

In vielen heutigen Organisationen verwenden Mitarbeiterinnen und Mitarbeiter unglaublich viel Zeit darauf, um für andere Personen, meistens höher in der Hierarchie,

PowerPoint-Folien zu erstellen, die diese dann präsentieren dürfen. Die Frage der Form hat in diesem Medium häufig vor den Inhalten Vorrang. Bevor die Endversion fertiggestellt ist, muss sie in unterschiedlichen Runden, meistens in der Hierarchie rückwärts, zunächst testweise präsentiert werden, bis sich die eigentlichen Adressaten die Inhalte anschauen können. Die Entscheidungsträger wiederum sitzen Stunden um Stunden in Sitzungen und lassen Folie um Folie an sich vorüberziehen. Nicht selten tun sie dies mit einer Haltung, die an die Jury einer Castingshow erinnert. Daumen hoch oder runter, ohne in die Tiefe gehen zu müssen. Nur selten kommt man darüber in ein wirkliches Gespräch, in dem unterschiedliche Meinungen diskutiert werden könnten. Und es wundert auch nicht, dass derart zustande gekommene Beschlüsse oder Commitments nur oberflächliches Engagement und verhaltene Begeisterung erzeugen.[136]

Risto Siilasmaa hat in seinem Buch über die Transformation von Nokia die Oberflächlichkeit solcher PowerPoint-Catwalks gut auf den Punkt gebracht: »Die Präsentationen sahen sehr professionell aus und klangen hochprofessionell: Mit vielen auffälligen Begriffen wie ›Customer Obsession‹ und ›Digitale Ökosysteme‹ wurde um sich geworfen, und es wurden Versprechungen gemacht, dass ›wir einen attraktiven Business Case für Entwickler schaffen werden‹, ohne zu erklären, wie dies erreicht werden soll.«[137]

5. Die vermeintliche Weisheit der Wenigen

Wenn es um die Zukunftsfähigkeit einer Organisation geht, nehmen sich die Entscheidungsträger in der Regel viel zu wenig Zeit. Zudem gilt die Überzeugung, dass die Ausarbeitung einer Strategie Chefsache ist. Der oder die wird schon einen Plan haben, und wenn nicht, werden es teuer eingekaufte Berater schon richten. Die Mitarbeiter müssen die Strategie dann *nur noch* umsetzen. Die Aufgabe ist geteilt: oben wird gedacht, unten wird gemacht. Und so entwickeln viele Unternehmen in überhasteten Aktionen immer wieder neue Visionen und Strategien, schließlich sahen die Präsentationen ja ausgesprochen professionell aus. Es finden einige Mottoshows der PowerPoint-Catwalks statt. Die Verantwortlichen buzzern was sie davon gut oder schlecht finden, ohne in der Lage zu sein, die Themen bis ins Detail zu analysieren und zielführende Entscheidungen zu treffen.

Um wirklich erfolgreich zu sein, brauchte eine Strategieausarbeitung die Imagos der Organisation, die Fackelträger der Zukunft. Damit ist nicht gemeint, dass jede Entscheidung basisdemokratisch ablaufen soll. Aber gerade Personen, die aus der Mitte der Organisation kommen, können die richtigen Themen platzieren und auch wieder in die Belegschaft zurücktragen. »Je umfangreicher und stärker Teile der Basis einbezogen werden, desto stärker der Energieschub. Der Wandel muss in den Köpfen und mehr noch in den Herzen der Mitarbeiter stattfinden. Wer Mitarbeitern Strategien ›verkauft‹, die nicht ihre sind, erreicht ihre Herzen nicht.«[138] Strategien wirken um ein Vielfaches stärker, wenn sie vom Team mitentwickelt werden. Im Englischen lässt sich das prägnant auf den Punkt bringen: *People support what they create.*

Sehr häufig fehlen auch die Fragen nach dem Wie und Warum. Ohne eine Erklärung, warum etwas notwendig ist oder warum es nicht schon früher getan wurde, werden stattdessen Hochglanzpapiere gedruckt und wohlklingende Mottos verkündet. Auf diese Weise kann man etwas aber höchstens rational erklären, aber man kann damit keine Energie entfesseln oder vermitteln, warum man als Kollektiv einen neuen Weg gehen soll. Und später wundert man sich, warum solche Strategien sang- und klanglos in den Schubladen verschwinden …

6. Das Kartell der Klone

»Die Spitzen der europäischen Wirtschaft sind meist männlich, akademisch, westdeutsch und viel zu eng miteinander verbandelt. Zu viele Buddys befördern sich selbst«, schrieb die WirtschaftsWoche Ende 2019.[139] Sie setzen auf das Erfolgsprinzip Ähnlichkeit und reproduzieren sich in ihren Chefetagen. Man kann dies auch als »Mini-Me-Effekt« bezeichnen. Der Begriff wurde durch den Film *Austin Powers – Spion in geheimer Missionarsstellung* als eine detailgetreue Miniaturausgabe des Protagonisten bekannt. Doch wieso ist das so? Wieso klonen sich Unternehmenslenker selbst? Keine Frage: Die Entscheidungsträger an der Spitze großer Unternehmen sind gut ausgebildet, intelligent und haben hart an ihrer Karriere gearbeitet. Es ist verständlich, dass sie ihre hohe Position behalten und ihre Macht nicht verlieren wollen. Zu diesem Zweck suchen sie sich gleichgesinnte Verbündete, die ähnlich agieren wie sie selbst. So entsteht eine Kultur der Macht, der Harmonie und des Bewahrens. In einem Interview beschreibt ein ehemaliger Siemensmitarbeiter die Situation bei Siemens Mobile exemplarisch wie folgt:

> »Denn bei Siemens Mobile hat man nicht Karriere gemacht, weil man ein guter Manager oder weil man in vorherigen Managementaufgaben erfolgreich war. Wichtig waren allein drei Dinge:
> 1. Man musste jemanden kennen.
> 2. Wenn man durch eine Seilschaft einen Posten ergattert hat, ist es extrem wichtig, viel Geld zu bewegen, um sich für eine weitere Beförderung zu

qualifizieren. Dabei spielt die Richtung des Geldflusses – zumindest dem Anschein nach – keinerlei Rolle. Ob das nun von außen in die Firma fließt oder von der Firma in den Mülleimer, scheißegal. Hauptsache viel.

3. Bloß keine Entscheidung treffen, die einem hinterher irgendwie eindeutig zuordenbar ist. Um Himmels willen sich immer nach allen Seiten absichern und jeden Pipifax im Notfall eskalieren, denn dann sind ja die anderen schuld, wenn es schief geht. Am allerbesten noch nicht mal eine Aussage treffen, die irgendwie eindeutig ist.«[140]

Im Fall von Nokia waren es die Ingenieure, die geklont wurden, denn das ganze Unternehmen bestand aus Ingenieuren, alle dachten wie Ingenieure, redeten und handelten wie Ingenieure. Als sich die Mobiltelefontechnologie auf die Hardware konzentrierte und die Software noch eine untergeordnete Rolle spielte, war diese Denkweise sinnvoll und ließ Nokia nicht zuletzt zum Marktführer aufsteigen. Doch als die Technologie sich transformierte, traten Probleme auf. Die Transformation, die anstand, benötigte neue Talente. »Nokia hatte viele Hardware-Experten, aber das war wirklich nicht mehr das Spiel. Die Frage war, ob wir das nötige Know-how in der Welt der Apps und Software hatten.«[141]

Die Kultur des Kartells der Klone sorgt im Unternehmen für ein Immunsystem, das – wie die Raupe – die Imagos bekämpft bzw. die Neulinge nicht zulässt. Heterogenität und Diversität sind nicht willkommen, auch was das Geschlecht betrifft. Bis heute hat es zum Beispiel keine Frau an die Spitze eines Dax-Konzerns geschafft. Es dominieren dort Männer mittleren Alters, häufig mit betriebswirtschaftlicher Ausbildung. »In den deutschen Vorständen finden sich wenig jüngere Menschen, wenig ältere – es präsidiert: das Mittelalter. Die Dominanz der Betriebswirte in den Chefetagen ist erdrückend. Und natürlich sind Ostdeutsche auch dreißig Jahre nach dem Mauerfall so wenig in Spitzenpositionen präsent wie Aufsteiger aus Arbeiterfamilien. Kurzum: Die deutsche Wirtschaft ist zahlenmännlich, akademisch, westdeutsch und inzestuös – Elitenzucht aus der Retorte. Das ist nicht nur problematisch für die Gesellschaft. Sondern hemmt auch die wirtschaftliche Leistungskraft der Unternehmen. Wenn sich Vorstandsriegen selbst reproduzieren, entsteht kein Widerspruch, keine Reibung, keine Kreativität, keine Innovation. Die Gremien schreiben das Verhalten aus der Vergangenheit fort – und verlieren den Anschluss.«[142]

Sollte eine Organisation dennoch frischen Wind in ihre Gemäuer lassen, also Personen einstellen, die anders denken und andere Fähigkeiten haben, dann kämpfen diese häufig auf verlorenem Posten und haben – als einzelne Imagos – kaum eine Chance, etwas zu verändern und zu bewegen.

Die sieben Vs zur Verhinderung von Wandel

Wir wollen uns nun mit den Erklärungen, die über diese sechs Gründe, die Marktführer daran hindern, den nächsten Innovationssprung mitzugehen, hinausgehen, beschäftigen und erörtern, warum Transformation auf Unternehmensebene scheitert. Meiner Erfahrung nach gibt es weitere sehr verbreitete Verhaltensmuster in Organisationen, die einer Veränderung entgegenstehen und die ich in Anlehnung an Rainer Peraus[143] weiterentwickelt habe. Diese *sieben Vs zur Verhinderung von Wandel* spielen sich sowohl im Operativen wie auch im Mindset der Akteure ab. Diese sieben Vs sind:

1. Verstecken
In großen Organisationen kann man ein Muster beobachten, das ich als *Duck Dive* bezeichne. Duck Dive ist eine Technik im Wellenreiten, bei der der Surfer das Surfbrett unter Wasser drücken, um entgegenkommenden Wellen auszuweichen und Energie zu sparen. Beim Duck Dive taucht man unter der Welle durch, statt ihre Bewegung mitzugehen. Ähnliches passiert in Unternehmen bei Veränderungswellen: Man versucht, sich und seine Themen unter den Radar zu bringen, bis die Veränderungswelle vorbeigerollt ist. Dann taucht man wieder auf.

2. Versteifen
Gerade in der digitalen Transformation kann man viele Branchen beobachten, die lange Zeit an analogen Prozessen festgehalten und sich in den alten Geschäftsmodellen festgebissen haben. Ein Beispiel hierfür sind die Zeitungs- und Zeitschriftenverlage, die sich lange gegen die Digitalisierung ihrer Inhalte gewehrt haben. Die Folge dieses Beharrens: rückläufige Auflagen und eine sinkende Leserschaft, weil sie nicht verhindern konnten, dass viele Leserinnen und Leser ihre Informationen online beziehen.

3. Verbieten
Veränderungen und Technologien ist man in der Geschichte nicht selten dadurch begegnet, dass man versucht hat, sie zu verbieten. Ein Beispiel dafür ist der Red Flag Act von 1865, ein Gesetz in Großbritannien und Irland, das vorschrieb, dass jedem Automobil ein Mensch mit einer roten Fahne vorausgehen musste, um die Sicher-

heit auf der Straße zu gewährleisten. Diese Maßnahme war einer der Gründe, dass Frankreich und das Deutsche Reich Großbritannien in der Automobilentwicklung überflügelten. Es gab damals auch einzelne Städte und Länder, die Autos gänzlich verboten, weil sie darin eine Gefahr für die öffentliche Sicherheit sahen. Heute sterben weltweit mehr als eine Million Menschen bei Verkehrsunfällen, dennoch hat sich das Auto durchgesetzt und ist sogar zu einem Statussymbol geworden. Mit den damaligen Verboten wollte man hauptsächlich gegen das Neue vorgehen und die Mobilitätstransformation verhindern. Ähnliches beobachten wir heute bei dem Verbot von Uber. Aber können wir damit das Überleben der Taxis wirklich schützen?

4. Verunmöglichen

In der Anfangsphase des Verbrennungsmotors und des Automobils, also um die Jahrhundertwende herum, gab es kaum Straßen, keine Infrastruktur, Benzin gab es in der Apotheke, die Reichweite der Autos war gering und sie waren laut und stinkig. Das alles war wenig attraktiv und wurde von den Gegnern des Automobils gerne als Gegenargument gegen die Mobilitätstransformation ins Feld geführt. Heutzutage erinnert das schon ein wenig an die Argumente, mit denen bis vor Kurzem moderne Elektroautos von den deutschen Autobauern verteufelt wurden, oder? Die gesamte Schlüsselindustrie Deutschlands hat viele Jahre die Entwicklung der E-Mobilität anderen überlassen. Bevor man dem Neuen überhaupt eine Chance gab, fand man erst einmal Argumente, die dagegensprachen – getreu dem Motto: Wer nicht will, findet Gründe, wer will, findet Wege.

5. Verschlafen

Eine der erfolgreichsten deutschen Firmen in der Textil- und Bekleidungsindustrie war lange Zeit C&A. Gerade nach dem Zweiten Weltkrieg und besonders Anfang der 60er- und 70er-Jahre beherrschten sie den Markt für günstige und qualitative gute Kleidung. Das Unternehmen verkaufte mehr Kleidungsstücke als Karstadt, Kaufhof, Horten und Quelle zusammen. Die Menschen standen teilweise Schlange, um die Läden zu betreten, und C&A-Werbung lief auf allen Kanälen. Das Erfolgsrezept der Kette lag damals sicherlich auch darin begründet, dass es nicht so viele Mitbewerber gab. Bis in die 90er-Jahre dauerte die Erfolgsgeschichte an, dann geriet C&A in die Krise und schrieb zum ersten Mal Verluste. Der Konzern verpasste den Anschluss auf dem rasant wachsenden Markt. Sie mussten Mitarbeiter entlassen und Häuser schließen. Man hatte drastisch unterschätzt, wie sehr sich die Kundenwünsche in dieser Zeit veränderten[144]. Und man realisierte nicht, wie zwei starke Wettbewerber – H&M und Zara – auf dem Markt Fuß fassten und mit hoher Geschwindigkeit an

C&A vorbeizogen. Erst hatte man geschlafen, dann war man zu sehr mit sich selbst beschäftigt, um den Kampf aufzunehmen.

6. Verdrängen

Als Steve Balmer, der ehemalige CEO von Microsoft, im Jahr 2006 von einem Reporter nach seiner Einschätzung des iPhones gefragt wurde, antwortete er Folgendes: »500 Dollar für ein Telefon mit einem Mobilfunkvertrag? Das ist das teuerste Telefon der Welt und es spricht nicht mal Geschäftskunden an, weil es keine Tastatur hat, was es nicht zu einem guten E-Mail-Gerät macht. Nun, es kann sich sehr gut verkaufen oder auch nicht. Wissen Sie, wir haben unsere Strategie. Wir haben heute großartige Windows-Mobile-Geräte auf dem Markt ... Es ist ein sehr leistungsfähiges Gerät. Es macht Musik, es ist internetfähig, E-Mails schreiben ist möglich. Es kann Instant Messaging ausführen. Ich schaue mir das also an und sage: Mir gefällt unsere Strategie. Sie gefällt mir sehr gut.«[145] Steve Balmer schaute auf die Konkurrenz, aber schaute er auch genau hin? Oder verdrängte er die Vorgehensweise von Apple und räumte dem iPhone mit einer gewissen Überheblichkeit keine Chance ein, einen signifikanten Marktanteil zu erreichen?

7. Verschätzen

Verschätzt haben sich auch die Verantwortlichen in der Führungsetage von Blockbuster Inc., einer Videothek-Franchisekette in den USA. Als Reed Hasting und Marc Randolph, die Gründer von Netflix, sie 2000 besuchten und ihnen ein Angebot von 50 Millionen Dollar machten, lehnten sie unmissverständlich ab. Sie hatten Blockbuster 1985 mit dem beginnenden Boom der Videorekorder gegründet. Bis 2004 stieg der Anteil der Haushalte mit Videorekorder in den USA und England von 14 auf 90 Prozent. Auf dem Höhenpunkt der Firmengeschichte im Jahr 2004 besaß Blockbuster ca. 9000 Filialen und beschäftigte weltweit ca. 84000 Mitarbeiter, davon ca. 58500 in den USA und 25800 in anderen Ländern. Außerdem machte das Unternehmen in jenem Jahr einen Umsatz von 5,9 Milliarden Dollar. Sie hatten zu dem Zeitpunkt alle Trümpfe in der Hand. Sie hatten »die Marke, die Macht, die Ressourcen und die Vision«.[146] Doch sechs Jahre später meldete Blockbuster Konkurs an. Sie hatten alles auf eine Karte gesetzt und sich verzockt. Es reichte ein unzufriedener Kunde, der auf dem Weg zum Fitnesscenter einen ausgeliehenen Film in eine Blockbuster-Filiale zurückbringen wollte und dann 40 Dollar nachzahlen musste, um das Kartenhaus zum

Einstürzen zu bringen. Dabei fiel diesem Kunden nämlich auf, dass das Geschäftsmodell der Fitnessstudios eigentlich viel attraktiver war: Für 40 US-Dollar im Monat konnte man dort so viel trainieren, wie man wollte. Dieser Kunde war Reed Hasting und er baute aus dieser Unzufriedenheit heraus ein Unternehmen auf, das die Branche komplett transformierte. Aus einem DVD-Verleih per Post wurde ein Internet-Streaming-Dienst mit über 209 Millionen Abonnenten in mehr als 190 Ländern.[147] Inzwischen hat sich Netflix sogar zu einem weltweiten Produzenten von Fernsehserien und Filmen entwickelt.

Zwischen Hoffnung und Skepsis

Der Telegraf, das Telefon und das Smartphone gehören im 19. und 21. Jahrhundert – neben dem Internet – sicherlich zu den Erfindungen, die die Welt am stärksten verändert haben. Allen drei Innovationen ist gemeinsam, dass sie das menschliche Grundbedürfnis nach Verbundenheit und Zugehörigkeit adressieren und befriedigen. »Menschen sind immer dann glücklich, wenn sie Gelegenheit bekommen, ihre beiden Grundbedürfnisse nach Verbundenheit und Zugehörigkeit einerseits und nach Wachstum, Autonomie und Freiheit andererseits stillen zu können.«[148] Der Telegraf, das Telefon und das Smartphone haben zum ersten Mal in der Geschichte dafür gesorgt, dass Menschen sich auch über große Entfernungen hinweg verbunden fühlen können, doch natürlich sind die Folgen dieser Technologien nicht nur positiv: In der Regel lösen sie zwar einerseits Probleme, erzeugen aber andererseits neue Probleme. Die Diskussionen schwanken zwischen Hoffnung und Skepsis, zwischen den Extremen eines unkritischen Fortschrittsglaubens und alarmistischer Untergangsszenarien. Was wir daher brauchen, ist eine Versachlichung der Diskussion und eine ethische Leitlinie unter Einbeziehung einer breiten Öffentlichkeit: Wie können wir sicherstellen, dass Innovationen zum Wohle aller Menschen eingesetzt werden? Wie schützen wir uns vor Missbrauch?

Es kommt also immer darauf an, wie wir mit neuen Technologien umgehen. Mit uns meine ich in erste Linie die Organisation, die diese Technologie entwickeln, aber auch die Kundinnen und Kunden sowie Userinnen und User.

VERSTECKEN
VERSCHÄTZEN
VERDRÄNGEN
VERSCHLAFEN
VERSTEIFEN
ERBIETEN

5

UNSER GEMEINSAMES ANLIEGEN

TRANSFORMATION BRAUCHT ORIENTIERUNG

»Wer ein WARUM zum Leben hat, erträgt fast jedes WIE.«
Friedrich Nietzsche

»Wer seinem Stern folgt, kehre nicht um.«
Leonardo da Vinci

»Alles wirklich Wertvolle kommt nicht aus dem Ehrgeiz oder aus dem Pflichtgefühl, sondern aus der liebe und der Ehrfurcht gegenüber Menschen.«
Albert Einstein

»Wenn Du ein Schiff bauen willst, dann trommle nicht Männer zusammen um Holz zu beschaffen, Aufgaben zu vergeben und die Arbeit einzuteilen, sondern lehre die Männer die Sehnsucht nach dem weiten, endlosen Meer.«
Antoine de Saint-Exupéry

»Du kannst entweder zusehen, wie etwas passiert, oder ein Teil davon sein.«
Elon Musk

Ein Manager, der gerade von einem Wochenendseminar zurückgekommen war, rief einen Mitarbeiter in sein Büro und sagte: »Von heute an sollen Sie Ihre Arbeit selbst planen und kontrollieren. Ich will meine Mitarbeiter nicht mehr krampfhaft motivieren wollen, sondern die Eigenmotivation und Selbstverantwortung fordern und fördern. Ich bin überzeugt, dies wird die Leistung beträchtlich erhöhen.«

»Bekomme ich auch mehr Geld?«

»Aber nein. Geld ist keine Motivation, und eine Gehaltserhöhung bringt Ihnen keine Befriedigung. Belohnungen können zwar kurzfristig die Leistung fördern – aber mittel- und langfristig nutzt sich die Wirkung ab – und noch schlimmer ist, die Langzeitmotivation einer Person kann sich verringern.«

»Wenn meine Leistung nun wirklich steigt, bekomme ich dann mehr Geld?«

»Hören Sie«, sagte der Manager, »offensichtlich verstehen Sie die Motivationstheorie nicht. Nehmen Sie dieses Buch mit nach Hause und lesen Sie es; Sie werden daraus lernen, was Sie wirklich motiviert.«

Beim Hinausgehen fragte der Mann: »Wenn ich das Buch gelesen habe, bekomme ich dann mehr Geld?«[149]

Die Geschichte ist zwar erfunden, sie enthält aber dennoch viel Wahres. Zum einen bildet sie ab, was das Beratungsunternehmen *Gallup* seit 2001 jährlich mit dem *Engagement Index* aufzeigt. Dass nämlich die emotionale Bindung von Mitarbeiterinnen und Mitarbeitern und damit das Engagement und die Motivation bei der Arbeit durchgängig erschreckend niedrig ist: Demnach haben in den letzten zwanzig Jahren im Durchschnitt nur 15 Prozent der Beschäftigten in Deutschland wirklich gern und engagiert gearbeitet, hatten also eine hohe emotionale Bindung gegenüber ihrem Arbeitsplatz. Die deutliche Mehrheit hingegen, nämlich 67 Prozent der Angestellten, verspürte keine echte Verpflichtung ihrer Arbeit gegenüber und stufte sich selbst als unmotiviert ein, machte bestenfalls »Dienst nach Vorschrift«. 17 Prozent aller Beschäftigten gar hatten bereits innerlich gekündigt.[150]

Ein ähnliches Phänomen sehen wir auch in der Gesellschaft. Internationale Vergleichsstudien zeigen, dass in fast allen westlichen Industrieländern die Wahlbeteiligung der Bürgerinnen und Bürger rapide sinkt und das Engagement zur Mitarbeit in politischen Parteien deutlich rückläufig ist.[151] Was wir derzeit also erleben, ist eine *Partizipationskrise*, die sich nicht nur quantitativ, sondern auch qualitativ niederschlägt. Nicht nur die Anzahl jener, die bereit sind, sich einzubringen, ist gering, auch die soziale Selektivität der Partizipation verschärft sich – Alleinerziehende, Menschen mit niedrigem Bildungs- und Einkommensniveau zum Beispiel melden sich nur wenig zu Wort.[152] Alle Volksparteien verlieren zunehmend an Bindungskraft und beklagen seit Jahren einen massiven Mitgliederschwund.

Andererseits zeigt unser Managermärchen natürlich auch, dass Motivation sich nicht verordnen lässt – schon gar nicht top-down. Das wissen wir längst, doch ziehen wir daraus auch die richtigen Schlüsse? Oder machen wir es wie der Manager und schicken vermeintlich unmotivierte Leute weg? Das wäre eine höchst elitäre Haltung, die wir uns angesichts der großen Herausforderungen, vor denen wir in den Organisationen und der Gesellschaft stehen, nicht leisten wollen sollten. Wenn es um die Zukunft der Gesellschaft unserer Kinder geht, wäre dies geradezu unverantwortlich. Vielmehr müssen wir uns fragen, wie wir möglichst viele Menschen mitnehmen können, um Transformation zu gestalten.

Die Bewegung der Imagos

Das Imago-Prinzip eignet sich hervorragend als Metapher für grundlegende Veränderungen in Gesellschaft, Organisationen und Institutionen, denn die Imagos sorgen für Bewegung. Sie tragen die Samen der Zukunft in sich und erzeugen kleine Wellen, die immer größer, immer sichtbarer und spürbarer werden. Sie tun dies nicht als Miesmacher, Nörgler und Besserwisser, sondern mit einer konstruktiven Einstellung. Sie bringen die Bereitschaft und Fähigkeit mit, in positiver, lösungsorientierter und produktiver Weise zu denken und zu handeln. Imagos machen die Entscheidungsträger auf Themen aufmerksam. Sie sind Selektoren, weil sie Dinge, die in der Luft liegen, auf den Tisch legen. Sie erzeugen einen Zeitgeist. Wir brauchen die Bewegungen der Imagos, um die Transformationen in einem hyperkomplexen

Zeitalter zu meistern. Sie sind unsere Zukunftszellen. Für mich sind die Imagozellen die veränderungswilligen Menschen, die wir als kleine Gruppe innerhalb von Organisationen und Gesellschaften finden und die aktiv und mit Herz und Seele dabei sind. Imagos gehören zu den 15 Prozent des Gallup-Indexes.

Es sind Menschen, die für neue Möglichkeiten offen sind und imaginativ in die Zukunft denken können. Sie schwimmen weder mit dem Strom noch surfen sie auf irgendwelchen Trendwellen – sie wagen sich vielmehr voller Neugier und Freude in fremde Gewässer. Sie erkennen, dass das Paradigma des bestehenden Systems erste Anomalien aufweist. Für mich sind diese Menschen die Fackelträger der Zukunft. Und es sind oftmals genau jene Leute, die unter schwierigsten Bedingungen in der Lage waren, herausragende und inspirierende Modelle zu erschaffen.

Was genau bewegt diese Menschen? Woher nehmen sie ihren Treibstoff? Anders als lange Zeit geglaubt, brauchen Imagos keine extrinsische Motivation, um aktiv oder schöpferisch zu werden. Die Aussicht auf Belohnung sorgt nicht dafür, dass sie sich mobilisieren. Es braucht vielmehr die innere Überzeugung und den tiefen Wunsch, um wirklich etwas zu ändern und zu bewegen. Die Bewegung der Imagos basiert auf einer freien Entscheidung, auf einem bewussten Willensakt zunächst Einzelner, dann mehrerer und vieler. Im Unterschied zu einfachen Veränderungen und Changeprozessen ist Transformation das Ergebnis anhaltender, intrinsischer Motivation und eines Engagements einer zunächst kleinen, dann aber wachsenden Gruppe für ein gemeinsames Anliegen.

Die Motivation der Imagos

Für die Mobilisierung der Imagos brauchen wir keine externen oder intrapsychischen Anstöße, Versprechungen oder Drohungen. Die Imagos sind intrinsisch motiviert. Csíkszentmihályi schlägt dafür den Begriff *autotelisch* vor. *Autotelisch* ist Griechisch und setzt sich zusammen aus den Worten *autós* (»selbst«) und *télos* (»Ziel«). Der Begriff beschreibt Menschen mit einer hohen intrinsischen Motivation, denen die Beschäftigung mit einer Aufgabe genügt und die nicht primär an externen Belohnungen wie Geld oder Anerkennung interessiert sind.[153]

Die Frage, wie wir jemanden dazu bringen können, motiviert(er) zu sein, beschäftigt Wissenschaftler aus aller Welt seit vielen Jahren. Im Folgenden möchte ich auf die aus meiner Sicht relevantesten Ergebnisse der Motivationsforschung kurz eingehen.

1. Nach Klaus Eidenschink werden Menschen über Bedürfnisse motiviert. Die wichtigsten psychologischen Grundbedürfnisse und somit unsere Triebkraft sind: Bindung, Selbstbestimmung und Selbstachtung. Besonders gut durchdacht ist in diesem Konzept die Berücksichtigung der Polaritäten. Damit ist gemeint, dass jedes der Bedürfnisse zwei entgegengesetzte Pole hat: Bindung besteht aus dem Wunsch nach Nähe und dem Wunsch nach Distanz, Selbstbestimmung besteht aus dem Wunsch nach Freiheit und dem Wunsch nach Sicherheit, Selbstachtung besteht aus dem Wunsch nach Einzigartigkeit und dem Wunsch nach Zugehörigkeit.[154]
2. Die Selbstbestimmungstheorie von Edward L. Deci und Richard M. Ryan[155] ist ähnlich aufgebaut. Auch sie halten drei universelle psychologische Grundbedürfnisse für die wesentlichen Faktoren der menschlichen Motivation: das Bedürfnis nach Autonomie, nach Kompetenz bzw. Fähigkeit und nach Verbundenheit bzw. Zugehörigkeit.
3. Daniel Pink hat in seinem Buch *Was Sie wirklich motiviert* ebenfalls drei grundlegende Elemente für die intrinsische Motivation genannt: die Selbstbestimmung – das Bedürfnis, unser Leben selbst zu bestimmen –, die Perfektionierung – der Drang, bei etwas Bedeutsamem immer besser zu werden – und die Sinnerfüllung – die Sehnsucht, unser gesamtes Tun in den Dienst von etwas Größerem als uns selbst zu stellen.[156]
4. Auch Mihály Csíkszentmihályi hat einen interessanten Ansatz in Bezug auf die Motivationsfrage. Er prägte den Begriff *Flow*[157], der einen Gefühlszustand beschreibt, der eintritt, wenn Menschen ganz in einer Beschäftigung oder Themen aufgehen. Flow ist der Zustand, in dem Menschen maximal für ihr Tun motiviert sind. Folgende Geisteshaltungen gelten als typisch für einen Flow-Zustand:
   - Gefühl des Verschmelzens mit einer Tätigkeit;
   - hohe und lange anhaltende Konzentration, die sich ausschließlich auf die ausgeführte Tätigkeit richtet und alle anderen Umweltreize ausblendet;
   - Gefühl der Selbstvergessenheit und Selbstwirksamkeit;
   - Glücksgefühle und Optimismus;
   - Offenheit für neue Erfahrungen.

Die mit Abstand beste Motivationstheorie stammt meiner Auffassung nach von Viktor Frankl. Im Unterschied zur Bedürfnispyramide von Abraham Maslow glaubte er nicht, dass der Mensch erst nach Befriedigung seiner Grundbedürfnisse beginnt, den Sinn des Lebens zu suchen. Für Frankl war der Mensch ein Wesen auf der Suche nach Sinn, das sein Leben von Anfang an sinnvoll gestalten will. Frankl schreibt: »Als Motivationskraft ist uns der Wille zum Sinn angeboren.«[158] Er grenzte sich damit auch von Freuds »Willen zur Lust« und Adlers »Willen zur Macht« ab. Er war nicht der Meinung, dass Menschen nach Macht, Lust und Reichtum als höchste Ziele streben, sondern nach Sinn.[159] Der Mensch als geistiges Wesen will wissen, wozu er auf der Welt ist. Er fragt nach dem Warum, Wofür, Wozu, Weshalb. Allerdings war Frankl auch überzeugt, dass man den Menschen den Sinn nicht geben kann. Es gehört zu den ureigensten Aufgaben des Menschen, für sich und sein Leben Sinn zu finden. Wenn der Mensch Sinn gefunden hat, ist er zu höchsten Leistungen fähig und größten Opfern bereit. Es ist der Sinn, woraus jene Kraft kommt, die Menschen brauchen, wenn die Motivation aufgebraucht, das Ziel aber noch nicht erreicht ist. »Wer ein Warum zu leben hat, erträgt fast jedes Wie«[160] ist eine der prominenten Formulierungen, die Frankl in Anlehnung an Nietzsche gebraucht hat. Sie verweist auch darauf, dass die Sinnfrage besonders dann akut ist, wenn der Mensch in eine Krise gerät.

Die Sinnhaftigkeit des eigenen Lebens hat für Frankl auch mit Selbsttranszendenz zu tun, mit etwas, das über das eigene Leben hinausweist und größer bzw. dauerhafter als dieses ist.

Dies führt uns zu der Frage nach der Mobilisierung von Imagos zurück. Was ist es, das sie motiviert und ihnen Sinn stiftet? Viktor Frankl spricht von drei Werten[161], die unserem Leben Sinn verleihen. Zunächst sind da die *Erlebniswerte*. Wenn ich etwas Wunderbares erlebe, etwa einen Sonnenaufgang oder ein gutes Gespräch, dann empfinde ich das Leben als sinnvoll. Ob wir etwas so intensiv erleben, dass es unserem Leben Sinn verleiht, hängt auch davon ab, was wir erleben. Eine schöne Landschaft ist etwas Äußerliches, aber ob wir sie als schön erleben oder nicht, hängt auch davon ab, ob wir noch staunen können, ob wir innehalten können, um das Wunderbare wahrzunehmen. Wir selbst können also dazu beitragen, dass wir etwas intensiv erleben. Wenn wir ein Fest feiern, liegt es an uns, es schön vorzubereiten, den Gästen eine angenehme Atmosphäre zu schaffen. Und es liegt an uns, welches Klima in unserem Team oder in unserem Unternehmen herrscht. Wir können also selbst Erlebniswerte schaffen, indem wir dafür sorgen, dass das, was wir erleben, auch erlebenswert ist.

Weiterhin spricht Frankl von den *schöpferischen Werten*. Wenn wir etwas gestalten, wenn uns etwas Kreatives gelingt, dann erleben wir uns in unserem Tun als sinnhaft. Daher ist es wichtig, in der Firma eine kreative Atmosphäre zu schaffen. Es genügt nicht, einfach nur auf Pflichterfüllung zu pochen oder möglichst viel zu arbeiten. Wir brauchen alle das Gefühl, dass wir in unserer Arbeit kreativ sein und sie innerhalb eines gewissen Rahmens frei gestalten können. Dies funktioniert in jedem Job – von der Reinigungskraft bis zum CEO.

Die dritten Werte, die dem Leben nach Viktor Frankl Sinn verleihen, sind die *Einstellungswerte*. Das Schicksal kann uns Vieles rauben – geliebte Menschen, unsere Gesundheit, eine gute Arbeitsstelle oder, wie bei Frankl, die Freiheit. Aber in unserer Einstellung, wie wir mit unserem Schicksal umgehen, wie wir darauf antworten, darin sind wir frei. Mögen also die Bedingungen noch so schwierig sein, wir müssen nicht jammern. Wir müssen nicht Opfer sein, sondern können aktiv und positiv auf die Herausforderungen reagieren.

All dies ist der Treibstoff, der den Imagos die Energie spendet und sie in Bewegung setzt – ohne dafür explizit belohnt oder anerkannt zu werden. Vielmehr spüren sie eine Art Sehnsucht, etwas zu verbessern oder eine Organisation weiterzuentwickeln, haben vielleicht eine Idee oder Vorstellung, die sie gestaltend umsetzen möchten. Dies kann eine Vision oder ein Zukunftsbild sein. Solche Bilder sind Ausdruck unserer geheimen Wünsche und Sehnsüchte und Wegweiser in die Zukunft. Jede Transformation braucht solche Bilder, solche Orientierungspunkte, um voranzuschreiten. Aber wie genau soll so ein Orientierungsbild aussehen?

Die Unschärferelation des gemeinsamen Anliegens

Abbildung 4: Wie genau muss ein Orientierungsbild sein?

Die Abbildungen von Barack Obama sollen veranschaulichen, was ich mit einem Orientierungsbild für die Transformation meine. Zunächst einmal gilt es festzuhalten, dass ein Orientierungsbild kein Ziel ist. Ziele sind zwar in vielerlei Hinsicht wichtig, aber für Transformation nicht erforderlich, denn ein Ziel ist immer limitiert. Die Verfolgung eines gemeinsamen Zieles kann also nur so lange gut funktionieren, bis das Ziel erreicht ist. Dann ist die Wirkung oder die Anziehung, die ein Ziel hat, verpufft. Es gibt nichts mehr, was die Akteure weiterhin zusammenhält. Transformation jedoch ist ein dauerhafter Prozess mit offenem Ausgang. Deswegen können wir uns nicht an einem Ziel orientieren oder ein scharfes Bild vom Endzustand zeichnen.

In Changeprozessen jedoch kann die Orientierung an definierten Zielen sehr gut funktionieren. *Change* bedeutet die Implementierung endlicher Initiativen, die entweder Teilbereiche oder das ganze System betreffen. Change ist oftmals die Reaktion auf bestimmte Spannungen, Defizite und Unstimmigkeiten im System, die in den meisten Fällen von der Führung initiiert werden. Dabei ist das Ziel bekannt und sehr scharf. Es bleibt meistens gleich und wird nur selten feinjustiert. Es steht allen Beteiligten immer klar vor Augen. Das Orientierungsbild für Change ist Ausschnitt 1 unserer Abbildung. Es bildet zwar nur einen kleinen Teilbereich des ganzen Bildes ab, diesen jedoch scharf, und ist mit der geringen Datenmenge von 900 Bytes vermittelbar. Für die Transformation dagegen reicht ein unscharfes Bild (Ausschnitt 2) mit derselben Datenmenge von 900 Bytes, das dennoch erkennen lässt, worin die Gemeinsamkeit besteht. In Ausschnitt 3 haben wir hochgerechnet, wie groß die Datenmenge wäre, wenn wir das ganze Bild in einer hohen Auflösung abbilden würden. Ausschnitt 4 wiederum zeigt, dass jedes Pixel nicht nur Teil des Gesamtbildes ist, sondern selbst eine Aktion ist.

Für die Transformation ist es unwesentlich, dass das Bild scharf und detailreich ist. Auch dürfen wir unserem Impuls widerstehen, das Bild aus größerer Nähe zu betrachten – wir würden an den unterschiedlich hellen Quadraten des Bildes nicht einmal erkennen, dass es sich um einen menschlichen Kopf handelt. Nur aus größerer Entfernung sehen wir, obgleich unscharf, ganz unverwechselbar die Gesichtszüge des amerikanischen Präsidenten – ein paradoxes Ergebnis. Während Unschärfe zur Mustererkennung führt und man erkennt, worum es geht, gibt die noch so detaillierte Betrachtung der vorhandenen Quadrate nichts Vergleichbares her.[162]

Der Reiz der Unschärfe ist, dass sie nichts Vollkommenes zeigt, sondern Raum für Kreativität lässt. Das unscharfe Bild ist genau das, was die Imagos miteinander verbindet. Damit das Neue entsteht, muss das Unmögliche gedacht werden. Ohne ein gemeinsames Anliegen sind die Imagos nur eine Gruppe Menschen, die sich zwar verstehen und gegenseitig in ihren Meinungen bestätigen, Verständnis füreinander haben und sich bereitwillig unterstützen. Aber sie machen sich nicht schöpferisch und gestalterisch gemeinsam auf den Weg. Dazu benötigen Imagos ein gemeinsames Anliegen, das das ganze Gefüge zusammenhält. Sie müssen eine Orientierung haben, wie sie die Zukunft mitgestalten wollen. Sie müssen einer Idee folgen, die ihnen am Herzen liegt.

Um Transformationen in Gang zu setzen, braucht die Imago-Bewegung die Verständigung auf ein gemeinsames Anliegen. Die Imagos müssen sich die grundlegende Frage stellen, was sie gemeinsam antreibt. Darauf braucht es zunächst gar keine klare Antwort – aber ein grobes Bild, eine Orientierung. In dem Augenblick, in dem sie solch ein gemeinsames Anliegen sehen, treten alle Partikularinteressen zurück.

Nehmen wir das Beispiel der Klimabewegung *Friday for Future*. Was treibt die zumeist jungen Leute auf die Straße? Das zentrale Anliegen der Bewegung ist, den Klimawandel aufzuhalten. Sie wollen auf die klimapolitischen Missstände und ihre Folgen für die Menschheit und ganz besonders für die nächsten Generationen aufmerksam machen. Sie wollen, dass Gesellschaft und Politik sensibilisiert und Maßnahmen zum Klimaschutz eingeleitet werden, um eine gesunde Zukunft zu ermöglichen. Wie genau diese Zukunft aussehen soll, bleibt – so meine ich – unklar. Die Bewegung orientiert sich an einem unscharfen Bild und ihre Akteure können durchaus ganz unterschiedliche Motive für ihr Engagement haben. Sie sind für die Beteiligung des Einzelnen und für das Gelingen der sozialen Bewegung unwichtig.[163] Wichtig ist, dass die Beteiligten sich einig sind, dass es in einem endlichen System kein endloses Wachstum geben kann. Und wenn dieses Wachstum immer mehr die natürlichen Systeme, auf die es aufbaut, unterminiert, dann zerrüttet dieses Wachstum sich selbst. Es zerstört die Grundlage unseres Wohlstands. Die Natur wird sich selbst retten, es wird sie auch in Tausend Jahren noch geben. Unser gemeinsames Anliegen muss es also sein, dass unsere Logiken und Systeme sich derart verändern, dass wir als Gesellschaft nicht noch tiefer in die Natur eingreifen und alles zerstören. Das ist das unscharfe Bild, welches das gemeinsame Anliegen der Friday-for-Future-Bewegung beschreibt. Es ist der gemeinsame Nenner, der Zweck dieser sozialen Bewegung, dessen Kapital der freiwillige Einsatz ihrer Mitglieder ist. Diese Mitglieder brauchen keine individuelle Motivation für ihr Engagement, denn sie trägt ein Wir-Gefühl, »eine kollektive

Identität, die eine soziale Bewegung von einem reinen Zweckverband, etwa einem Automobilclub, unterscheidet«[164].

Wenn das gemeinsame Anliegen für die Imagos sichtbar geworden ist, treten sie in eine Art Resonanz mit der Bewegung und mit ihrem Anliegen.

Die Resonanz des Gelingens

Der Begriff *Resonanz*, der in seiner sozialphilosophischen Bedeutung ganz wesentlich auf den Soziologen Hartmut Rosa zurückgeht, kommt eigentlich aus der Akustik und beschreibt – einfach gesagt – ein Mitschwingen eines Körpers mit einem anderen. Durch Resonanz entsteht also eine schwingende Beziehung zwischen zwei oder mehreren Personen, in dem diese sich wechselseitig anregen. Die so konstituierte Beziehung wird von den Beteiligten durchweg als positiv erlebt, das Gegenstück – eine resonanzfreie Beziehung – würde man als stumm und zweckorientiert beschreiben. Damit sich Resonanz entwickeln und durch Resonanz soziale Dynamik und Bewegung entstehen kann, bedarf es nach Rosa fünf Kernelemente[165], die Resonanzbeziehungen kennzeichnen:

1. Die Fähigkeit und Erfahrung des »Berührtwerdens« durch andere, ohne dominiert oder fremdbestimmt zu werden.
2. Selbstwirksamkeit im Sinne der Fähigkeit und Erfahrung, ein Gegenüber zu berühren oder zu erreichen, ohne über dieses zu verfügen oder es zu beherrschen. Ich vermag zu antworten, ich bleibe nicht passiv.
3. Wechselseitige Anverwandlung nicht im Sinne einer Aneignung, sondern im Sinne einer Selbsttransformation. Ich bleibe nicht der Gleiche, der ich war.
4. Unverfügbarkeit in einem doppelten Sinne: Resonanz lässt sich nicht erzwingen und kontrollieren. Und: Das Ergebnis der Transformation lässt sich niemals vorhersagen. Eine Resonanzbeziehung ist grundsätzlich ergebnisoffen und den Prozess kann man sich nicht verfügbar machen.
5. Ein positiver Resonanzraum, also räumliche, zeitliche, physische, psychische und soziale Bedingungen, die Resonanz ermöglichen, ohne sie erzwingen zu wollen.

Bei den Imagozellen und ihrem gemeinsamen Anliegen sorgt Resonanz für ein wechselseitiges Interesse, für ein Hören und Antworten der Akteure, für eine Bewegung. Man möchte die Dinge wirklich voranbringen und verändern, eine Wirkung erzielen. Und man stiftet über die Resonanz, die man erzeugt, Zuversicht, Bindung und Energie. Dennoch lassen sich die resonanten Schwingungen nicht planmäßig herstellen oder verordnen, sondern basieren auf einem freiheitlichen Grundprinzip.

Durch die Erfahrung der Resonanz erleben sich die Beteiligten als zugehörig und verbunden, als wechselseitig gestaltend für das gemeinsame Anliegen. Dieser Prozess kann weder von oben noch von unten gesteuert werden, indem Befehle erteilt, Aufgaben vergeben und Vereinbarungen getroffen werden. Er wird vielmehr durch den Wunsch aller gefördert, sich an dem gemeinsamen Gestaltungsprozess zu beteiligen. Dieser Wunsch des Menschen, für etwas da zu sein, das über ihn selbst hinausgeht, ist nach Schulz von Thun ein Urbedürfnis der menschlichen Seele. »Jeder Mensch braucht für seine Selbstachtung und für sein Glück täglich eine kleine Dosis Bedeutung für jemand anderen oder für eine Sache, für die es sich zu engagieren lohnt.«[166]

I have a dream
Float Like A Butterfly
Sting Like A Bee

6

DER WERT DER HALTUNG

VON DER BEDEUTUNG VON INNEREN BILDERN

»Du bist das Urbild
magst wie das Abbild erscheinen:
Tatsächlich bist du das Urbild.
Der Ast könnte wie der Grund der Frucht erscheinen:
In Wahrheit existiert er nur um ihretwillen.
Hätte der Gärtner überhaupt den Baum gepflanzt
Ohne das hoffende Verlangen nach der Frucht?
So geht der Baum tatsächlich aus der Frucht hervor,
Selbst wenn es scheinen mag, dass er die Frucht gebiert.
Der Ur-Gedanke ist der letzte, den der Erwachte denkt –
Namentlich der ewige Gedanke.«
Rumi

»Wirklich ist, was wirkt. Die Phantasien des Unbewussten wirken- darüber ist kein Zweifel gestattet.«
C.G. Jung

»Der Geist schläft, bis ich ihn mit einer Frage wecke.«
Johann Wolfgang von Goethe

Ein alter Indianer saß mit seinem Enkelsohn am Lagerfeuer. Es war schon dunkel geworden und das Holz knackte, während die Flammen in den Himmel züngelten.

Der Alte sagte nach einer Weile des Schweigens: »Weißt du, wie ich mich manchmal fühle? Es ist, als ob da zwei Wölfe in meinem Herzen miteinander kämpfen würden. Einer der beiden ist rachsüchtig, aggressiv und grausam. Der andere hingegen ist liebevoll, sanft und mitfühlend.«

»Welcher der beiden wird den Kampf um dein Herz gewinnen?«, fragte der Junge.

»Der Wolf, den ich füttere«, antwortete der Alte.[167]

Das Faszinierende an unseren inneren Bildern ist einerseits ihr kraftvoller Einfluss auf unser Handeln und unsere Selbstwahrnehmung, andererseits ist es faszinierend, dass wir überhaupt fähig sind, uns Dinge bildlich vorzustellen. Imagination ist eine besondere menschliche Fähigkeit, die uns von allen anderen Lebewesen unterscheidet. Für Imagination stehen auch die Begriffe Einbildung, Einbildungskraft, Vorstellungsvermögen und Fantasie synonym. Mit unserer imaginativen Kraft können wir uns Dinge vorstellen, die im Grunde unmöglich sind. Wir können uns in andere Menschen hineinversetzen und nachfühlen, wie es ihnen geht. Durch Imagination können wir kreativ sein und uns in der bildenden Kunst, Malerei, Musik und Literatur betätigen. Herausragende Ergebnisse erzielte Anfang des letzten Jahrhunderts der Schweizer Psychiater und Psychologe C. G. Jung mit der Imaginationsmethode. Er entwickelte die Methode der Aktiven Imagination[168], bei der man sich durch das bewusste Wahrnehmen innerer Bilder mit unbewussten Inhalten auseinandersetzt. C. G. Jung wollte den Menschen damit die Möglichkeit geben, ihre inneren Bilder lebendig werden zu lassen, sie zum Sprechen zu bringen und dadurch die Tiefenschicht ihrer Psyche zu aktivieren und damit in Kontakt zu treten. Dabei analysiert der Imaginierende nicht nur das Unterbewusstsein, sondern gibt auch dem Unbewussten Gelegenheit, das Ich zu analysieren. Dieser Dialog zwischen dem Ich und dem Unbewussten ist die Voraussetzung für den Individuationsprozess, im Verlauf dessen ein Mensch zu dem wird, was er letztlich ist.

So wie C. G. Jung die Kraft der Bilder für die Analytische Psychologie nutzte, bedarf es auch für gesellschaftliche und wirtschaftliche Transformationsprozesse zunächst einer Bewusstwerdung der Bilder, die unser Verhalten und unsere Gesellschaft prägen, denn eine gelungene Transformation ist nicht allein durch umdenken und diskutieren möglich. Menschen neigen nicht dazu, sich anhand kluger Argumente zu ändern und zu entwickeln. Argumente können nur ein Auslöser sein. Unser Verhalten wird von bestimmten Parametern geprägt, wie unserer Persönlichkeit, unserer Intelligenz, unserem Umfeld und unserer inneren Haltung. Während Persönlichkeit und Intelligenz sich im Laufe des Lebens kaum ändern[169], können wir an unserer inneren Haltung arbeiten.

Die innere Haltung kann als eine Art innerer Kompass verstanden werden. Sie ist eine besondere Grundeinstellung, die jedes Handeln, Fühlen und Denken von uns Menschen prägt und lenkt. Man kann der Welt nicht ohne innere Haltung begegnen, denn auch Nihilismus oder die Ablehnung einer definierten Haltung wäre eine Haltung. Die Haltung steuert das Verhalten bzw. Verhalten ist immer auch Spiegel der inneren Haltung.[170]

Die innere Haltung speist sich vor allem aus den eigenen Lebenserfahrungen: aus den Brüchen, die wir in unserem Leben erfahren oder die wir selbst herbeiführen, aus den persönlichen Erlebnissen und Begegnungen mit anderen und aus der Konsequenz, mit der wir mit ihr umgehen,[171] aus unseren Bedürfnissen, Überzeugungen, Erwartungen, Werten und Interessen. Aber auch die kulturellen Meme spielen unbewusst hinein. Und ganz besonders entsteht eine Haltung durch die mentalen Modelle, das heißt durch die Bilder und Vorstellungen, die wir von uns und der Welt haben und die beeinflussen, wie wir die Dinge wahrnehmen und wie wir handeln. »Man sieht nur, was man weiß«, schrieb Johann Wolfgang von Goethe.

In Anlehnung an Gerald Hüther und Jürgen Fuchs verwende ich den Begriff des *inneren Bildes*[172] statt jenen der *mentalen Modelle*, weil der Begriff *mentale Modelle* zu mechanisch und die *inneren Bilder* lebendiger klingen. Bilder sind die Basis menschlicher Kommunikation und in der Regel leichter verständlich als abstrakte Erklärungen. Das Gehirn benötigt nur 150 Millisekunden, um ein Bild zu erkennen, und nur weitere 100 Millisekunden, um es mit einer Bedeutung zu verbinden. Zudem lernen wir am besten, wenn wir dabei Bilder anschauen können. Es ist also nicht überraschend, dass Bilder eine zentrale Rolle dabei spielen, wie Menschen sich die Welt erklären. Über alle Kulturen und Zeiten hinweg zeigt sich, dass die Menschen die Macht der Bilder erkannt haben und auch deren Fähigkeit, tief verwurzelte Überzeugungen zu verändern. Bilder setzen sich im geistigen Auge fest und formen unsere Sicht der Welt.[173]

Deswegen ist es für transformative Prozesse so wichtig, sich mit den inneren Bildern zu beschäftigen, die unser Verhalten, unsere Gesellschaft und unsere Organisationen steuern. In Zeiten der Transformation sollten wir unsere inneren Bilder reflektieren und gegebenenfalls neu definieren. Transformation lässt etwas Neues entstehen und braucht deswegen neue bzw. aktualisierte Bilder. Dieser Prozess vollzieht sich entweder, indem wir neue Erfahrungen sammeln, neue Geschichte erleben, die sich wiederholend lohnen, und/oder indem wir an die Galerie der inneren Bilder herantreten, sie an die Oberfläche bringen, überprüfen, aktualisieren und verbessern. Gerald Hüther schreibt: »Viel zu lang haben wir ahnungslos zugelassen, dass unsere inneren Bilder als unbewusste Vorstellungen in unseren Köpfen herumschwirren und unser Leben, die Nutzung unserer Gehirne und die Gestaltung unserer Lebenswelt bestimmen. Es ist deshalb Zeit zu begreifen, was diese inneren Bilder sind, wie sie entstehen und woher sie kommen. Nur wenn wir uns der Herkunft und der Macht dieser Bilder bewusst werden, können wir auch darüber nachdenken, wie wir es anstellen, dass künftig wir die Bilder und nicht die Bilder uns bestimmen. Jedes Nachdenken ist immer auch eine Chance zum Umdenken.«[174]

Zugegebenermaßen ist der Begriff *innere Bilder* etwas unscharf. Dennoch scheint er mir in gewisser Weise gut geeignet, um eine Vorstellung davon zu bekommen, wie tief verwurzelte Annahmen in uns wirken, wie Verallgemeinerungen, die wir von uns und von der Welt meist unbewusst in uns tragen und die unser Handeln leiten, uns vorgeben, was richtig ist und was falsch. Sie sorgen häufig für Gewohnheiten, Rituale und Abläufe, die wir automatisch erledigen. Vielleicht tragen wir sie nicht auf der Stirn und kommunizieren sie nicht explizit, aber wir leben nach ihnen. Wenn mein Tierbild zum Beispiel dergestalt ist, dass Tiere dumm sind und nicht denken und fühlen können, dann lässt sich daraus schließen, welches Verhältnis ich zu Tieren haben werde: nämlich kein respektvolles und freundliches. Dies wirkt sich dann auch auf meine Ernährung aus. Wenn ich dann plötzlich eine neue Erfahrung mit Tieren sammle – vielleicht, dass ein Tier mein Leben rettet oder jemand, der mir viel bedeutet, mir wunderbare Geschichten über Tiere erzählt –, dann ändere ich auch meine Haltung. Mein Tierbild kann sich durch eigene Lebenserfahrungen wandeln.

Viele unserer inneren Bilder werden durch kulturelle Meme übertragen (dazu mehr in Kapitel 9). Die Erfahrungen werden durch Geschichten, durch Erzählungen, durch Erziehung von einer Generation zur nächsten weitergegeben. Kinder greifen auf die Erfahrungen der Erwachsenen zurück. Sowohl unser Umfeld als auch unsere eigenen Erfahrungen beeinflussen unsere inneren Bilder. Wenn diese Erfahrungen in emotional aufgeladenen Situationen erlebt werden, dann aktivieren wir dadurch die neuronalen Netze in unserem Gehirn auf neue Art und Weise und es entsteht ein neues Verschaltungsmuster im Gehirn und ein Bild in unserem Kopf. »Je häufiger dieses zusammengeflossene Aktivierungsmuster dann anschließend wieder in Erregung versetzt wird, weil derselbe oder ein ähnlicher Sinneseindruck erneut auftritt, desto stärker werden die am Zustandekommen des betreffenden Aktivierungsmusters beteiligten Nervenzellverbindungen gebahnt, gefestigt und stabilisiert.«[175] Diese inneren Bilder werden zur Vorlage für die eigenen Handlungen, zu – wie Gerald Hüther sagt – *inneren Repräsentanzen*. »Die haben eben einen großen Einfluss darauf, wie wir uns im Leben bewegen und – wie wir nun inzwischen wissen – einen großen Einfluss auch darauf, wie man das Hirn benutzt. Und die Art und Weise, wie wir unser Hirn benutzen, führt nun wieder dazu, dass die Verschaltungsmuster entsprechend gefestigt werden und sich das Hirn dann so organisiert, wie man es benutzt.«[176]

Doch nicht nur Individuen, auch ganze Gesellschaften machen im Laufe ihrer Entwicklung Erfahrungen, und auch diese werden verankert, zum Beispiel in Form von Büchern, Gesetzen, Regeln, Geschichten. Ein inneres Bild, das in unserer heutigen Gesellschaft virulent ist, ist zum Beispiel die Vorstellung, »dass es ständig wirtschaftliches Wachstum geben muss, dass Leistung nur über Konkurrenz erreichbar ist, dass jeder Fortschritt abhängig davon ist, dass es Wettbewerb gibt. Das sind Bilder, die unser Zusammenleben prägen.«[177]

Wenn wir uns weiterentwickeln wollen, wenn wir uns neu erfinden möchten, dann sollten wir über die Macht unserer inneren Bilder nachdenken. Wir sollten verstehen, woher die Kraft dieser Bilder kommt, die unser Leben, unsere Handlungen so fundamental bestimmen. Wir müssen gleichzeitig überlegen, ob diese Bilder noch zu uns, zu unserer veränderten Umwelt, unseren Herausforderungen passen. Und wir brauchen gegebenenfalls neue oder besser angepasste Bilder. Wir sollten lernen, die gewohnten Bahnen zu verlassen, damit das Andere und Neue möglich wird.

In Zeiten der Transformation geht es für jeden Menschen darum, den Kanon seiner eigenen inneren Bilder immer wieder neu zu reflektieren und über die Herkunft und die Bedeutung dieser inneren Bilder nachzudenken. Wir müssen diese Bilder an die Oberfläche holen, überprüfen, verbessern und gegebenenfalls neu definieren: unsere Bilder über die Welt, den Menschen, Leistung, Fortschritt, Erfolg, Organisationen, Führung, Kunden, Konsum und nach Bedarf einige andere Bilder. Nehmen wir beispielsweise das Erfolgsbild. Was heißt Erfolg für uns? Ist unser Verständnis eindeutig und funktional? Ist Erfolg gleich Umsatz und sind vor allem die Vertriebler die Erfolgreichen? Oder muss Erfolg neu gedacht, optimiert werden? Wenn ja, wie können wir an diesem Bild arbeiten, sodass es im System, in der Organisation akzeptiert wird?

Fest steht, dass wir viel über ein System erfahren, wenn wir seine inneren Bilder und Narrative verstehen. Das ist der erste Schritt. Im zweiten Schritt brauchen wir neue Erzählungen, neue Bilder – ein Narrativ unserer gemeinsamen Zukunft. Wenn wir uns transformieren wollen, müssen wir unsere Bilder neu zeichnen, denn wir können keine neue Geschichte erzählen, wenn wir an den alten Bildern festhalten.

Unser Menschenbild

Seit Anbeginn wurden Menschenbilder überall dort entworfen, wo über den Menschen nachgedacht und diskutiert wurde. Für Aristoteles (384–322 v. Chr.) ist der Mensch von Natur aus ein *zoon logon echon* bzw. ein *animal rationale* – ein vernunftbegabtes Tier. Der Mensch gehört somit in die Gattung der Tiere, zeichnet sich aber hinsichtlich seiner Vernunft- und Sprachbegabung aus. Platon (428/427–348/347 v. Chr.) beschreibt im Rahmen seiner Ideenlehre den Menschen als ein Geistwesen, dessen nach göttlichem Urbild geschaffene Seele aus drei Teilen besteht: der Vernunft, dem Willen und den Trieben.[178] Während sowohl Aristoteles und Platon als auch die Stoiker in ihrem Menschenbild die Vernunft hervorheben, stammen von Papst Innozenz III. Ende des 12. Jahrhunderts die Worte: »Aus Erde geformt ist der Mensch, empfangen in Schuld und geboren zur Pein. Er handelt schlecht, gleichwohl es ihm verboten ist, er verübt Schändliches, das sich nicht geziemt, und setzt seine Hoffnung auf eitle Dinge [...]. Er endet als Raub der Flammen, als Speise der Würmer, oder er vermodert.«[179] So misanthropisch war die mittelalterliche Vorstellung vom Menschen. In der Renaissance wiederum finden wir eine deutliche Abkehr von diesem pessimistischen Menschenbild. Zwar blieben Gott und Kirche die zentralen Fixpunkte, doch nahmen nun Experimentierfreude, wissenschaftliche Neugier, Erkenntnislust und Wahrheitssuche immer mehr Raum ein. Im Milieu des wissenschaftlichen Fortschritts und der philosophischen Reflexion konnte bürgerliches Streben aufblühen. Denn wollte ein Kaufmann erfolgreich sein und eine positive Jahresbilanz erzielen, halfen ihm keine christlichen Vorschriften. Allein die eigene realistische Einschätzung der Wirklichkeit brachte ihn weiter, kein Gottglaube, kein Stoßgebet. Der Mensch der Renaissance verließ sich nicht auf alte überlieferte Weisheit oder eine Deutung der Heiligen Schrift. Man musste sezieren, öffnen, vergleichen. Die selbstbewusste Haltung der Intellektuellen und Künstler gepaart mit dem Streben nach Wissen und Wahrheit lassen ein neues Bild von der Welt entstehen und schaffen ein Menschenbild, in dem das Individuum der Schöpfung nicht mehr ausgeliefert ist und die Welt »im Griff« hat.

Mit Beginn der Aufklärung entstanden wiederum neue Menschenbilder. Während Thomas Hobbes den Menschen als einen Wolf und das menschliche Leben als einsam, armselig, ekelhaft, tierisch und kurz bezeichnete, hielt Rousseau den Menschen in seinem Naturzustand für edel. Erst Zivilisation verderbe und knechte ihn. Hobbes behauptete dagegen, dass die Gesellschaft den Menschen erziehe.

Seit der industriellen Revolution haben sich die Menschenbilder in mehreren Schritten weiterentwickelt. Am Anfang stand die Auffassung vom Menschen als einer schlecht funktionierenden Maschine, welche primär durch finanzielle Anreize getrieben wird, egoistisch denkt und ebenso handelt (»economic man«). Spätere wissenschaftliche Untersuchungen widersprachen dieser Sichtweise und zeigten, dass der Mensch auch ein soziales Wesen auf der Suche nach Anerkennung und Zugehörigkeit (»social man«) ist.[180] Nachdem die Motivation der Mitarbeitenden in das Zentrum der Aufmerksamkeit gerückt war, gewann man die Erkenntnis, dass der Mensch nicht nur seine Bedürfnisse befriedigen will, sondern darüber hinaus auch nach Selbstverwirklichung strebe (»self actualizing man«). Auch die zunehmende Komplexität der Welt führte zu einer neuen Facette des Menschenbildes. Eingebunden in dynamische Systeme, die miteinander interagieren und sich gegenseitig beeinflussen, konstruiert der Mensch seine Realität selbst und ist auf der Suche nach dem Sinn der Arbeit (»complex man«). Die neuste Entwicklung basiert auf den wissenschaftlichen Erkenntnissen der Neuropsychologie und stellt sowohl die Grundbedürfnisse als auch die psychologischen Verarbeitungsprozesse des Gehirns in den Mittelpunkt der Betrachtung (»brain-directed man«).[181]

Neben diesen aktuellen Menschenbildern behauptet sich ganz besonders hartnäckig die Vorstellung des Homo oeconomicus, die auch heute noch als Erklärungsmodell für menschliches Verhalten in der Betriebswirtschaftslehre herhalten muss. Egoistisch, rational und kühl abwägend, so kommen Menschen beziehungsweise Konsumenten dieser Ansicht nach daher.[182] Es gewinnt derjenige, der ständig seinen Nutzen maximiert und möglichst entschlossen seine eigenen Ziele verfolgt. Verbundenheit, Verantwortlichkeiten oder Verpflichtungen findet der Homo oeconomicus überflüssig; Beziehungen sind lediglich Mittel zum Zweck. Dieses veraltete Menschenbild behandelt das Individuum als Objekt, stellt Zahlen vor Sinn, stuft die Bedürfnisse anderer als zweitrangig ein und sieht Moral und Ethik als Phänomene ohne ökonomischen Wert. Im organisationalen Kontext gilt entsprechend:

- Der Mitarbeiter ist Mittel zum Zweck für die Organisation – der Begriff *Human Resources* unterstreicht diese Denkweise heute noch.
- Eigentlich hat niemand Lust zu arbeiten, lediglich finanzielle Anreize wie Lohn oder Boni, also extrinsische Motivation, treiben die Mitarbeiterinnen und Mitarbeiter zu besonderer Leistung an.
- Mitarbeitende wollen geführt und kontrolliert werden und ziehen einfache und sich wiederholende Aufgaben entsprechend genauer Arbeitsanweisungen vor.

Die Theorien und Konzepte, die bis heute dieses Menschenbild stützen, sind auf Stabilisierung und Standardisierung ausgerichtet. Wir leben aber in einer Welt, die schneller und unberechenbarer ist als je zuvor und in der sich die Zukunft immer weniger aus der Vergangenheit ableiten lässt. Meiner Meinung nach müssen wir die Fesseln dieser mechanistischen Sichtweise ablegen. Wir brauchen ein ganzheitliches Menschenbild, welches das Individuum ins Zentrum der Aufmerksamkeit rückt. Ein Bild, das positiv, optimistisch und unvoreingenommen ist. Ein Bild, das Menschen als Sinnsucher darstellt, die herausgefordert, wahrgenommen und gebraucht werden wollen.

Wir alle wollen einen sinnvollen Beitrag zur Gesellschaft leisten. Wir sind dann am zufriedensten, wenn wir autonom und gleichzeitig aktiver Teil von etwas Großem sein können und mitgestalten dürfen. In diesem Sinne brauchen wir eine humanistische Sichtweise, die Menschen als Subjekte betrachtet, die ihre Entscheidungen nicht rein rational und egoistisch treffen, sondern zum Wohle der Gemeinschaft. Dazu brauchen wir aber natürlich auch Menschen, die klare Werte und Moralvorstellungen besitzen, Fairness und Gerechtigkeit großschreiben, empathisch und mitfühlend sind und sich um andere kümmern.

Es ist also notwendig und sinnvoll, dass sich die Akteure des Systems bewusst werden, welches Menschenbild sie favorisieren. Dazu gehört auch die Überlegung, ob man die Menschen von Natur aus als egoistisch oder als kooperativ betrachtet. Vertraut man ihnen oder muss man sie kontrollieren? Was treibt sie an? Sind es eher Neid und persönlicher Nutzen; ist es die Aussicht auf Reichtum, Macht und Status oder ist es der Sinn einer Sache, der uns veranlasst uns zu engagieren? Ist der Mensch Sklave seiner Gene oder seiner Psyche? Oder ist er ein formbares Wesen, das Ergebnis seiner Erziehung?

Ich habe insgesamt ein positives Menschenbild, auch wenn mir bewusst ist, dass es Menschen gibt, die meinem Menschenbild nicht entsprechen. Damit kann ich leben. Mein Menschenbild ist positiv, optimistisch und unvoreingenommen. Ich glaube, dass Menschen rational *und* emotional handeln und dass ihre Bedürfnisse, ihre Impulse und ihre Handlungen logische Konsequenzen ihrer Geschichte und ihrer Erfahrungen sind.[183]

Ich glaube, dass Menschen auf der Suche nach Sinn sind.

Ich habe Achtung und Respekt vor der Leistung eines Menschen, weil ich davon ausgehe, dass jeder Mensch, wenn er fair behandelt wird, sein Bestes gibt.

Ich glaube daran, dass es ein Wesensmerkmal der Menschen ist, Leistung zu erbringen und dadurch zu wachsen.

Ich glaube, dass Menschen gesehen, wahrgenommen und gebraucht werden wollen. Ich bin überzeugt davon, dass Menschen Grenzerfahrungen suchen, um sich zu entwickeln. Fehler, Defizite, Krisen, Scheitern, Erfolg und Misserfolg sind Teil solcher Grenzerfahrungen.

Ich glaube, dass es besser ist, unserem Umfeld wertschätzend, freundlich, großzügig und verantwortungsbewusst zu begegnen als mit einer negativen Haltung.

Ich glaube, dass wir in Menschen, denen wir etwas zutrauen und die wir unvoreingenommen betrachten, Kraft und Energie freisetzen können.

Unser Leistungsbild

Im Verlauf des 19. Jahrhunderts wurde Leistung zu einem, besser zu *dem* gesellschaftlichen Ordnungsprinzip. Seither verstehen wir uns als *Leistungsgesellschaft*. Bedeutet: Wer sich anstrengt, hart arbeitet und gleichzeitig einen Wert erzeugt, gewinnt Macht, Geld, Anerkennung und hat einen festen Platz in der Gesellschaft. Wer wirklich will und etwas leistet, schafft es nach oben, gehört dazu. Das ist das Narrativ der freien Wirtschaft. Mit der Verbreitung dieser Geschichte wird das Bild einer Gesellschaft gezeichnet, in der sich Leistung für jeden und jede lohnt. Erfolg und Reichtum sollen sich von der Herkunft entkoppeln, und idealerweise bezieht dies auch unveränderliche Merkmale wie Hautfarbe, Geschlecht und Alter mit ein. Alles soll gerechter werden.[184]

Das Problem dieses Narrativs ist, dass Leistung nicht objektiv messbar ist. Der Maßstab für Leistung ist weder der Grad der Anstrengung noch die Qualität oder die Quantität des Ergebnisses. Trotzdem bestimmt Leistung ganz entscheidend unser Einkommen. Damit stellt sich die Frage, wie wir Leistung bewerten. Ist der Walk eines Models über den Laufsteg mehr wert als das ständige Hin-und-her-Laufen einer Pflegerin im Krankenhaus? Ist ein Lehrer mehr oder weniger wert als ein Sportler? Sind Ingenieure systemrelevanter als Börsenspekulanten? Richtet sich das Einkommen wirklich danach, wie gesellschaftlich nützlich eine Arbeitsleistung ist?

Selbstverständlich brauchen wir den Begriff der Leistung. Ohne das Streben nach Leistung gäbe es keinen Fortschritt und wir würden in einer ganz anderen Welt leben. Wir dürfen den Begriff nicht negativ konnotieren, aber wir müssen ihn überdenken und aktualisieren. Ist es noch angemessen, unter Leistung eine individuelle Größe und Anstrengung zu sehen, die sich ständig mit den Leistungen anderer messen lassen muss? Taugen Wettbewerb und Ellenbogengesellschaft dazu, die zukünftigen Herausforderungen zu meistern? Schließlich kann Leistung auch anders verstanden werden. Nicht als Ergebnis individuellen Schaffens, als einzelnes Produkt oder Werk, sondern als sozialer Akt in einem sozialen Kontext. Mir gefällt diesbezüglich der Ansatz der Historikerin Nina Verheyen besonders gut. Sie schreibt: »In Wahrheit aber steht hinter jeder vermeintlich persönlichen Leistung ein komplexes gemeinschaftliches Zusammenspiel: Menschen strengen sich gemeinsam an, um etwas zu schaffen ...«[185] Verheyen macht zudem deutlich, wie veränderlich unser Leistungsbild ist und wie es sich historisch entwickelt hat – durchaus heterogen mit Blick auf die unterschiedlichen Staaten. Aber vor allem zeigt sie eines: Dass wir es selbst sind, die entscheiden, »wohin die Geschichte von Leistung als Unschärfeformel und Ordnungsprinzip in einem führen wird [...] Schließlich werden Leistungsverständnisse nicht nur in abgehobenen wissenschaftlichen Diskursen geprägt, von einer fernen Politik oder einem anonymen Markt diktiert. Sie werden auch und sogar vor allen Dingen in alltäglichen Praktiken konturiert, stabilisiert oder zaghaft modifiziert.«[186]

Wir haben es also selbst in der Hand, wie wir Leistung verstehen wollen, und werden schon allein aus logischen Erwägungen heraus Leistung nicht nur als individuelle Leistung verstehen, sondern den sozialen Kontext mitdenken. Um Dinge zu schaffen und die Gesellschaft zu gestalten, brauchen wir immer die Unterstützung anderer.

Unser Fortschrittsbild

Lange Zeit in der Menschheitsgeschichte stand der Begriff *Fortschritt* nicht im Mittelpunkt. Schließlich waren die traditionellen Lebensformen bis zum Beginn der Renaissance sehr statische Lebensformen und Veränderungen waren eigentlich nicht erwünscht. Es war eine zirkuläre Zeit, die sehr von der religiösen Tradition geprägt war und in der eigentlich alles vorherbestimmt war. Fortschritt jedoch setzt Veränderbarkeit voraus, sodass der Fortschrittsbegriff erst ab der Renaissance schärfere Konturen gewann. »Der Fortschrittsgedanke lässt sich konkret bis in die Renaissance zurückverfolgen«[187] und gewann seit der Aufklärung und den Anfängen des Kapitalismus besonders in den westlichen Gesellschaften zunehmend an Bedeutung. Es entwickelte sich das Paradigma einer permanenten Weiterentwicklung durch Fortschritt. »Dieses Bewusstsein von einer Zukunft, die immer mehr gestaltet und immer weniger unwägbar wurde, führte zu einer enthusiastischen Aufbruchsstimmung und der Überzeugung, dass dank des Fortschritts alles Denkbare zum Wohle der Menschheit auch machbar sei.«[188] Unaufhaltsam und in aller Breite entwickelte sich die Idee des Fortschritts zum unverrückbaren Dogma jener Zeit. Und diesem Fortschrittsbild immanent war stets das Versprechen auf eine bessere Zukunft, ein Versprechen auf mehr Entwicklungschancen, ein Versprechen für mehr Gerechtigkeit, dass sich individuelle Leistung lohnt und für jeden mehr Sicherheit, Chancen und Wohlstand bedeutet. Fortschritt war verbunden mit Wohlstand und Wachstum, das BIP (Bruttoinlandsprodukt) ein wichtiger Indikator dafür, wie sehr eine Volkswirtschaft wächst. Spannenderweise hatte Robert F. Kennedy schon 1968 darauf hingewiesen, wie fragwürdig das BIP als Messlatte für Fortschritt ist. »Anscheinend haben wir seit zu langer Zeit die persönliche Vervollkommnung und die Gemeinschaftswerte viel zu sehr zugunsten schierer Anhäufung materieller Werte aufgegeben. Unser Bruttonationaleinkommen beträgt jetzt über 800 Milliarden Dollar pro Jahr, aber dieses Bruttonationaleinkommen – wenn wir die USA daran messen – rechnet Luftverschmutzung und Zigarettenwerbung ein, und Krankenwagen, die das Blutbad unserer Highways ausräumen. Es rechnet Spezialschlösser für unsere Türen ein und Gefängnisse für die Leute, die sie aufbrechen. Es rechnet die Zerstörung des Mammutbaums ein und den Verlust unserer Naturwunder durch chaotische Zersiedelung. Es rechnet Napalm, Atomsprengköpfe und Panzerwagen für die Polizei im Kampf gegen Aufstände in unseren Städten ein. [...] Aber das Bruttonationaleinkommen hat keinen Platz für die Gesundheit unserer Kinder, die Qualität ihrer Erziehung oder ihre Freude beim Spiel. Es beinhaltet weder die Schönheit unserer Poesie noch die Stärke unserer Ehen, weder die Intelligenz unserer öffentlichen Debatte noch die Integrität unserer öffentlichen Amtsträger. Es misst weder unsere Schlagfertigkeit noch unseren Mut, weder unsere Weisheit noch unser Lernen, weder unser Mitgefühl noch unsere Hingebung an unser Land. Kurzum: Es misst alles, außer dem, was das Leben lebenswert macht. Und es kann uns alles über Amerika sagen – ausgenommen, warum wir stolz sind, Amerikaner zu sein.«[189] Für die prosperierende Nachkriegszeit, insbesondere in den USA, waren dies erstaunliche Worte. Heute kennen wir die Konsequenzen und wissen, dass unser bisheriges Verständnis von Fortschritt an seine Grenzen gestoßen ist. Heute stehen wir mit der Klimakrise vor einer der größten Herausforderungen des Jahrhunderts. Mit unserem Fortschrittsbild vernichten wir unsere eigenen Ressourcen und müssen erkennen, dass dieses Konzept nicht aufgeht, dass es viel mehr in hohem Maße in sich widersprüchlich ist.

Wir müssen also auch den Fortschritt neu erfinden. Wir müssen die Richtung definieren, in die wir mit unseren Hochgeschwindigkeitszügen rasen. Er muss wieder zu einem Hoffnungs- und Zukunftsprojekt werden, an dem möglichst viele Menschen partizipieren und nicht die einen gewinnen und die anderen verlieren. »Neuer Fortschritt ist möglich. Das gelingt dann, wenn wir dem Fortschritt seine produktive, emanzipatorische Kraft zurückgeben und seine Richtung definieren. Dieses neue Fortschrittsverständnis muss an erster Stelle und als Ausgangspunkt den Menschen in den Blick nehmen und die Frage nach dem guten Leben wieder in den Mittelpunkt des politischen Handelns stellen.«[190]

Die Zerstörung der Natur, die Ausbeutung der Ressourcen, der Ausschluss der Armen von der globalen Teilhabe – all dies ist nicht Fortschritt. Fortschritt ist ein übergreifender Begriff und er ist nur dann ein tragfähiger Begriff, wenn er nicht nur für einige wenige Menschen gültig ist, sondern wenn alle ein gemeinsames Verständnis davon besitzen, was Fortschritt ist.

Unser Strategiebild

Die Herkunft des Begriffs *Strategie* leitet sich laut Sir Lawrence Freedman[191] aus dem Griechischen *stratos* (»Heer«) und *agos* (»Führer«) ab. Das Wort *Strategie* wurde in Großbritannien, Frankreich und Deutschland erstmals im 17./18. Jahrhundert verwendet und spiegelt den Optimismus der Aufklärung wider, dass der Krieg – wie alle anderen Bereiche menschlicher Angelegenheiten – von der Anwendung der Vernunft profitieren sollte.[192] In den Organisationen war der Begriff lange Zeit unbekannt, vor 1960 der Begriff *Unternehmensstrategie* selten. Erst als der Verkäufermarkt sich langsam in einen Käufermarkt entwickelte und die Märkte immer gesättigter wurden, begann man langsam, strategisch zu denken. Man musste überlegen, wie man sich angesichts der vielen Konkurrenten einen Wettbewerbsvorteil verschaffen konnte. Die Methoden der Strategiearbeit beruhten auf Kalkül und Wettbewerbsfähigkeit. Das Ziel war eher, den Wettbewerb zu besiegen, als den Kundennutzen zu steigern. *Strategie Number One* hieß dies in der Automobilindustrie. Hauptsache, man verkaufte mehr Autos als der Wettbewerb – auch wenn Täuschung, List und Finten Teil des Preises waren, den es zu zahlen galt. Der Markt kennt keine Moral.

Heute wird der Begriff *Strategie* inflationär benutzt. Erst mit der Strategie kommt die Zukunftsorientierung, nicht nur für die ganz großen Aufgaben, sondern auch für alltäglichere Herausforderungen. Jeder und jede Einzelne hat seine und ihre eigenen Strategien – für die Entwicklung einer Karriere, die Reduzierung des Körpergewichts und vieles mehr. »Tatsächlich gibt es heute keine menschliche Tätigkeit mehr, die so unbedeutend, banal oder intim ist, dass man sie nicht mit einer Strategie versehen könnte.«[193] Für viele Menschen ist eine Strategie der »Fahrplan in die Zukunft«, der das Muster ihres Handelns bestimmt, um die festgelegten Ziele mit den verfügbaren Ressourcen und Methoden zu erreichen.

Im Unternehmenskontext wird Strategiearbeit auch heute noch häufig als die Weisheit der Wenigen betrachtet und liegt ausschließlich in der Verantwortung des Topmanagements. Höchstens externe Berater dürfen sich beteiligen. Die Arbeit ist auch nicht in Form eines kontinuierlichen Prozesses angelegt, sondern als ein Projekt. Begonnen wird mit Strategieklausuren, in der die strategischen und operativen Ziele erarbeitet werden. Die möglichen Strategiealternativen werden nach der SWOT-Analyse bewertet und am Ende wird die Strategie ausgewählt,[194] die die Erreichung des übergeordneten langfristigen Ziels – meist orientiert am Shareholder-Value – gewährleistet. Es werden Maßnahmen, Meilensteine und Handlungspläne erarbeitet, Vorgaben formuliert, deren Erreichung durch das Management regelmäßig beobachtet wird.

Stefan Kühl bezeichnet dies als »die Suche nach Mitteln für definierte Zwecke«[195]. Er schlägt eine andere Vorgehensweise vor, die dem Imago-Prozess näher steht. Er kehrt die bisherige Logik um und sucht nach Zwecken für vorhandene Mittel. Dabei wird gefragt, welche Mittel in der Organisation vorhanden sind und welche Ziele sich damit erreichen lassen, und nicht, ob Ressourcen vorhanden sind, um ein Ziel zu erreichen. Diese Vorgehensweise eignet sich, wenn entweder die Ziele nicht ohne Weiteres fixierbar sind, weil man selbst noch nicht vorhersehen kann, wie sich etwas entwickeln wird, oder weil die Ziele noch mit anderen Akteuren verhandelt und vereinbart werden müssen. Diese Vorgehensweise wird auch als das Graswurzelmodell der Strategieformulierung bezeichnet.

Die Rolle des Topmanagements besteht heute eher darin, als Katalysator für die Entwicklung neuer Strategien zu wirken. Die Geschäftsleitung will den strategischen Prozess nicht länger beherrschen, sondern »erkennt den weitverzweigten Ideengenerierungs- und Entschlussprozess an« und versucht, ihn über die Festlegung der »Spielregeln« vorzusteuern.[196] Es geht also nicht darum, von der Spitze aus die Prozesse der Strategieentwicklung und Strategieformulierung zu planen und zu überwachen, sondern die verschiedenen Vorschläge und Impulse aufzugreifen, zu prüfen und zu selektieren und zu gewährleisten, dass auch konkurrierende Initiativen in der Organisation vorangetrieben werden können.

Strategie ist in dieser Betrachtung keine Einzelleistung, sondern »der gemeinsame, narrative Prozess, in dem eine Übereinkunft (ein Alignment) darüber entsteht, welche Zukunft eine Gruppe gemeinsam gestalten möchte.«[197] Damit liegt der Wert einer Strategie weniger darin, wie gut sich damit definierte Ziele erreichen lassen. Christian Riedel schreibt: »Der wahre Wert liegt in der gut recherchierten Geschichte von der Zukunft. Eine Geschichte, die die Kraft hat, einer Gruppe von Menschen ein gemeinsames Zielbild zu geben. Der Stratege übernimmt dabei eher die Rolle des Erzählers, der verschiedene Meinungen und Informationen zu einem roten Faden knüpft. So schafft er ein Narrativ, auf das sich eine Gruppe (politisch) einigen kann. Und erst durch diese Einigung, kann die Gruppe einen Plan entwickeln, um das Zielbild mit geballten Kräften zu erreichen.«[198]

Unser Kundenbild

Zu Beginn des 20. Jahrhunderts prägte der Fordismus die Betriebswirtschaftslehre und richtete den Fokus auf Produktionsprozesse und Effizienzoptimierung. Der Kunde war in diesem Konzept im Grunde nicht vorhanden. In einer Studie aus den 1950er-Jahren hatte man Kunden gar als störende Umwelteinflüsse[199] bezeichnet, ohne jegliche böse Absicht. Es war schlicht das herrschende Kundenbild in Zeiten, in denen die Märkte hungrig und die Waren knapp waren. Man konzentrierte sich auf die Beschaffung von Rohwaren, die Herstellungskosten und die Transaktion. Erst zu Beginn der 70er- bis 80er-Jahre wandelte sich diese Situation leicht. Der Kunde geriet zumindest als *Abnehmer* am Ende der Wertschöpfungskette in den Blick und wurde zunehmend auch durch Werbung hofiert. Als die Märkte immer gesättigter wurden und man selbst den Inuit Kühlschränke verkauft hatte, avancierte der Kunde auf einmal zum König. Der Markt hatte sich vom Verkäufer- zum Käufermarkt entwickelt. Der Kunde hatte nun immer recht und seine Bedürfnisse waren heilig. Cameron Mitchell hat diese Haltung auf den Punkt gebracht: »The answer is yes. What is the question?«[200] Man setzte alles daran, Kunden zu gewinnen, zu halten und zufriedenzustellen. Parallel dazu entwickelte sich ein Bild des Kunden als Partner und Co-Creator. Darin agierte man immer auf Augenhöhe mit dem Kunden und strebte eine Win-win-Situation an. Keine der Parteien, weder Käufer noch Verkäufer, sollten sich künstlich erhöhen oder gering schätzen. Ob dieses Konzept genauso enthusiastisch gelebt wie proklamiert wird, bleibt dahingestellt. Zu beobachten ist, dass viele Organisationen, die sich Kundenorientierung auf die Fahnen schreiben, am Ende oftmals doch nur die erfolgreiche Transaktion und nicht den Menschen in den Mittelpunkt stellen. Der Kunde ist Konsument, er bezahle das Gehalt, heißt es. Nimmt er nicht freiwillig Produkte oder Dienstleistungen ab, wird er für die Mitarbeiter und Mitarbeiterinnen an der Verkaufsfront zum *Zielkunden*, wahlweise in der Kategorie A-, B- oder C-Kunde. Es zählt schließlich einzig und allein der Konsum.

Unser Kundenbild ist ein sehr gutes Beispiel dafür, wie sehr wir noch in unserem alten Maschinendenken verhaftet sind. Wir fertigen Konsumenten anhand einer gesichtslosen Kundennummer ab und verstehen ihre Bedürfnisse nur mehr in Form von Algorithmen. In Zukunft müssen wir eher *Menschenversteher* werden, denn Kundenorientierung verlangt eine ganzheitliche Betrachtung des Menschen. Jeder Mensch ist einzigartig, hat individuelle Motive, Werte und Ziele. Es reicht nicht, alles in eine Prozessschablone zu gießen und Kategorien zu bilden. Wir müssen vielmehr ihre Wünsche und Bedürfnisse individuell betrachten und eine echte Beziehung zu ihnen aufbauen, denn hinter jeder einzelnen Aktion, Anfrage und Bestellung steht ein Mensch – diesen müssen wir sehen. Wir müssen unsere Kunden aus der Anonymität herausholen[201], ihnen ein Gesicht geben und sie zu unseren Freunden machen. Dies kann am ehesten gelingen, wenn wir langfristig denken und einen Umgang mit ihnen pflegen, der auf Verständnis, Toleranz, Optimismus, Wohlwollen, Freundlichkeit, Zuneigung, Interesse und Friedfertigkeit basiert.

Unser Organisationsbild

Organisationen entstehen nicht zufällig. Sie sind ein zweckgerichtetes Zusammenwirken von Personen oder Systemen und fundamental von Arbeitsteilung geprägt. Der Managementautor Reinhard Sprenger schreibt: »Weil es Aufgaben gibt, die man nur zusammen bewältigen kann. Wenn ein Einzelner eine Aufgabe alleine bewältigen kann, sollte er dies auch tun – zumindest aus ökonomischen Gründen. Das ist der Kern: Unternehmen sind um die Idee der Zusammenarbeit herum gebaut, sie sind auf Zusammenarbeit angelegt.«[202]

Es gibt unterschiedliche Versuche, um zu erklären, was ein Unternehmen eigentlich ist. Abhängig von dem jeweiligen Verständnis kann man sehr unterschiedliche Auffassungen darüber haben, wie man das System steuert und organisiert. Gareth Morgan diskutiert in seinem Buch *Bilder der Organisation* eine Reihe von Metaphern, die unsere Sicht von Unternehmen prägen und unser Handeln bestimmen:

- Organisationen als Maschinen (ein mechanistischer Denkansatz, demzufolge alles ingenieurmäßig konstruiert werden kann und auf Knopfdruck funktioniert);
- Organisationen als Organismen (sie werden geboren, wachsen, reifen, verblühen und sterben);
- Organisationen als Gehirn (Informationsverarbeitung, Firmen-Intelligenz, Lernen);
- Organisationen als Kulturen (Ideen, Werte, Normen, Glaubenssätze, Rituale);
- Organisationen als politische Systeme (»Regieren« von Interessen, Konflikten, Machtdynamiken);
- Organisationen als psychische Gefängnisse (durch unbewusste Annahmen werden Menschen die Gefangenen ihrer mentalen Programme, ihrer Ängste, Tabus, Triebe);
- Organisationen als strömende Flüsse und Transformationen (Wandel bestimmt die Gestaltung von Organisationen, Feedback führt zu Anpassung, Wandel durch Dialektik von These und Antithese);
- Organisationen als Dominanzinstrumente (Organisationen als Instrumente der Ausbeutung und Unterdrückung).[203]
- Das heute noch gültige Bild einer Organisation als gut geölter Maschine entstand mit dem Beginn der Aufklärung, als sich das alte spirituelle Weltbild in ein Bild vom Universum als großer Maschine und den Menschen als Maschinisten wandelte. Mit Beginn der Industrialisierung wurde die Maschine heilig. Auch die bekannten Unternehmer und Managementdenker dieser Zeit übernahmen das Bild der Maschine für ihre Organisationen. Diese Maschinen funktionierten berechenbar und deterministisch. Sie waren effizient und reagierten verlässlich und vorhersagbar. Überraschungen sollten tunlichst vermieden werden. Alles in einer Organisation hatte seinen Platz und seine Funktion, alle Aufgaben waren präzise definiert. Es gab Rechte und Pflichten, mehr nicht. Das gesamte System konnte jederzeit analysiert werden. Allerdings gab es nur wenige – nämlich nur die Führungskräfte –, die das System verstanden. Nur sie konnten das System wiederherstellen, falls es zu Problemen oder Defekten kam. Die übrigen Mitarbeitenden galten als Funktionseinheiten, als Rädchen im großen Getriebe, die jederzeit austauschbar waren. Aus diesem Bild leitete man das Recht ab, andere Arten und Lebensformen zu dominieren, zu kontrollieren und sie für

menschliche Zwecke zu nutzen. In der Regel herrschten eine strenge Hierarchie und eine Mentalität von Pflichterfüllung und Gehorsam. Dieses Verständnis von Organisationen hat durchaus seine Vorteile: Wenn in komplizierten Systemen immer gleiche Produkte mit hoher Präzision erzeugt werden, kann diese Form von Organisation durchaus sinnvoll sein. Um komplexe Systeme abzubilden, ist es jedoch nicht geeignet.

Durch das berühmte Buch *The Management of Innovation*[204] von Tom Burns und G. M. Stalker, das in den 1960er-Jahren erschienen war und sich zur Aufgabe gemacht hatte, eine optimale Organisationsstruktur zu finden, wurde das Bild einer Organisation als Organismus publik. Organismen unterliegen einem steten Wandel, sind offen für Veränderungen und bereit, sich an unterschiedliche Bedingungen ihrer Umwelt anzupassen. Sie sind offene Systeme und durch einen ständigen Kreislauf aus Input, interner Transformation, Output und Feedback gekennzeichnet. Matthias Horx beschreibt dieses Bild von Organisationen als Organismen wie folgt: »Ein Organismus ist auf vielfältige Weise mit seiner Umwelt verbunden – nicht nur über den Input von Rohstoffen. Wer einen Körper hat, der kennt dieses Gefühl des ständigen Verschiebens von Empfindungen, Eindrücken, Gefühlen, Befindlichkeiten, Zuständen, dieses ständige, manchmal quälende dynamische Ungleichgewicht, in dem sich Körper, Geist und Seele befinden. All das nennen wir Leben. Schmerz gehört dazu. Und Glück. Wir können nur leben, wenn wir ständige Veränderungen von innen organisieren. Sonst sterben wir, selbst wenn wir physisch noch am Leben bleiben. Ein Organismus hingegen hat immer Leerstellen, Unschärfen, in denen das Spontane und Kreative stattfindet. Ein Organismus baut sich um, während er lebt – bei einer Maschine hätte das fatale Folgen. Erfolg ist im Organischen das, was erfolgt. Fehler sind das, was voranbringt. Organismen zeichnen sich durch Kontingenz aus: Sie bewegen sich entlang eines Pfades von Varianten von Möglichkeiten. Man nennt das auch dynamische Selbstorganisation.«[205]

Damit kommen wir zu einem Organisationsbild, das sich klar von dem der Maschine und des Organismus abgrenzt. Diese Metapher, die neben dem Wie auch Antworten auf das Warum liefert, ist die *soziale Bewegung*. »Mit Bewegungen sind dabei soziale Gebilde gemeint, die sich um eine gemeinsame Überzeugung herum gruppieren und die in einer Art Verschworenheit der Intention folgen, diese Überzeugung in die Welt zu tragen, in die Wirklichkeit umzusetzen. Unternehmen als Bewegungen zu betrachten, beinhaltet eine völlig neue Dimension der Organisationsentwicklung.

Weitab von der ›Maschine‹, die man analytisch auseinandernimmt und deren Teile man zwanghaft so formt, dass das Ganze nach vorgegebenen Planzahlen funktioniert und so Wachstum und Profite auswirft, setzt die ›Bewegung‹ auf eine Mischung von Selbstorganisation und Sinnversorgung.«[206]

Organisationen als soziale Bewegungen zeichnen sich vor allem dadurch aus, dass sie nicht in erster Linie durch Profitgier angetrieben und zusammengehalten werden. Die Energie, die jede Organisation zum Fortbestand benötigt, stammt nicht aus Umsatzerfolg und Wachstum, sondern aus Sinnhaftigkeit und gemeinsamen Werten. »Der gemeinsame Geist von Bewegungen beflügelt und begeistert die Mitglieder. Er ersetzt die Notwendigkeit des äußeren Drucks und Zwangs, der durchgreifenden Disziplinierung durch Freiwilligkeit, durch Eigeninitiative und persönliche Verantwortung für das Ganze.«[207]

Für Organisationen als soziale Bewegung gibt es keine Schablonen oder Muster. Man muss akzeptieren, dass jede Organisation individuell ist und für sich selbst stehen muss. Es gibt keinen Idealzustand, kein Optimum, das sie erreichen kann. Sie wird immer mit Unschärfen, Konflikten, Zielprobleme, unterschiedlichen Interessen leben müssen. Diese Unterschiede und Gegensätze werden nicht aus dem Weg geräumt, sondern als ein Pendeln zwischen unterschiedlichen Polen, als zusätzliche Energie genutzt.[208] Oder wie Klaus Eidenschink schreibt: »Wir wollen eine Organisationstheorie und eine darauf bauende Beratung skizzieren, die die inneren Widersprüche von Organisationen nicht auslöschen wollen, sondern ihnen gewachsen sind und sie zu nutzen wissen. Komplexität, Wandel, Unkalkulierbarkeit, Multiperspektiven, Konflikte, Viel- und Doppeldeutigkeiten sind das Fundament unserer Überlegungen. Die Folgen dieser Denkart sind herausfordernd: mehrwertige Logik, Rückbezüglichkeiten, perspektivengebundene und doppelte Wahrheiten, Paradoxien und eine Entscheidungstheorie, die sich nicht auf objektive Richtigkeit bezieht, sondern Entscheidungen als ein Geschehen ›ohne Grund‹ ansieht. Unsicherheit wird so zur wesentlichen und notwendigen Ressource.«[209]

Unser Führungsbild

Seit dem Beginn der Moderne und der daraus entstandenen funktionalen Differenzierung mit vielen Institutionen hat sich Führung zu einer wichtigen Funktion innerhalb erfolgreicher Gesellschaften entwickelt. Erst durch gute Führung werden Menschen und Organisationen wirksam. Der österreichisch-schweizerische Wirtschaftswissenschaftler Ernst Fehr hat in seinem Vortrag auf dem Talent Management Gipfel 2016[210] eindrucksvoll gezeigt, dass unterschiedliche Managementpraktiken ein ganz entscheidender Grund dafür sind, warum international so große Unterschiede in der Leistungsfähigkeit der einzelnen Volkswirtschaften existieren. »The Value of Management« trägt erstaunlich viel zur volkswirtschaftlichen Prosperität bei. Wir müssen die Kompetenz und die Qualität von Management näher betrachten, denn von Führung und Management hängt »fast alles ab, was uns in den modernen Gesellschaften lieb und teuer sein muss, und was diese auch lebenswert macht – vom wirtschaftlichen Wohlstand, dem Bildungs- und Gesundheitsniveau, über Wissenschaft und Forschung, Innovationskraft und Kreativität bis letztlich zur Lebensqualität.«[211]

Nun wird seit Langem darüber gestritten, ob ein bestimmter Führungsstil favorisiert werden soll. Gibt es nur eine richtige Art des Managements? Oder kann jeder führen oder es zumindest lernen? Und ist Managementkompetenz eine definierte Größe, die sich einer Person als Eigenschaft zuschreiben lässt? Gibt es die »ideale Führungskraft«, nach deren Vorbild wir jederzeit agieren sollten und aus der sich eine Checkliste für gute Führung ableiten lässt? Nun, die Rhetorik dieser Fragen ist offensichtlich. Wir wissen heute, dass Management immer innerhalb eines sozialen Systems, eines Kontextes steht und von einer bestimmten Umwelt mit spezifischen Herausforderungen geprägt ist. Lange Zeit haben wir uns zu sehr auf die Eigenschaften eines Managers (empathisch, autoritär etc.) und seine Funktionen (Zielerreichung, Gewinnmaximierung etc.) konzentriert. Führung wurde von Bildern geprägt wie *Macher, Kämpfer, Gewinner, Opportunisten, Experten, Individualisten* und *Alchimisten*, die aus längst vergangenen Zeiten stammen und gewiss nicht mehr gegenwarts- oder gar zukunftstauglich sind.

Heute müssen wir Führung immer im Kontext der gesellschaftlichen Entwicklungen und des Zeitgeistes sehen. In diesem Zusammenhang ist die Veränderung von Führung allein in den letzten siebzig Jahren sehr aufschlussreich:

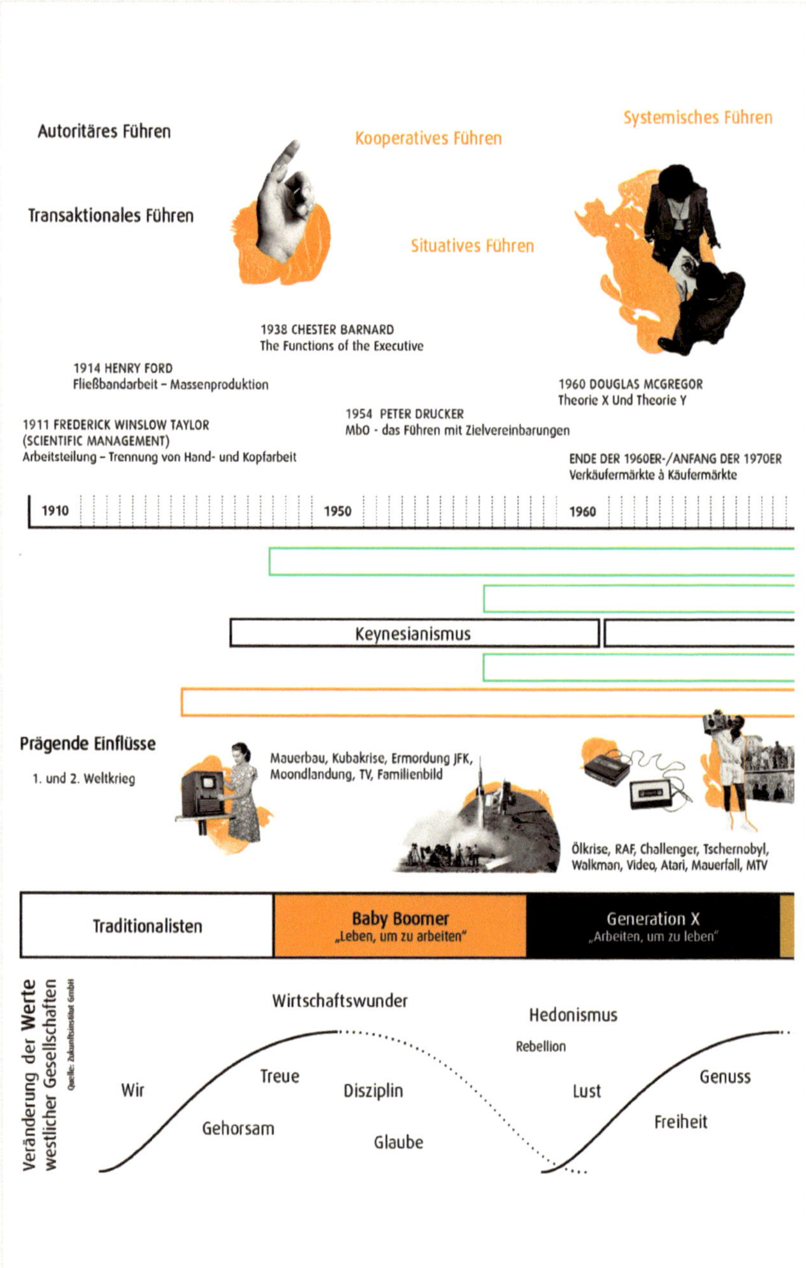

Autoritäres Führen
Kooperatives Führen
Systemisches Führen
Transaktionales Führen
Situatives Führen
1938 CHESTER BARNARD
The Functions of the Executive
1914 HENRY FORD
Fließbandarbeit – Massenproduktion
1960 DOUGLAS MCGREGOR
Theorie X Und Theorie Y
1954 PETER DRUCKER
MbO - das Führen mit Zielvereinbarungen
1911 FREDERICK WINSLOW TAYLOR
(SCIENTIFIC MANAGEMENT)
Arbeitsteilung – Trennung von Hand- und Kopfarbeit
ENDE DER 1960ER-/ANFANG DER 1970ER
Verkäufermärkte à Käufermärkte
1910
1950
1960
Keynesianismus
Prägende Einflüsse
1. und 2. Weltkrieg
Mauerbau, Kubakrise, Ermordung JFK,
Moondlandung, TV, Familienbild
Ölkrise, RAF, Challenger, Tschernobyl,
Walkman, Video, Atari, Mauerfall, MTV
Traditionalisten
Baby Boomer
„Leben, um zu arbeiten"
Generation X
„Arbeiten, um zu leben"
Veränderung der Werte westlicher Gesellschaften
Wirtschaftswunder
Hedonismus
Rebellion
Wir
Treue
Disziplin
Lust
Genuss
Gehorsam
Glaube
Freiheit

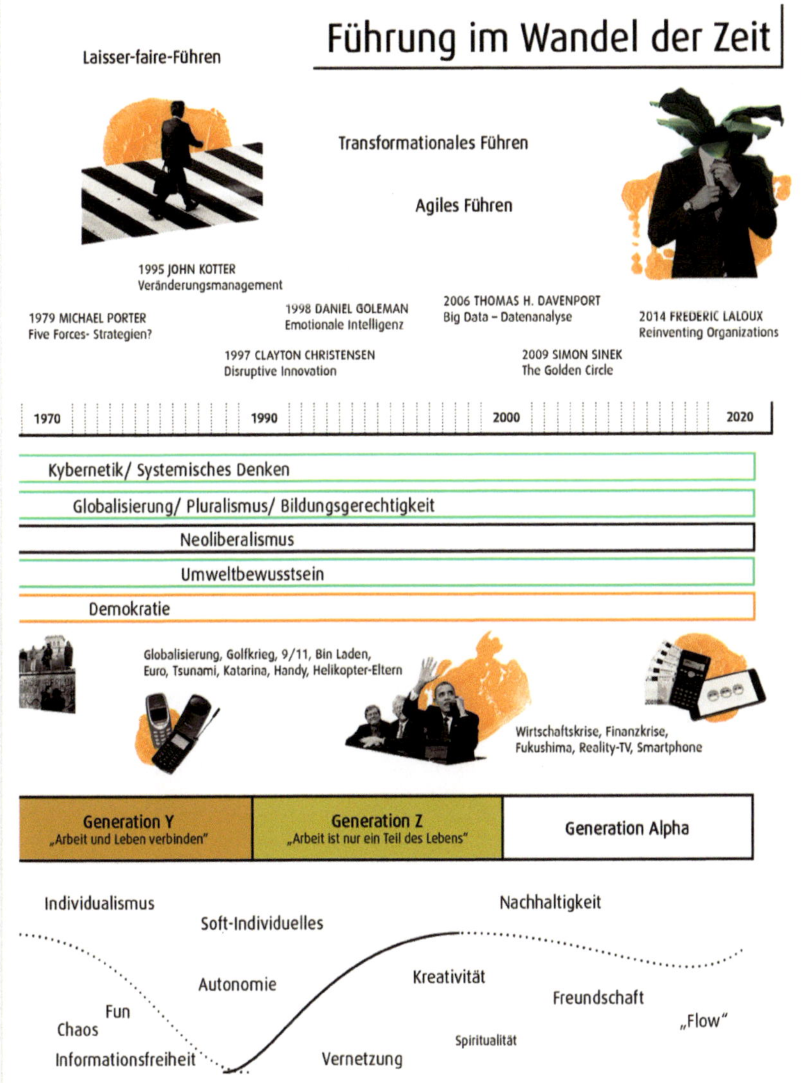

Abbildung 5: Veränderungen von Führung

Durch das Industriezeitalter war Führung geprägt durch die Fokussierung auf Maschinen und die Dominanz der technokratischen Ingenieurwissenschaften. Organisationen betrachtete man als triviale, berechenbare Maschinen mit einer Vielzahl von Funktionseinheiten, die wie Rädchen im Getriebe ineinandergriffen. Frederick Winslow Taylor untermauerte diese Haltung mit seinem *Scientific Management*. Und auch Henry Ford war mit seiner Idee der Massenproduktion und mit der Einführung von Fließbandarbeit weit davon entfernt, Management in den Kontext eines sozialen Systems zu stellen.

Doch heute, im Zeitalter zunehmender Dynamik und Komplexität, haben sich die Rahmenbedingungen für Führung massiv verändert. Während früher Führung auch eine sicherheitsgebende Funktion hatte, ist diese nun außer Kraft gesetzt. Die Individualisierung, Globalisierung und viele neue Technologien haben eine völlig neue Vernetzungsdichte in den Systemen erzeugt, die eine Tendenz zur Nichtlinearität haben. Während Führung sich früher durch Vorhersagen, Klarheit, Ansagen definiert hat, müssen sich Führungskräfte heute in den Logiken komplexer Systeme zurechtfinden. Diese Systeme sind unüberschaubar, eigendynamisch, unvorhersehbar, nicht linear, selbstregulierend und offen. Führung ist ständig störenden Einflüssen ausgesetzt, die kaum vorhersehbar sind. Sie kann nur mit einem sehr geringen Planungshorizont arbeiten.

Lange Zeit galt Effizienzerhöhung als das große Thema der Organisationen. In einer relativ stabilen Umwelt sollte das Optimum erreicht werden und Führung hatte den Auftrag, diese immer »effizientere Effizienz« zu strukturieren. Heute geht es nicht mehr nur um Effizienzerhöhung, es geht um Wandel und Innovation und dafür braucht es ein ganz neues Führungsbild.

Postheroische Führung: vom Macher zum Enabler

Heute müssen wir Führung eher als Moderation, die Führungskraft eher als Designer oder Coach verstehen und damit stellen wir Führung in einen komplett neuen Rahmen. Eine postheroische Führungskraft geht davon aus, nicht alles zu wissen und nicht alles zu können. Sie oder er kann gut mit Ungewissheit umgehen. Dabei geht es nicht um den kompletten Abbau von Hierarchie, denn die hat durchaus ihre Berechtigung im System, sondern es geht um Partizipation. »Es geht darum, die Fähigkeit zur Lösung von Problemen nicht mehr an der Spitze einer Organisation zu monopolisieren, sondern sie an die Organisation zu delegieren und in ihr zu diffundieren.«[212] Hierdurch löst Führung ihr Entscheidungsmonopol auf. Stattdessen organisiert eine postheroische Führungskraft Kommunikationsprozesse, an deren Ende sinnvolle und tragfähige Entscheidungen stehen.

Eines der Argumente für postheroische Führung lautet: Nur kollektive Meinungsbildungs- und Entscheidungsprozesse können der Komplexität der Unternehmensführung gerecht werden. Postheroische Führung bewegt sich im Spannungsfeld von Gegensätzen und Unklarheiten und bleibt dennoch souverän. Sie sorgt für kollektive Meinungsbildungs- und Entscheidungsprozesse und erhöht damit die innere Komplexität von Organisationen. Nur indem viele verschiedene Perspektiven einbezogen werden, können bestmögliche Entscheidungen getroffen werden, um die Zukunft der Organisation zu sichern. Marcus Raitner, mein ehemaliger Kollege im BMW Culture Club, hat die Anforderungen in Form eines *Manifestes für menschliche Führung* auf den Punkt gebracht.

Manifest für menschliche Führung[213]
Wir glauben an die Kreativität, Leistungsbereitschaft und Motivation der Menschen. Für uns ist der Mensch nicht Mittel zum Zweck, sondern steht im Mittelpunkt. Wir betrachten das Menschliche als entscheidenden Erfolgsfaktor in unserer hochvernetzten Welt. Wir sehen die Aufgabe von Führung darin, nach Rahmenbedingungen zu streben, in denen sich Menschen in ihrer Unterschiedlichkeit entfalten und gemeinsam erfolgreich sein können. Dabei sind uns die folgenden Werte wichtig, das heißt, dass auch die nicht fett gedruckten Werte wichtig sind, wir aber die hervorgehobenen Werte höher einschätzen:[214]

- **Entfaltung menschlichen Potentials**
  mehr als Einsatz menschlicher Ressourcen
- **Diversität und Dissens**
  mehr als Konformität und Konsens
- **Sinn und Vertrauen**
  mehr als Anweisung und Kontrolle
- **Beiträge zu Netzwerken**
  mehr als Positionen in Hierarchien
- **Anführer hervorbringen**
  mehr als Anhänger anführen
- **Mutig das Neue erkunden**
  mehr als effizient das Bekannte ausschöpfen.

Unser Weltbild

Unter Weltbild verstehen wir unsere Vorstellung von der Welt als Ganzem, sei es in Form von theoretischen und wissenschaftlichen Erkenntnissen oder als praktisch erfahrene und wahrnehmbare Weltsicht. Jedes der alten Völker hatte sein eigenes Weltbild, seine eigene Kosmogonie. Die Überlieferungen sind meist in Sagenform gegossen, eingebettet in religiöse Vorstellungen und oft nur vor dem jeweiligen historischen Hintergrund verständlich. In der Antike zum Beispiel herrschte die Vorstellung von der Erde als flacher Scheibe, umgeben und begrenzt von Ozeanen und von einem Himmelsgewölbe überdacht. Die Sterne galten als Lichter, die fest am Firmament befestigt waren. Bekanntermaßen änderte sich dieses Weltbild im Laufe der Jahrtausende und Jahrhunderte stetig durch Kopernikus, Kepler, Galilei, Newton bis hin zu Einstein, Hubble und Friedmann.

Dennoch brauchen neue Erkenntnisse stets Zeit, bis sie sich durchsetzen. Nicht selten bewegen sich Denken und Überzeugungen vieler Menschen noch auf alten Bahnen, stützen sich auf überholte Begriffe und sorgen dafür, dass Überlebtes noch seine Wirksamkeit bewahrt, obwohl es eigentlich längst widerlegt ist. So verhält es sich auch mit dem Weltbild der klassischen Physik, das seit dem 19. Jahrhundert wirksam ist und auch heute noch das Denken vieler Menschen prägt, obgleich es durch Relativitätstheorie und Quantenmechanik längst überholt ist. Interessant ist, welche Begründung sich dafür finden lässt: »Nicht ohne Bedeutung ist dabei, dass die Mehrzahl aller technischen Geräte mit den Erkenntnissen der Physik des 19. Jahrhunderts zu verstehen ist. Nur wenige Entwicklungen – wie Computer oder die Kernphysik – benötigen auch die ›neue Physik‹ als Arbeitsgrundlage, die erst im 20. Jahrhundert entstanden ist. Der größere Teil heutiger Technik baut auf den schon im 19. Jahrhundert bekannten ›klassischen‹ Prinzipien auf, ergänzt durch die Fülle mittlerweile durchgezogener Detail-Entwicklungen und einiger neuer Wege, die sich aber dem imponierenden Bau der klassischen Physik zwanglos einfügen.«[215]

Dabei kann uns gerade die neue Quantenphysik spannende Ansätze und Einsichten liefern, um unser grundlegendes Verständnis von dem, »was unsere Welt im Innersten zusammenhält«[216], auf den neuesten Stand zu bringen. Im Mittelpunkt steht dabei die Überwindung des materialistischen Weltbilds durch die neue Physik, allem voran die Einsicht, dass Materie nicht aus Materie aufgebaut ist. Denn wenn man Materie immer weiter auseinandernimmt, bleibt am Ende nichts mehr übrig, was uns an Materie erinnert: kein Stoff, nur noch Form, Gestalt, Symmetrie, Beziehung, so die ebenso irritierende wie faszinierende Erkenntnislage der neuen Quantenphysik.[217] Das Primäre ist Beziehung, das Stoffliche ist das Sekundäre. Und das Zweite, was uns die Quantenphysik lehrt: Alles ist mit allem verbunden, es gibt keine isolierten Teilchen und das Ganze ist mehr als die Summe seiner Teile. Auch wir Menschen sind, so Dürr, »nicht Teile einer Wirklichkeit, sondern beteiligt an einer Wirklichkeit. Diese Wirklichkeit wird in jedem Augenblick neu geschaffen, und so bereichert jeder kreative Beitrag von uns die Wirklichkeit unserer Zukunft.«[218]

Wenn wir also unsere Welt oder unsere Organisationen transformieren wollen, müssen wir uns unserer alten Bilder zuallererst bewusst werden. Wir müssen sie reflektieren und in neuen Kontexten neu beurteilen. Vielleicht müssen wir sie erneuern oder wiederbeleben oder in einen neuen Rahmen setzen. Vielleicht müssen wir aber auch neue Bilder schaffen. Allerdings lässt sich all dies nicht erreichen, indem wir Transformation nur auf wohl designten PowerPoint-Folien stattfinden lassen. Unsere Autoindustrie zum Beispiel war hundert Jahre lang geprägt von einem reinen Produktdenken. Es galt vor allem, Prozesse zu optimieren und die Autos immer besser zu machen. Solche Unternehmen kann man nicht durch einen Strategiewechsel zu kundenorientierten Unternehmen transformieren, wenn in den Köpfen der Mitarbeitenden noch die alten Bilder hängen.

MENSCHEN BILD
FORTSCHRITTS BILD
LEISTUNGS BILD
STRATEGIE BILD
WELT BILD
ORGANISATIONS BILD
KUNDEN BILD
FÜHRUNGS BILD

7

DIE ZUKUNFT ERINNERN

AUS DEM MORGEN DIE GEGENWART LENKEN

»Zwischen Reiz und Reaktion gibt es einen Raum. In diesem Raum haben wir die Freiheit und die Macht, unsere Reaktion zu wählen. In unserer Reaktion liegen unsere Entwicklung und unsere Freiheit.«
Viktor Frankl

»Die Zukunft hat viele Namen: Für die Schwachen ist sie das Unerreichbare. Für die Furchtsamen ist sie das Unbekannte. Für die Tapferen ist sie die Chance.«
Victor Hugo

»Die Antworten zu unseren Problemen kommen aus der Zukunft und nicht von gestern.«
Frederic Vester

»Hochrechnungen sagen die Zukunft voraus, sofern alles beim Alten bleibt.«
Alexander Eilers

Es war einmal ein guter Mensch. Er hatte Mitleid mit dem hässlichen Gewürm der Raupen, wie sie sich Stunde für Stunde vorwärts plagten, um mühselig den Stängel zu erklettern und ihr Fressen zu suchen – keine Ahnung von der Sonne, dem Regenbogen in den Wolken, den Liedern der Nachtigall! Und der Mensch dachte: Wenn diese Raupen wüssten, was da einmal sein wird! Wenn diese Raupen ahnten, was ihnen als Schmetterling blühen wird: Sie würden ganz anders leben, froher, zuversichtlicher, mit mehr Hoffnung. Sie würden erkennen: Das Leben besteht nicht nur aus Fressen, und der Tod ist nicht das Letzte.

So dachte der gute Mensch, und er wollte ihnen sagen: Ihr werdet frei sein! Ihr werdet eure Schwerfälligkeit verlieren! Ihr werdet mühelos fliegen und Blüten finden! Und ihr werdet schön sein!

Aber die Raupen hörten nicht. Das Zukünftige, das Schmetterlingshafte ließ sich in der Raupensprache einfach nicht ausdrücken. Er versuchte, Vergleiche zu finden: Es wird sein wie auf einem Feld voller Möhrenkraut … Und sie nickten, und mit ihrem Raupenhorizont dachten sie nur ans endlose Fressen.

Nein, so ging es nicht. Und als der gute Mensch neu anfing: Ihr Puppensarg sei nicht das Letzte, sie würden sich verwandeln, über Nacht würden ihnen Flügel wachsen, sie würden leuchten wie Gold – da sagten sie: Hau ab! Du spinnst! Du hältst uns nur vom Fressen ab! – Und sie rotteten sich zusammen, um ihn lächerlich zu machen.[219]

Das Problem der Raupen ist, dass sie an einer Art *Zukunftsvergessenheit*[220] leiden, wie der Soziologe Harald Welzer es formuliert. Ihr Auftrag lautet schlichtweg zu fressen, zu fressen und noch mehr zu fressen und dazu bedarf es keiner Kategorie wie dem Zukünftigen. Außerdem würde die Raupe, um ihre Schmetterlingszukunft sehen und verstehen zu können, nicht nur einen erweiterten Horizont benötigen. Sie bräuchte einen anderen Horizont. Das weiß die Raupe – oder zumindest wissen es unsere Entscheidungsträger, die sich raupenartig vor dem Thema Zukunft drücken und so etwas wie einen *Zukunftsatheismus* entwickelt haben, wie der Philosoph Peter Sloterdijk es ausdrückt.[221] Er will mit diesem Begriff darauf aufmerksam machen, dass wir zwar die Gefahren sehen, auf die wir zusteuern, aber nicht fähig sind, dieses Wissen in politisches und wirtschaftliches Handeln umzusetzen und entsprechende Konsequenzen zu ziehen.

Fraglos befinden sich viele unserer Entscheidungsträger seit Jahren in einem permanenten Krisenmodus. Sie sind aufgrund der wachsenden Hyperkomplexität unserer Welt derart mit operativen Aufgaben beschäftigt, dass die Zukunft ihnen abhandengekommen zu sein scheint. Verstärkt wird diese Haltung durch kurzfristiges Denken, das nicht viel weiter reicht als bis zur nächsten Wahl oder bis zu den nächsten Quartalsergebnissen. Wenn sie über Zukunft nachdenken, dann eher in einer Change-Logik denn im Sinne einer Transformation.

Es werden Entscheidungen über das nächste Produkt getroffen oder darüber, wie in einer Krise Gelder unter Organisationen und Institutionen verteilt werden sollen, aber es wird kaum darüber nachgedacht, in welcher Gesellschaft wir leben, in welchen Organisationen wir arbeiten wollen. Wie soll Wirtschaft gestaltet werden, damit sie global gerecht ist und im Einklang mit Natur und Umwelt steht? Welcher Lebensstil ist angemessen angesichts von Armut und Ungleichheit in der Welt? Wie wollen wir in Zukunft arbeiten? Und müssen wir nicht erst die Natur, dann den Menschen in den Mittelpunkt stellen? Und vielleicht die wichtigste Zukunftsfrage: Wie bereiten wir unsere jungen Menschen auf die Welt vor, die wir ihnen hinterlassen? Das sind die Grundsatzfragen heute, existenzielle Fragen, auf die wir keine Antworten haben – weil wir sie nicht stellen.

Wie ist es dazu gekommen? Wie wir bei der Betrachtung der Renaissance und des Mittelalters (vgl. Kapitel 3, S. 73 ff.) gesehen haben, liegt die Zeit, in der Gesellschaften viel Energie darauf verwendet haben, dass sich *nichts* verändert, und alles durch die Wiederholung des immer Gleichen geprägt wurde, lange zurück. Seit Beginn der Moderne vor ungefähr 500 Jahren haben Gesellschaften immer Projektionen ihrer eigenen Zukunft entworfen. »Aus dem unentrinnbar und schicksalhaft vorbestimmten, religiösen Adventus (das, was naht) wurde das Futurum (das, was wird). Der Zukunftsbegriff drehte sich vom Passiven ins Aktive. Zukunft kommt nicht, sie wird gemacht – das war das neue Zeitverständnis. Aus der Zukunft wurden erstmals *die Zukünfte*.«[222] Darüber hinaus besagt der Grundgedanke der Moderne, dass die Zukunft immer eine bessere Zukunft sein sollte. Bis Ende der 60er-Jahre gab es in fast allen westlichen Gesellschaften sehr positive Zukunftserwartungen und eine grenzenlose Fortschrittsbegeisterung. Nach und nach ersetzte zunehmendes Risikobewusstsein die positive Haltung. Das Vertrauen in die Zukünfte verschwand.

Nun ist Zukunft per se unbekannt und unsicher. In einem Gespräch mit dem Unternehmensphilosophen Dominic Veken[223] hat dieser die Zukunft als einen dunklen

Raum bezeichnet, in den wir hineinsehen, aber nichts erkennen können. Bis vor 500 Jahren existierte dieser Raum sozusagen nicht und wurde weder gesucht noch gefunden. Wie die Aymara, ein Volk in den Anden Südamerikas, sahen wir den Raum nicht vor uns liegen. Die Ureinwohner der Hochebene Boliviens haben sehr wohl einen Zukunftsbegriff. Allerdings deuten sie hinter sich, wenn sie von der Zukunft sprechen.[224] In ihrem Verständnis ist Zukunft etwas, das hinter einem liegt, weil man es nicht sehen kann; was vor einem liegt, ist die Vergangenheit, die man sehen kann, weil man sie erlebt hat.[225] Auch für die westliche Welt gilt, dass dieser Raum erst seit etwa 500 Jahren vor uns liegt und wir davon sprechen, *nach vorne in die Zukunft zu blicken*. Seitdem leben wir nicht nur in der Gegenwart; wir leben auch in der Zukunft. Wir sind *Zukunftswesen* geworden. Wir gehen langsam auf einen Raum zu. Dieser Raum ist ein offener, vielleicht sogar grenzenloser Raum. Für viele Menschen ein Sehnsuchtsort, den wir erforschen, erkunden und erobern wollen. Als die Welt noch weniger dynamisch und komplex war, hatten die Menschen den Mut, forsch erste Schritte in den Raum zu wagen. Im Lauf der Jahre haben sie jedoch angefangen, den Raum erst zu vermessen, zu kalkulieren, zu projizieren, zu projektieren und zu modellieren, bevor wir ihn betreten.

Seit mehr als 300 Jahren wird unser Weltbild durch die Arbeiten von Newton und Laplace geprägt, die mithilfe ihrer Gravitationstheorie begannen, Vorhersagen zu treffen. Wenn wir zu einem gegebenen Zeitpunkt die Positionen und Geschwindigkeiten aller Teilchen im Universum kennen würden, schrieb Laplace, wären wir in der Lage, ihr Verhalten zu jedem Zeitpunkt in der Vergangenheit oder Zukunft zu berechnen. Daraus folgt, dass wir – zumindest im Prinzip – die Zukunft vorhersagen können.[226] Seitdem berechnen wir die Zukunft und entwickeln Zukunftsprognosen, die auf Statistik und Wahrscheinlichkeitsrechnung beruhen. Die Zukunft ist zu einer Rechenaufgabe geworden. Auf der Grundlage unserer berechneten Prognosen entwerfen wir unsere Vorstellung von einer noch nicht existierenden Zeit; die Basis dieser Berechnung ist jedoch immer gegenwarts- und vergangenheitsorientiert.[227] So sehr wir auch rechnen und neue Variablen einfügen, schreiben wir doch immer die Vergangenheit in die Zukunft fort. Wir leiten unser Bild von der Zukunft aus unserer Gegenwart oder sogar aus unserer Vergangenheit ab und halten dabei an unserem linearen Denken fest. Wir nehmen eine Taschenlampe und beleuchten den großen unbekannten Raum.

Nun wird es Zeit, dass wir die Art der Beleuchtung ändern. Der Zukunftsforscher Matthias Horx hat in seinem Buch »15 1/2 Regeln für die Zukunft« das Dilemma, in dem wir uns derzeit befinden, sehr zutreffend beschrieben: »Erst viel später erkannten wir, dass unsere Zukunftsannahmen an Linearität litten – an einem verengten Denken, das die wahrgenommenen Trends einfach starr in die Zukunft projizierte. In Wirklichkeit aber erzeugt jeder Trend einen Gegentrend, jede Veränderung einen Widerstand. Daraus entsteht eine Turbulenz, der die eigentliche Zukunft entspringt. Wenn wir eines Tages in der Lage wären, die Zukunft exakt zu prognostizieren – Molekül für Molekül sozusagen –, würden wir dann nicht in einem kalten, toten, mechanischen Universum aufwachen? Ist das nicht eigentlich das, was künstliche Intelligenz beabsichtigt: Ein deterministisches Universum zu schaffen, in dem alles voraussagbar ist.«[228] Und er fügt hinzu: »Um die Zukunft zu begreifen, müssen wir verstehen, wie wir als Zukunftswesen ticken. Die Zukunft findet nicht getrennt von uns statt. Sie kommt nicht ›über uns‹ wie eine Lokomotive, die aus dem Tunnel rast. Sie ist kein unveränderlicher Zustand, sondern ein Prozess. Work in Progress. Sie entsteht in unserem Wirken. In unserem Werden. In unserem ›Mind‹. Nicht morgen, sondern jetzt.«[229]

Zukunft entsteht mit unserem Mitwirken. Sie ist kein fertiges Gebilde, das wir vermessen und berechnen müssen, um es zu verstehen. Verstehen müssen wir vielmehr, dass wir Teil der Gleichung sind, dass wir es sind, die eine Verbindung zwischen heute und morgen herstellen müssen, dass wir mit am Verhandlungstisch sitzen, wenn es um unsere Zukunft geht.

Ein sehr eindrückliches Beispiel dafür, wie wichtig Zukunft für uns ist und wie sehr wir mit ihr verwoben sind, ist unser westliches Wirtschaftssystem. Ohne die Imagination von Zukunft könnte Kapitalismus nicht funktionieren. Keine Bank würde uns Zugang zu Kreditkapital gewähren, wenn wir ihr nicht den zukünftigen Erfolg unseres Unternehmens plausibel machen könnten. Selbstverständlich geht es dabei auch um Zahlen, Fakten, Business Cases. Alle Wirtschaftsakteure sind stets bemüht, die Überraschungseffekte der Zukunft möglichst zu minimieren. Aber grundsätzlich bedeutet kapitalistisches Wirtschaften immer auch den Umgang mit Ungewissheit. In seinem Buch *»Imaginierte Zukunft«* schreibt der Soziologe Jens Beckert dazu: »Es gibt keine Fakten über die Zukunft. […] Der Kapitalismus ist ein System, in dem die Akteure – seien sie Unternehmer, Investoren, Arbeitskräfte oder Konsumenten – ihre Aktivitäten auf eine Zukunft ausrichten, die sie als offen und ungewiss wahrnehmen, auf eine Zukunft, die sowohl unvorhersehbare Chancen als auch unkalkulierbare Risiken birgt. Das Wachstum von Wettbewerbsmärkten und die Ausweitung der Geldwirtschaft haben diese temporale Ausrichtung auf eine offene Zukunft in das institutionelle Gewebe von Wirtschaft und Gesellschaft eingeflochten. Aber sie ist auch in der einzigartigen Fähigkeit des Menschen verankert, sich eine zukünftige Welt vorzustellen, die anders sein wird als die gegenwärtige. In dem Bemühen, Gewinne zu erzielen, ihr Einkommen zu erhöhen oder ihren sozialen Status zu verbessern, erzeugen Akteure Imaginationen einer wirtschaftlichen Zukunft und richten ihre Entscheidungen danach aus, ob sie diese Zukunft verwirklichen oder vermeiden wollen.«[230] Kapitalismus operiert immer auch mit unserer Imaginationskraft, mit unserer Fähigkeit, eine Geschichte zu erzählen: Wer wird unser Produkt kaufen? Wie wird sich der Markt entwickeln und der Wettbewerb? Welches Terrain werden wir uns erobern, wo sind die Risiken? Nur wenn unsere Geschichte glaubhaft ist, stimmig, werden wir für unsere Geschäftsidee Mitstreiter und Geldgeber finden. Damit ist Zukunft nicht nur für uns und unser Wirtschaftssystem wichtig. Da unsere Vorstellungen, wie Zukunft aussehen soll, eben diese Zukunft mitbestimmt, sind wir auch für die Zukunft wichtig.

Zukunftsfähigkeit – bereit für morgen?

Alle Systeme und Organisationen beschäftigt die Frage ihrer eigenen Zukunftsfähigkeit. Sind wir anpassungsfähig genug, um den kommenden Bedingungen und Ansprüchen an uns Rechnung tragen zu können? Wie sehen unsere Strategien aus, was tun wir? Was nicht? Gibt es ein Big Picture für unser Unternehmen oder gibt es nur aktivistische Einzelaktionen, die kein schlüssiges Gesamtbild ergeben? Das amerikanische Inc. Magazin hat Führungskräfte in 600 Unternehmen gebeten, den Prozentsatz jener Mitarbeiter zu schätzen, die die Top 3 Prioritäten ihres Unternehmens kennen. Die Schätzung der Führungskräfte lautete 64 Prozent. Die Realität lag bei 2 Prozent.[231]

Viele Unternehmen haben ein Problem damit, ihre Vision, ihre Zukunftsbilder und Strategien – sofern vorhanden – an ihre Mitarbeiterinnen und Mitarbeiter zu kommunizieren. Ihre CEOs nehmen sich im Verhältnis zu den operativen Aufgaben viel zu wenig Zeit für die Zukunft. Und wenn sie es tun, dann wird Zukunft häufig auf eine Zahlenlogik reduziert und mithilfe teurer Berater bestätigt. Denn Zahlen schaffen – vermeintlich – Sicherheit. Keine Zukunft ohne Business Case also?

Diesem alten mechanistischen Zukunftsvorgehen fehlt ganz deutlich die Anschlussfähigkeit. Wir leben in einer Welt, in der Fakten allein gar nichts bewegen. Unser Problem ist nicht, dass wir zu wenig Fakten und Informationen haben. Wir haben zu viele.

Und sie ergeben kein Gesamtbild, keinen größeren Zusammenhang. Sie wirken nicht integrierend. Sie bewegen die Menschen nicht. Sie berühren uns nicht. Sie schaffen keine Verbindungen. Doch wenn wir über Zukunftsfähigkeit sprechen, ist genau dies alles gemeint. Wie also können wir eine Verbindung zur Zukunft aufbauen?

Der Soziologe Niklas Luhmann unterscheidet zwischen *gegenwärtiger Zukunft* und *zukünftiger Gegenwart*.[232] Die *gegenwärtige Zukunft* ist die gegenwärtige Vorstellung einer Zukunft, die noch nicht aktuell, aber aufgrund vorhandener Informationen und statistischer Modelle als Zukunft gut vorstellbar ist. Wir stellen uns eine Zukunft vor, die eine Verlängerung der Vergangenheit und der Gegenwart ist. Jedes System, das so vorgeht, nutzt Planungen und Messungen als Instrumente. Zwar muss zunächst eine Idee von dieser Zukunft existieren, dann muss das System aber ermitteln, wie es die gegenwärtigen Akteure dazu bringt, zuzustimmen. Dazu müssen die Planungen und das Versprechen schon überzeugend sein. Je planmäßiger das System agiert, desto weniger, so jedenfalls ist die Hoffnung, wird es von Überraschungen und Zufällen heimgesucht werden. Und Überraschungen lieben die Akteure nicht. Sie schätzen Versprechungen über die Zukunft, die möglichst sofort eingelöst werden sollen. Interessant sind daran nicht so sehr die Zukunftsvorstellungen selbst, sondern das, was man aus ihnen über die Akteure und ihr Umfeld lernen kann. Die Beobachtung sagt mehr über den Beobachter als die eigentliche Beobachtung.

Unter eine *zukünftige Gegenwart* versteht Luhmann eine Gegenwart in der Zukunft, die zwar noch nicht da ist, aber mit hoher Wahrscheinlichkeit gegenwärtig sein wird, zum Beispiel weil sie das Ergebnis heutiger Entscheidungen ist. Es ist die Zukunft, deren Vergangenheit unsere heutige Gegenwart ist. Wie werden wir zum Beispiel im Jahr 2040 in unseren Städten mobil sein? Dies ist eine Frage nach der zukünftigen Gegenwart, die komplex zu beantworten ist. Man muss dazu zunächst ein Bild der Zukunft entwickeln, um dann aus der Zukunft in die Gegenwart zurückzukehren und zu überlegen, welche Schritte heute notwendig sind, um am Ende bei der Mobilität im Jahr 2040 anzukommen.

Eine Art *zukünftige Gegenwart* beschreibt auch Matthias Horx in seinem Buch *Die Zukunft nach Corona*[233] und nutzt dafür den Begriff *Regnose*. In Anlehnung an die Prognose definiert er Regnose als eine Art »Rückwärtsszenario«, bei dem wir uns selbst als zukünftig einbeziehen. Wir setzen uns also mit der Zukunft in Verbindung. »Dadurch«, so schreibt Horx, »entsteht eine Brücke zwischen heute und morgen: ein ›Future Mind‹, eine Zukunftsbewusstheit. Und, wenn man es richtig macht, auch so etwas wie Zukunftsintelligenz. Wir sind in der Lage, nicht nur die äußeren Geschehnisse, sondern auch die inneren Adaptionen, mit denen wir auf eine veränderte Welt reagieren, zu antizipieren. Das fühlt sich schon ganz anders an als eine Prognose, die in ihrem apodiktischen Charakter immer etwas Totes, Steriles hat. Wir verlassen die Angststarre und geraten wieder in die Lebendigkeit, die zu jeder wahren Zukunft gehört.«[234]

In meinem Verständnis von Zukunftsgestaltung muss es uns gelingen, eine gesunde Balance zwischen gegenwärtiger Zukunft und *zukünftiger Gegenwart* zu finden. Wenn wir uns in einem System mit Change beschäftigen, dann muss es uns um die gegenwärtige Zukunft gehen, wenn wir über Transformationen sprechen, sollten wir eher in der Kategorie einer *zukünftigen Gegenwart* denken. In beiden Fällen sollten wir den jeweils anderen Pol nicht komplett ignorieren.

Zukunft erarbeiten

Wie also kann es gelingen, dass wir Menschen in unsere Zukunft mitnehmen? Dass wir sie mit unserem Zukunftsbild bewegen und berühren, etwas in ihnen entfachen? Wie schaffen wir es, den per se dunklen Zukunftsraum so auszuleuchten, dass Menschen uns gerne hineinfolgen? Ich möchte im Folgenden zwei Methoden vorstellen, die ich in meiner Zukunftsarbeit bevorzuge.

»Vision heißt, dass die Zukunft der Gegenwart ihre Visitenkarte in die Hand drückt.« (Thom Renzie)

1. Visionen

Wir alle kennen das Zitat von Helmut Schmid aus den 1980er-Jahren: »Wer Visionen hat, sollte zum Arzt gehen.« Es wird gerne genutzt, um jegliche Zukunftsarbeit im Keim zu ersticken und zu diskreditieren. Insofern hat Helmut Schmidt mit diesem Ausspruch großen Schaden angerichtet. Andererseits hat er seinen Ausspruch später relativiert, es sei »eine pampige Antwort auf eine dusselige Frage« gewesen.[235]

Tatsächlich schaffen wir es durch Visionen, Verbindungen zur Zukunft herzustellen. Wir formulieren darin unsere Ansprüche an die nahe oder ferne Zukunft. Wie schaffen eine Orientierung, ohne uns auf einen »festen Plan« zu fixieren, denn Visionen sind wandelbar. Horx erläutert: »Visionen bilden kein fixiertes Endziel, das ›die Zukunft voraussagt‹, sondern eine Orientierung. Sie öffnen die Zukunft als Möglichkeitsraum.«[236] Und er schreibt weiter: »Visionen sind Beziehungsarbeit mit der Zukunft. Wenn wir eine Vision ›umsetzen‹, heißt das nicht, dass wir sie ›befolgen‹. Wir tasten uns an eine neue Wirklichkeit heran. Visionen haben kein Reißbrett und auch keinen großen Plan. Sie entstehen eher durch einen Prozess der bewussten Variation und Auswahl. Versuch und Irrtum, die aber in eine bestimmte Richtung weisen.«[237]

Visionen sind geistige Vorstellung, die eine Brücke zwischen Gegenwart, Vergangenheit und Zukunft bauen. Sie kreieren Bilder und Vorstellungen, idealerweise wecken sie Emotionen, motivieren und steigern die Identifikation der Akteure mit dem System. Eine funktionierende Vision vermittelt Sinn und stärkt die Gemeinschaft.

2. Geschichten

Die geeignetste Methode, eine Verbindung zur Zukunft herzustellen, sind Geschichten. Jede Zukunft beginnt mit einer Erzählung. Sie sind das beste Mittel, um Emotionen und Rationalität miteinander zu verbinden. Geschichten bewegen uns – sei es, dass sie über Mythen, Bücher, Filme und soziale Netzwerke oder in Arbeits- und Alltagssituationen verbreitet werden. Geschichten vermitteln Moral und Ethik, liefern Rechtfertigungen und Erklärungen über unser Leben und unsere Welt.[238] Geschichten haben Identifizierungs-, Orientierungs- und Vertrauensfunktion. Sie sind das Medium, durch das wir uns verstehen, durch das wir auch die anderen verstehen. Eine Zukunft ohne Geschichte gibt es nicht. Wenn Zukunft nicht erzählbar ist, ist sie keine Zukunft![239]

Der Drehbuchtheoretiker Robert McKee bezeichnet eine Geschichte als ein Ereignis, das zwischen Anfang und Ende bei einem Charakter einen unwiderruflichen Wandel hervorruft. Vergleicht man also einen Helden am Anfang der Geschichte mit derselben Person am Ende der Geschichte, wird man feststellen, dass in ihr eine Transformation stattgefunden haben muss.[240] Geschichten erzählen uns etwas von Wandlungen und Transformationen. Sie vermögen es viel besser als Fakten und Zahlen, Zukunftsräume auszuleuchten. Nicht Fakten, sondern Erzählungen treiben die Wirtschaft und Menschen voran.[241] Wer auch immer die Geschichten einer Gesellschaft bestimmt, bestimmt auch ihre Zukunft.

Die Geschichten, die wir uns über die Zukunft erarbeiten, können verschiedene Orientierungen haben:

Utopie

Vor mehr als 500 Jahren wurde der sozialkritische Roman *Utopia* in der Universitätsstadt Löwen in Belgien veröffentlicht, der bis heute viele wichtige Denker beeinflusst hat.[242] Sein Autor Thomas Morus war ein Humanist, Philosoph und Schriftsteller und seit 1504 Mitglied des englischen Unterhauses, wo er unter Heinrich VIII. eine steile politische Karriere machte. Dennoch war er unglücklich über die Entwicklungen in England und entwarf in seinem Werk eine ›ideale‹ Gesellschaft, die in fernen Welten auf einer Insel existierte. Er nannte den Ort *Utopia* – ein Sehnsuchtsort, der zu gut und zu schön ist, um wahr sein zu können. Morus beschrieb mit seinen Ideen einen Idealzustand der bestehenden Gesellschaftsordnung, somit eine Gesellschaft, in der perfekte politische, soziale und wirtschaftliche Verhältnisse herrschten. Der Zweck seines utopischen Staates bestand jedoch nicht darin, das, was man als Entwurf imaginiert hatte, eins zu eins umzusetzen. Vielmehr sollten die Ideen anspornen, Dinge zu verbessern und Probleme zu erkennen. Utopie kommt aus dem Griechischen – oὐ *tópos* (»Nicht-Ort«) – und bezeichnet das Idealbild eines nicht zu realisierenden Gesellschaftszustandes: ein unerreichbarer Ort, der eine schöne, perfekte, fiktive Welt zeigen soll, die in der Realität jedoch nicht umsetzbar ist.[243]

Allerdings ist die Geschichte der Utopie ein Beispiel dafür, dass große Ideen sich durchaus von ihren Urhebern emanzipieren und verändern können. Aus dem zeitkritisch-ironischen Roman wurde zunächst ein literarisches Genre, die Science-Fiction-Literatur, und dann ein politisch-soziales Idealbild von Gesellschaft. Diese Bedeutung hat das Wort *Utopie* bis heute. Doch anders als früher stellen Utopien heute auch Welten dar, die in ferner Zukunft tatsächlich existieren könnten.[244] Utopien bilden Möglichkeitsräume ab, sie sind ein Vorausträumen von etwas, »das es bisher noch nicht gab, das aber fällig ist, weil es möglich wurde«.[245] Utopie ist der Anfang. Die Utopie bringt die Geschichte in Bewegung, indem sie sich auf das anders Mögliche bezieht. Sie ist wie eine Lokomotive, die die Menschheit durch die Geschichte zieht.

Dystopie

Eine weitere Spielart der Zukunftsimagination ist die *Dystopie*. Ähnlich wie die Utopie nimmt auch die Dystopie Bezug auf aktuelle Entwicklungen innerhalb einer Gesellschaft. Im Grunde haben Dystopien das gleiche Muster wie Utopien, nur mit anderen Vorzeichen. Dystopien zeigen die negativen Entwicklungen in unserer Gesellschaft auf und malen einen Ort, an dem wir nicht existieren wollen. Wie bei der Utopie handelt sich dabei um eine Zeitkritik. Dystopien wollen uns ermahnen, dass, sollten wir unser Verhalten nicht ändern und die gegenwärtigen Verhältnisse prolongieren, wir schlimme Folgen erleben werden. Sie leuchten unseren zukünftigen Gesellschaftsraum in sehr düsteren Farben aus. Während die Utopie eine Zukunftsvorstellung ist, die eine anziehende Wirkung auf die Menschen ausüben kann, geht es bei der Dystopie eher darum, sich von der Zukunft zu distanzieren. Die utopische Maxime könnte lauten: Alles könnte anders sein! Die dystopische Maxime: Alles könnte schlimmer sein! Dennoch ist eine Auseinandersetzung mit Dystopien wertvoll, um Risiken und negative Entwicklungen besser einschätzen zu können.

Retropie

Retropie bezeichnet eine besondere Form der Utopie: Menschen, die einer Retropie anhängen, suchen das Heil in einer überhöhten Vergangenheit. Sie meinen: »Früher war alles besser.« Dabei blenden sie viele Aspekte der Realität aus, verdrängen oder verleugnen sie. Die Retropie, also die rückwärtsgewandte Utopie, erfindet Regeln zur Aufrechterhaltung eines vergänglichen Zustandes.

Praesentopie

Wir leben in einer Zeit, in der die Zukunft keine Verheißung mehr ist. Viele Menschen empfinden sie gar als Bedrohung. Sie möchten lieber behalten, was sie bereits haben, als sich zu verändern. Wie Welzer es gut auf den Punkt bringt: »Zukunft wird behandelt als etwas wie Gegenwart plus X.«[246] Es ist eine Haltung des Bewahrens und des Stillstandes. Das Optimum wäre dann erreicht, wenn es gelänge, den Status quo schlichtweg zu erhalten. Wenn es schon keine bessere Zukunft geben kann, dann kann man doch einfach alles so lassen, wie es ist. »Wir gehen davon aus, dass etwas, das bisher funktioniert hat, uns in Zukunft, wenngleich in leicht verbesserter Form, ebenfalls ganz gute Dienste leisten wird«, heißt es dann.[247] *Praesentopie*[248] beschreibt ein Festhalten am Jetztzustand, weil alles, was kommen kann, in jedem Fall schlechter sein wird, so die Überzeugung der Praesentopisten, als das, was jetzt da ist.

Heterotopie

»Jenseits von Richtig und Falsch gibt es einen Ort. *Hier können wir einander begegnen.« Rumi*

Dieses Zitat des persischen Sufi-Mystikers Rumi stelle ich gerne voran, wenn ich mit den Menschen über Zukunft spreche. Es verbindet zwei wichtige Grundgedanken. Zum einen will es uns sagen, dass wir ohne Vorurteile und vorzeitige Bewertungen in einen gemeinsamen Dialog treten sollten. Zum anderen besagt es, dass wir dafür einen anderen Ort benötigen. Für mich ist dieser Ort jener, den der französische Philosoph Michel Foucault als *Heterotopie* (griechisch *hetero* »anders« und *topos* »Ort«) bezeichnet. Er versteht darunter Räume, »die in besonderer Weise gesellschaftliche Verhältnisse reflektieren, indem sie sie repräsentieren, negieren oder umkehren«[249]. Während es sich bei *Utopie* und *Dystopie* um alternative Zukunftsentwürfe handelt, in denen mögliche Wirklichkeiten abgebildet werden, geht es bei *Heterotopie* um wirkliche Möglichkeiten. Utopien sind gewünschte Orte, ohne wirkliche Orte zu sein. Heterotopien dagegen können Utopien konkret werden lassen, denn gegen die Wirklichkeit hilft in der Regel kein Wünschen und Träumen. Heterotopien sind besondere Räume, die durch ihr Anderssein die Möglichkeit zur Reflexion bieten. Räume, die sich dem alltäglichen und flüchtigen Blick entziehen, aus den gewohnten Mustern ausbrechen und für Störung und Unordnung offen sind.[250]

Für Transformationen sind Heterotopien in zweierlei Weise wichtig. Zum einen in Form von Diskurs- und Dialogräumen, in denen Menschen als komplementäre Zeitgenossen zusammenkommen, um sich jenseits von Richtig und Falsch, Gut und Böse, Sieger und Verlierer auf die Suche begeben. Diese Räume sind auf Vertrauen aufgebaut und es herrscht eine Kultur, die unterschiedliche Weltsichten, Perspektiven und Interpretationen zulässt, sie sogar begrüßt. Nicht die Widerlegung der anderen oder die Zementierung der eigenen Position und Machtstellung ist das Ziel, sondern das Anerkennen der anderen in ihrer Vielfalt. Ein Raum, der Symbiosen schafft. Wo man gemeinsam die Blickrichtung wechseln kann und Probleme, Herausforderungen, Argumente aus anderen Perspektiven kennenlernt. An die Stelle des Wahrheitsdisputs tritt also das Bestreben nach Verstehen, selbst wenn man entschieden anderer Auffassung ist.[251] Heterotopien sind Denkräume der Zuwendung, des Zuhörens, der Vielfalt, der Gleichberechtigung. Räume, in denen Andersartigkeit als Bereicherung erlebt und gewünscht wird. Wo man den Mut hat, mit vorgeschlagenen Lösungen unzufrieden zu sein, um gemeinsam etwas Besseres zu erarbeiten. Es ist dieser andere Raum, aus dem Neues aufsteigt.

Zum anderen sind Heterotopien wichtig, weil hier Erfolgsgeschichten erfahrbar werden. Ein Beispiel für einen solchen heterotopischen Ort ist Harald Welzers FUTURZWEI, wo Geschichten von Menschen erzählt werden, die sich eine andere Welt nicht nur vorstellen, sondern auch leben und vorleben. Orte wie Gut Stolzenhagen unweit von Berlin, wo Menschen sich seit mehr als zwanzig Jahren ein Leben jenseits von Konsum und Reizüberflutung führen. Es sind erfahrbare Orte, begehbare Orte, an denen sich etwas anderes zeigt, als das, was wir kennen. Gegenentwürfe zur Gegenwart und funktionierende Beispiele wirklicher Möglichkeiten.

Zukunft beginnt mit einer Entscheidung

Damit sich Systeme wandeln und entwickeln und somit ihre Zukunftsfähigkeit sicherstellen können, müssen sie trivialerweise Entscheidungen treffen.[252] Nur wenn Zukunft feststehen würde, bräuchte man nicht zu entscheiden, weil man einem bereits beschlossenen Plan folgen würde. Tatsächlich ist Zukunft aber in den meisten Fällen offen und bietet uns mehrere Möglichkeiten als Entscheidungsoptionen an. Das Problem dabei ist: Wie kann man sicherstellen, dass man die guten und richtigen Entscheidungen trifft? Vielleicht indem man über relevante Informationen und valides Wissen verfügt? Das wäre zwar oft hilfreich, ist aber bei der Gestaltung komplexer sozialer Systeme nicht immer zielführend, denn komplexe Systeme verhalten sich nicht deterministisch. Selbst wenn uns sämtliche Informationen über alle Parameter zur Verfügung ständen, wäre damit nicht gewährleistet, dass wir gute Entscheidungen träfen, denn relevante Entscheidungen zeichnen sich dadurch aus, dass wir sie nicht trotz, sondern wegen unseres Nichtwissens treffen. Entscheiden hat immer mit Nichtwissen zu tun. Besäßen wir vollständiges Wissen, dann wüssten wir genau, was zu tun wäre. Erst in Situationen, in denen wir erwägen müssen, wo wir nicht genau wissen, wo es ein Risiko gibt oder Gefahr besteht, werden Entscheidungen wichtig. Daher müssen wir bei der Gestaltung von Zukunft sorgsam mit Nichtwissen umgehen. Wir müssen lernen, Widersprüche klug zu managen. Dass wir vieles nicht wissen, hängt unter anderem mit der Komplexität der gegenwärtigen Lage und Umwelt zusammen. Wenn uns aber die Übersicht fehlt und häufig dadurch auch der Durchblick und die klaren Erkenntnisse, wie steuern wir dann all diese Systeme?

Wir brauchen eine Haltung

In Zeiten der Transformation spüren wir, dass manches Alte nicht mehr richtig funktioniert und manches Neue noch nicht so ist, wie wir es uns wünschen. Das kann beängstigend sein, zu Verwirrung und Überforderung führen. Es kann aber auch Freude bereiten und energetisierend sein. In solchen Zeiten entsteht ein Klima sowohl für

Optimisten als auch für Pessimisten. Menschen können auf Neues aktiv und gestalterisch oder reaktiv und zurückhaltend reagieren.

»In der Übergangszeit ist der Nährboden für den reaktiven Pessimismus gut und reichhaltig gedüngt«, wie Richard David Precht zu Recht meint. Doch ist dies eine gefährliche Haltung für die Gestaltung der Zukunft, weil sie die Stimmung vergiftet und das Negative antizipiert. Sie kann zu einer sich selbsterfüllenden Prophezeiung werden, denn sie überbetont das Negative und übernimmt gleichzeitig keine Verantwortung. »Doch wenn alle Pessimisten sind, darf man sicher sein, dass tatsächlich am Ende die Dystopie steht, weil niemand sich auch nur bemüht, den Lauf der Welt zum Besseren zu wenden«, fügt Precht hinzu.[253] Selten haben Pessimisten die Welt verändert. Sie bieten keine Lösungen, können aber Entwicklungen verhindern oder verlangsamen.

Das Gegenstück zu den Pessimisten, das ich für die Gestaltung von Transformation vorschlagen würde, sind nicht etwa die Optimisten, sondern die Possibilisten – ein Begriff, den in den Werken des Biologen und Philosophen Jakob Johann Baron von Uexküll[254] und denen von Hans Rosling[255] zu finden ist. Possibilismus ist eine konstruktive Zukunftshaltung. Possibilisten sind Menschen, die ihre Hände aus der Hosentasche nehmen und handeln. Sie suchen nach Möglichkeitsräumen. Sie stellen sich der Realität und haben keine Angst vor Unsicherheiten. Im Gegenteil, sie suchen und umarmen sie sogar. Sie haben nicht den Anspruch, für alles gleich eine Lösung zu haben, sondern vertrauen darauf, dass sich Dinge entwickeln und neue Potenziale entfalten. Sie sind mutig und sie gestalten aktiv. Sie übernehmen Verantwortung. Was sie am meisten von Optimisten unterscheidet, ist, dass sie das Negative nicht ignorieren, sondern die Risiken mitdenken. Sie vertrauen nicht blind darauf, dass sich die Dinge schon regeln werden, sondern sie wissen, dass sie Teil der Lösung sind. Possibilisten zeichnen das Bild einer guten Zukunft und fragen, wie wir gemeinsam dorthin gelangen können. Sie denken in Polaritäten und ignorieren die Chancen und Risiken nicht. Sie nutzen die Logik des Möglichen und pflegen eine Haltung von Dankbarkeit. Und dies ist genau die Haltung, die ich für Zeiten der Transformation vorschlagen möchte.

UTOPIE
POSSIBILISTEN
dystopia
dystopi
THE FUTURE

8

METANOIA

NEU ÜBER DAS DENKEN NACHDENKEN

*»Akzeptierte Ideen haben nicht mehr die Wirkkraft,
aber wirkungsvolle Ideen sind noch nicht akzeptiert.
Das ist das Dilemma unserer Zeit.«*
Stafford Beer

*»Eine neue Art zu denken ist notwendig,
wenn die Menschheit überleben will.«*
Albert Einstein

»Es sind nicht unsere Füße, die uns weiterbewegen, es ist unser Denken.«
Altes chinesisches Sprichwort

*»Jeder wirklich neuen Erkenntnis geht der Zustand
des aufmerksamen Nicht-Verstehens voraus.«*
Natalie Knapp

Im Sufismus, einer sehr alten und mystischen Strömung des Islam, gibt es eine alchimistische Allegorie, eine traditionelle Geschichte von der Umwandelbarkeit der Dinge. Demnach erreichte einst ein munter sprudelnder Bach die Wüste und fand, dass er sie nicht überqueren konnte; seine Wasser versickerten zu schnell in dem feinen Sand. Laut sagte er: »Es ist meine Bestimmung, diese Wüste zu überqueren, aber ich sehe nicht wie.«

In der geheimnisvollen Sprache der Natur antwortete die Wüste: »Der Wind weht über die Wüste hinweg, das ist auch dein Weg.«

»Aber sooft ich es versuche, versickere ich im Sand; und selbst wenn ich losstürze, schaffe ich nur ein kurzes Wegstück«, klagte der Bach.

»Der Wind stürzt sich nicht in meinen Sand«, sagte die Wüste.

»Aber der Wind kann fliegen und ich nicht.«

»Du denkst falsch; es ist absurd, selbst fliegen zu wollen. Erlaube dem Wind, dich über den Sand zu tragen.«

»Aber wie soll das gehen?«, fragte der Bach.

»Erlaube, dass der Wind dich aufnimmt«, sagte die Wüste.

Das gefiel dem Bach gar nicht. Er fürchtete, auf diese Weise seine Individualität zu verlieren. Würde er dann überhaupt noch existieren?

Dies, sagte der Sand, entspräche zwar einer gewissen Logik, aber mit der Realität habe es nichts zu tun. Denn wenn der Wind Feuchtigkeit aufnimmt und sie über die Wüste trägt, lässt er sie am Ende der Wüste als Regen niederfallen. Und so wird der Regen wieder ein Bach.

»Aber woher weiß ich, dass das auch wahr ist?«, fragte der Bach.

Die Wüste: »Es ist so, und du musst es glauben; ansonsten wird der Sand dich weiterhin aufsaugen, bis du nach ein paar Millionen Jahren ein Sumpf wirst.«

»Aber wenn das so ist, werde ich dann drüben derselbe Bach sein wie heute?«

»Du wirst niemals derselbe Bach sein wie heute. Aber du hast gar keine Wahl; das scheint dir nur so. Der Wind wird deine Essenz, das, was dich ausmacht, in jedem Fall mitnehmen. Wenn du dann jenseits der Berge wieder ein Bach wirst, mag man dich vielleicht anders nennen, aber du selbst wirst wissen, dass du derselbe bist. Heute bezeichnest du dich als einen Bach, doch du tust dies nur, weil du noch nicht weißt, welcher Teil schon jetzt zu deinem Wesen gehört.«

So erhob sich der Bach in die geöffneten Arme des Windes, der ihn langsam und behutsam aufnahm, über die Wüste trug und auf den Berggipfeln eines fernen Landes sanft und sicher absetzte.

»Jetzt«, sagte der Bach, »weiß ich, wer ich wirklich bin.«

Eine Frage aber beschäftigte ihn noch: »Warum konnte ich das nicht selbst herausfinden, warum hat der Sand es mir sagen müssen? Was wäre geschehen, wenn ich dem Sand nicht zugehört hätte?«

Wispernd kam die Antwort, es war die Stimme eines Sandkornes: »Nur der Sand weiß es, er hat es gesehen, denn er erstreckt sich vom Fluss bis in die Berge. Er ist die Verbindung, und er erfüllt seine Aufgabe wie jedes Ding seine Aufgabe erfüllt. Der Weg, den der Bach des Lebens auf seiner Reise nimmt, ist in den Sand geschrieben.«[256]

Der altgriechische Begriff *Metanoia* (griech. *meta* »um, nach« und *noein* »denken«) beschreibt ein Umdenken bzw. eine Neuorientierung, bei der »das gesamte Denken und Handeln auf eine neue Grundlage gestellt wird[257]. In der antiken Rhetorik nutzte man die Metanoia als geschickte Redefigur: Durch das Zurücknehmen des früher Gesagten drückt der Redner aus, dass er nicht auf seiner Meinung beharrt, sondern sich aufrichtig um Wahrheit bemüht. Er steigert damit seine Überzeugungskraft, weil er zeigt, dass er souverän, ehrlich und demütig genug ist, seine Aussage zu widerrufen.

Im Grunde hat Metanoia zu unser aller Werden und Entwicklung beigetragen. Metanoia ist ein reflexiver und erkenntnistheoretischer Prozess, der gewohnte Denkmuster infrage stellt und uns zu neuen Einsichten führt. Von einer Metanoia sprich man, wenn das Denken anders wird, nicht nur weil man neu oder anders denkt, sondern auch, weil man neu über das Denken denkt – so wie der Bach in unserer Eingangsgeschichte.

Metanoia führt tendenziell zur Transformation, zu epochalen Veränderungen, Neuerfindung oder dem Zusammenbruch persönlicher und gesellschaftlicher Welten. Wie eine gelungene Metanoia verläuft, können wir von den Schmetterlingen lernen: Die Welt der Raupen funktioniert nach einem einfachen Muster. Die meiste Zeit ihres Lebens befinden sie sich in einer Changephase. Ihr einziger Lebenszweck ist es, zu essen und zu wachsen. Unaufhörlich nehmen sie Nahrung auf. Die wenigen Sinneswahrnehmungen, über die sie verfügen, dienen der Nahrungssuche.[258] Sie bewegen sich wenig fort und sind in ihren Bewegungen den Naturgesetzen der Geodynamik unterworfen. Der Schmetterling hingegen muss sich in der Welt der Aerodynamik behaupten und braucht dazu ein ganz anderes Funktionssystem als die Raupe. Der Schmetterling »braucht andere Sinnesorgane, andere Nervenschaltungen und ein anderes biologisches Navigationssystem. Zwar sind die geodynamischen Gesetze deswegen für ihn nicht ungültig, aber ihre Relevanz hat sich für den Schmetterling gänzlich verändert.«[259]

Um diese Relevanzverschiebung in der Metanoia geht es, wenn wir uns mit Transformation beschäftigen, denn die Transformation unserer Systeme erfolgt nicht durch eine körperliche Veränderung. Wenn eine Raupe fliegen möchte, muss sie Flügel entwickeln und ein Schmetterling werden. Wenn wir fliegen wollen, müssen wir unseren Körper nicht verändern. Wir erfinden einfach ein Flugzeug. Unsere Metamorphose ist geistiger Natur. Wir Menschen ändern unsere Systeme mithilfe unseres Verstandes. Deshalb sollten wir bei der Gestaltung von Transformation zunächst immer der Frage nachgehen: Wie müssen wir denken und was sind die Grundprinzipien unseres Denkens? Denn sie bestimmen und begrenzen unsere Wahrnehmungsfähigkeit und formen die Welt, in der wir leben. Sie entscheiden, wie viel wir von der Welt entdecken und verstehen können. Wir müssen die Routinen unseres Denkens kennen. Sind sie uns nur so lange nützlich, wie wir uns innerhalb von Change bewegen und die Zukunft eine Wiederholung der Vergangenheit ist? Oder sollten wir unsere Denkmuster auch schon auf ihre Tauglichkeit für die Gegenwart prüfen? Nicht selten sind die alten Paradigmen, Denkweisen, Methoden, Verfahren Teil des aktuellen Problems. Sie zu hinterfragen macht den Weg für die Transformation frei.

Wenn wir Transformation anstreben, sollten wir uns unserer gedanklichen Fundamente, auf denen die uns heute geläufigen Systeme und Gesellschaften aufgebaut sind, bewusst sein. Erlauben wir uns also einen kurzen Ausflug in die Genese des heutigen Denkens.

Unsere gedanklichen Fundamente

Das Paradigma, das unser Denken bis heute prägt, hat seine Wurzeln in der Renaissance. Die damaligen Anfänge des Humanismus sorgten für die Entstehung einer Kultur, die motiviert war, sich und die Welt zu begreifen, kritisch zu hinterfragen und weiterzuentwickeln. Die Menschen begannen, sich für Neuerungen, Innovation und Fortschritt zu interessieren. Sie suchten im Rückgriff auf die ruhmreiche römische und griechische Vergangenheit Rezepte für eine bessere Zukunft. »Eine Zukunft fern des gegenwärtigen religiösen und gesellschaftlichen Gemeinschaftsdenkens.«[260] Sie ebneten dem selbstbewussten, fragenden und forschenden Menschen den Weg zur modernen Wissenschaft.

Die Pioniere der Wissenschaft jener Zeit waren Denker und Naturwissenschaftler wie Galileo Galilei, René Descartes und Johannes Kepler. Galilei bewirkte, dass das Experiment als Erkenntnismethode eingeführt wurde. Für ihn war es wichtig, alles zu messen und zu quantifizieren, um Erkenntnisse zu gewinnen. Er forderte daher, alles zu messen, was messbar ist, und was nicht messbar ist, messbar zu machen. Somit wurde das Messen zur »Sprache« der Wissenschaft.

René Descartes, auch er Mathematiker und Philosoph, entwickelte die Methode des analytischen Denkens. Er forderte, ein Gesamtproblem in kleine Teilprobleme zu zerlegen, um es besser zu verstehen. Für Descartes war der Schlüssel zur Erkenntnis die Teilung bzw. Zerlegung. Man teilt den zu untersuchenden Gegenstand so lange, bis man bei etwas ankommt, das man zu verstehen glaubt. Anschließend hofft man, das Ganze aus den Eigenschaften seiner Teile zu verstehen.

Johannes Kepler fokussierte sich als Astronom auf die Gesetzmäßigkeiten der Planeten und entdeckte, dass die Bahnen der Planeten Ellipsen sind und diese sich um die Sonne bewegen.

In der nächsten Generation war es vor allem Isaac Newton, der durch das Kausalitätsprinzip unser Denken prägte. Er suchte hinter jeder Wirkung eine eindeutige Ursache, also einen Grund, warum sie auftritt.

Diese herausragenden Köpfe waren die Mitbegründer der klassischen Physik, denen wir ganz wesentlich die Denkstrukturen, die uns heute zur Verfügung stehen, verdanken. Sie allesamt waren Christen und ihre Wissenschaft beruhte auf Vernunft und

Glauben zugleich. Erst im Laufe der Jahre hat sich dieses Verhältnis verändert. Mit der Französischen Revolution begannen Rationalität und Vernunft, immer mehr die Welt zu beherrschen. Es gab immer weniger Raum für Religion, für Transzendenz, für einen freien Willen, für moralische Begriffe, für Gewissen, für Gefühle wie Sehnsucht und Liebe.[261] Die Vorstellung von einem organischen und spirituellen Universum wurde durch das Bild von der Welt als Maschine ersetzt.[262]

Die Wissenschaftler betrachteten das Universum im Wesentlichen als einen gigantischen, komplizierten Mechanismus, eine Art riesiges Uhrwerk, das sich nach akkuraten mathematischen Gesetzen bewegt und im Moment der Schöpfung in Bewegung gesetzt worden war. Es funktionierte nach bestimmten Regeln und Gesetzmäßigkeiten und jedes Rädchen hatte seinen bestimmten Platz im System. Wenn man die Konfiguration und die Gesetze der Maschine kannte, brauchte man nur an der Kurbel zu drehen und das Räderwerk funktionierte auf immer gleiche Weise. Diese »Uhrwerklogik« wurde konstitutiv für eine Wissenschaft, die ein Naturbild prägte, das überwiegend auf Stabilitäts- und Einfachheitsannahmen beruhte. Sie schuf gemäß ihrem Verständnis ein Wissen, das Anspruch erhebt auf Allgemeingültigkeit, Ewigkeit und Unwandelbarkeit.

Was ist Wahrheit?

Heute gehen wir davon aus, dass die Naturwissenschaften uns Wahrheiten liefern und in der Lage sind, die Gesetzmäßigkeiten der Welt und der Natur zu erkennen. Dies gelingt ihnen jedoch nur durch das Erforschen von Kausalitäten. Alles, was sie erkennen, müssen sie begründen und mit Fakten belegen. Sie müssen ihre Begriffe und Kategorien definieren. Erst mit einer Definition können wir verstehen, nachvollziehen und erkennen, was sie uns sagen wollen und welche Implikationen daraus folgen. In jedem Fall erwarten wir, dass es nur eine Wahrheit gibt und diese uns Sicherheit verschafft. Wenn es mehrere Wahrheiten gibt, dann nur, weil wir (noch) zu wenig wissen. Dann müssen wir mehr forschen, mehr messen, mehr denken. Nur über das Denken können wir zur Wahrheit gelangen – Intuition, Gefühle, Erfahrungen stören eher oder haben keine Relevanz. Klaus Eidenschink beschreibt diesen Glaubenssatz wie folgt: »Je klarer und je mehr man den Verstand benutzt, desto mehr Erkenntnisse wird man haben. Wahrheit wird zum Wissen! Wahrheit ist kein Erleben, kein Spüren, keine Erfahrung, keine Selbst- oder Fremdwahrnehmung! Rationalität wird so zum dominierenden Zugang zur Wirklichkeit. Eindeutigkeit und Gewissheit sind die Merkmale der Wahrheit und argumentative Grundlage für Handlungsoptionen und Handlungen. In einer rationalen Welt muss jeder sich mit Argumenten und Begründungen rechtfertigen können.«[263]

Gemäß unserer heutigen Vorstellung von Wahrheit finden wir diese nur im Außen. Die Wahrheit befindet sich nie in uns selbst. Alles, was wir erkennen, liegt in der erfahrbaren Welt vor. Wenn wir die Wahrheit gefunden haben, dann müssen wir sie nutzen. Wir müssen die Wahrheit beherrschen. Der Weise kann schnell zum Lenker werden. Der Weise hat Macht. Ohne Wissen sind wir ohnmächtig. Je mehr wir wissen, desto weiter kommen wir in unserem Umfeld.

All dies bedeutet, dass unsere Denkstrukturen und Weltanschauungen noch immer von physikalischen Grundpfeilern und den Axiomen der aristotelischen Logik geprägt sind, die man als exakt, mathematisch, quantifizierend, isolierend, kausalanalytisch, mechanistisch und materialistisch bezeichnen kann. Dieses Denken wurzelt in bestimmten Grundstrukturen, die wir mit Nachdruck verteidigen. Solange wir jedoch darauf bedacht sind, unseren beschränkten Wissenskanon – und auch unser Unwissen – mit Argumenten zu verteidigen, sind wir von einer neuen Ordnung, von neuen Denkweisen weit entfernt. Lassen Sie uns beliebige Aussagen aus Politik und Unternehmen betrachten, an denen genau diese Selbstbeschränkung anschaulich dargelegt werden kann.

Aussage 1: Der aktuelle Klimawandel ist wissenschaftlich nicht ausreichend belegt.

Das Argument basiert auf der Überzeugung, dass, wenn etwas wissenschaftlich nicht belegt ist, dies gleichsam bedeutet, dass es nicht wahr ist – zumindest halten wir den Wahrheitsgehalt von solchen Aussagen für sehr fragwürdig. Der namhafte Biologe Rupert Sheldrake bezeichnet dies als »Wissenschaftswahn«, also einen überhöhten Glauben an die Autorität von Wissenschaft. Zusätzlich weist er daraufhin, dass Studien auch zugunsten von Geldgebern verzerrt sein können – Beispiel Tabakindustrie – oder unbequeme Ergebnisse nicht veröffentlicht werden. Somit können Geldgeber entscheiden, was als Wahrheit wahrgenommen wird. Ein Weg aus dieser begrenzten Sichtweise kann nur ein grenzüberschreitendes Denken und mehr Offenheit und Neugierde in den Naturwissenschaften sein.[264]

Aber ist es nicht vielmehr so, dass wir erkennen müssen, dass es *die* Wahrheit im Singular nicht gibt und dass Wissenschaft keine Wahrheiten produziert, sondern wahrheitsnahe Sätze? Wissenschaft war und ist immer nur eine stolpernde Wahrheitssuche.[265] Das konnten wir während der Coronapandemie häufig genug beobachten. Dennoch kann daraus selbstredend nicht folgen, dass man deswegen nicht handelt oder dass man Wissenschaft als Quelle der Wissensfindung missachtet.

Aussage 2: Das ist ein Widerspruch in sich.

Sobald Widersprüche auftauchen, wird das Bild für uns unstimmig. Wir betrachten Widersprüche als Fehler, die es zu eliminieren gilt. Wir interpretieren Widersprüche immer als Hinweise auf einen Irrtum. Diese Haltung entspricht der aristotelischen Logik, die auf folgenden Axiomen und Denkgesetzen basiert:

1. Satz der Identität – fordert die Eindeutigkeit von Begriffen;
2. Satz vom Widerspruch – fordert die Widerspruchsfreiheit von Aussagen;
3. Satz vom ausgeschlossenen Dritten – bei vollständigem Widerspruch ist eine Seite richtig![266]

Für uns besitzen diese Axiome und das aristotelische Denken eine so große Selbstverständlichkeit, dass wir uns ein anderes Denken gar nicht vorstellen können. Wenn Begriffe nicht eindeutig definiert und Dinge widersprüchlich sind, dann ist eine Verständigung darüber nicht möglich. Dann entsteht eine stagnierende Irritation. Doch in unserer heutigen Welt der Hyperkomplexität kommen wir mit einfacher Logik vermutlich nicht weit. Wir sollten darauf gefasst sein, dass wir uns zukünftig vermehrt in Widersprüchen bewegen werden und mit diesen anders umgehen müssen als bisher.

Der Philosoph Georg Wilhelm Friedrich Hegel, Meister des Widerspruchs, drückte es am deutlichsten aus: »Etwas ist also lebendig, nur insofern es den Widerspruch in sich enthält, und zwar diese Kraft ist, den Widerspruch in sich zu fassen und auszuhalten.«[267]

Aussage 3: Wir brauchen eine Checkliste für die Gestaltung von Transformation.

Zugegeben, diese Aussage wurde an mich persönlich gerichtet. Sie geht von der irrigen Annahme aus, dass sich alle Prozesse durch Rezepte, Checklisten und Regeln steuern lassen. Doch dies würde bedeuten, dass die Beziehung von Ursache und Wirkung immer gleich bliebe. Wenn ich einen Input A hineingebe, erhalte ich stets den Output B. Trete ich bei einem Auto auf die Bremse, verlangsamt sich die Fahrgeschwindigkeit. Heinz von Foerster nennt diesen Mechanismus eine »triviale Maschine«. »Eine triviale Maschine lernt nicht und entwickelt sich nicht weiter. […] Aber

Körper, Geist, Natur, Kultur, Gesellschaften und soziale Systeme sind keine trivialen Maschinen. Sie sind nicht bestimmbar oder berechenbar. Sie lassen eine Vorhersage des Outputs nicht zu. Nicht-triviale Systeme dagegen können bei verschiedenen Anfangszuständen zu dem gleichen Endzustand führen und verschiedene Endzustände können von dem gleichen Anfangszustand aus erreicht werden.«[268]

Aussage 4: Damit es besser wird, müssen wir mehr …

Das ist eine typische Haltung, wenn man davon ausgeht, dass mehr Quantität auch mehr Qualität zur Folge hat. Paul Watzlawick liefert dazu ein anschauliches Beispiel: »Wenn die Körpertemperatur eines Menschen von 37 auf 40 Grad ansteigt, dann ist der Mensch sehr krank. Steigt die Temperatur von 39 wiederum um drei Grade, dann ist der Mensch nicht doppelt so krank, dann ist er tot.«[269]

Die meisten Werte eines Systems befinden sich in einer gewissen Bandbreite der Funktionsbereiche, innerhalb eines Intervalls. Zu viel oder zu wenig führt jeweils zu dysfunktionalen Werten. Ein Mehr des Guten ist nicht unbedingt besser, sondern kann einem die Suppe gehörig versalzen.

Aussage 5: Das haben wir immer schon so gemacht. Läuft doch!

Oder auch: Never change a running system. Beide Aussagen gehen von der Annahme aus, dass man ein (gut) laufendes System nicht verändern sollte. Stattdessen sollte man alles so belassen, wie es ist. Doch einmal gefundene Lösungen, an denen wir eisern festhalten, sind ein wesentlicher Grund dafür, dass uns Veränderungen bzw. neue Lösungen so schwerfallen. Wir gehen davon aus, dass die bisherige Lösung auch zukünftig eine Lösung sein wird, weil wir in der Überzeugung leben, dass das, was bisher gut war, auch in Zukunft gut sein wird.

Zusätzlich neigen wir zu einer Art Gleichgewichtsdenken. Wir sind überzeugt, dass Systeme langfristig lebensfähig und funktional sind, wenn wir sie im Gleichgewicht halten und auf ewig einfrieren.

Aussage 6: Du musst dich entscheiden: entweder …. oder …

Abgeleitet von dem dritten aristotelischen Axiom des ausgeschlossenen Dritten meinen wir, uns für eine Lösung entscheiden zu müssen, wenn wir mit mehreren widersprüchlichen Optionen konfrontiert werden. Zunächst separieren wir, dann beurteilen wir, dann negieren wir, was wir als schlecht empfinden. Damit stellen wir sicher, den Widerspruch gemäß dem aristotelischen Entweder-oder-Axiom eliminiert zu haben. Und weil wir diese Entweder-oder-Logik so sehr verinnerlicht haben, fällt uns ein Sowohl-als-auch-Denken extrem schwer.

Aussage 7: Schreiben Sie einen Business Case.

Wir leben in einer Kultur, in der gilt, dass man alles Wichtige durch Zahlen erfassen kann. Wir glauben, dass Zahlen uns den Weg in die Zukunft weisen können. Wir glauben, dass Zahlen Sicherheit schaffen. Aber wie Martin Seel zu Recht sagt: »Die messbare Seite der Welt ist nicht die Welt. Es ist die messbare Seite der Welt.« Durch unseren Fokus auf Zahlen erschaffen wir eine Realität, die oft weit weg ist von dem, was in der Praxis wirklich passiert. Es entsteht ein Scheinwissen, das suggeriert, dass die Welt auf die Zahlen Rücksicht nehmen wird.

Aussage 8: Erfolg und Karriere sind planbar.

Diese Aussage fußt auf der Annahme, dass man die Zukunft durch Planung besser gestalten kann. Dies würde jedoch bedeuten, dass komplexe soziale Systeme kontrollierbar und beherrschbar wären. Wir glauben, dass Algorithmen die Zustände des Systems beeinflussen. Wir glauben, dass die Prozesse sequenziell und nicht parallel im System ablaufen, sodass die einzelnen Schritte und ihre Wirkungen eingeschätzt werden können. Wir glauben, alles verlaufe nach einem Plan und je detaillierter wir planen, desto mehr reduzierten sich die Überraschungen im System. Dabei kennen wir doch alle das Bonmot von Wilhelm Busch: »Erstens kommt es anders und zweitens als man denkt.«

Fraglos stehen wir an der Schwelle zu einer neuen Epoche. Wir befinden uns in einer Übergangszeit von einer alten in eine neue Welt. Wir sind Zeitzeugen einer sich extrem verändernden Umwelt, die geprägt ist von hohen Schwankungen, permanenten Überraschungen, spürbaren Unsicherheiten, unscharfen Zusammenhängen und widersprüchlichen Sachverhalten. Die Frage ist: Ist es sinnvoll, die oben skizzierten herkömmlichen Denkmuster beizubehalten und zu versuchen, damit die Herausforderungen der komplexen Welt zu meistern? Oder sind nicht gerade durch Traditionen und Gewohnheiten gefestigte Denk- und Verhaltensweisen, Methoden und Verfahren Teil des Problems und der Herausforderungen? Verleiten sie uns nicht dazu, weiterhin das Alte zu sehen und auf bekannte Paradigmen zu vertrauen?

Das Denken neu denken

Angesichts der Herausforderungen, vor denen wir stehen, müssen wir uns zumuten, ganz anders nachzudenken als bisher, denn mit unserem bisherigen Denken werden wir immer wieder die gleichen Umstände reproduzieren. Schließlich wusste schon Albert Einstein: »Probleme kann man niemals mit derselben Denkweise lösen, durch die sie entstanden sind.« Und mit Gary Hamel ließe sich ergänzen: »Erfahrungen erweisen sich nur dann als wertvoll, wenn die Zukunft genauso verläuft wie die Vergangenheit.«

Eine große Transformation funktioniert nur durch Metanoia. Das bedeutet, dass wir unser Denken »updaten« müssen. Es reicht nicht, das alte Denken nur in eine andere Richtung zu lenken. Zwar müssen wir nicht alles von Grund auf neu denken, aber einiges müssen wir in einen neuen Rahmen stellen. Wie unsere Schmetterlinge müssen wir in beiden Welten zurechtkommen. Aber was ist relevant für unsere neue Welt? Wie gelingt eine Verschiebung von geschlossenen, komplizierten und mechanistischen Maschinen hin zu vernetzten, lebendigen, offenen und komplexen Systemen? Betrachten wir die möglicherweise zentralen Elemente dieses neuen Denkens.

Mehr Verständnis für Komplexität

Über Komplexität wurde schon viel geschrieben und gesprochen. Und auch wenn wir über Transformation sprechen, kommen wir an diesem Thema nicht vorbei, denn seit dem 17. Jahrhundert ist unser Denken eng mit der Maschine als beherrschender Metapher verwoben. Wir haben unsere Systeme wie Maschinen behandelt und versucht, sie zu kontrollieren. Wir haben diese Logik perfektioniert und damit große Fortschritte und zivilisatorische Leistungen erbracht. Dennoch ist es berechtigt, zu überlegen, ob das Denken nicht auch noch eine andere Perspektive einnehmen und eine andere Richtung einschlagen könnte, da sich viele soziale Systeme, die wir wie Maschinen denken und behandeln, dieser Logik entziehen. Darüber hinaus werden unsere Umwelt und die Systeme, in denen wir agieren, immer komplexer. Die Problemsituationen haben sich gewandelt – weg von den einfachen und komplizierten, hin zu komplexen Problemen. Der Grund dafür ist die zunehmende Anzahl von Akteuren und ihre Vernetzung als Folge von Globalisierung, Individualisierung, Digitalisierung und Bevölkerungszunahme.

Heute sind wir um Umgang mit Maschinen und komplizierten Systemen vertraut. Maschinen können aus vielen verschiedenen Komponenten bestehen, die die unterschiedlichsten Beziehungen miteinander eingehen. Dennoch verhalten sie sich deterministisch. Das Verhalten solcher Systeme lässt sich vorhersehen, es ist zeitstabil und somit weitgehend überschaubar. Wenige Menschen können ein Auto auseinander- und wieder zusammenbauen. Es ist eine komplizierte Aufgabe. Dennoch kann ein Experte es immer wieder tun. Das Auto kann auf viele Arten falsch zusammengebaut werden, aber auf nur eine bestimmte Art richtig. Deshalb ist es wichtig, sich mit den Einzelteilen und ihren Funktionen gut auszukennen, und deshalb fokussieren wir uns auf Stabilität und Kontrolle. Wir wollen nicht, dass ein System sich plötzlich anders verhält. Es wäre fatal, wenn die Bremse des Autos plötzlich für mehr Geschwindigkeit sorgte. Komplizierte Systeme verändern sich – wenn überhaupt – erst beim nächsten Update.

Komplexe Systeme dagegen verhalten sich unüberschaubar. Sie bestehen aus vielen zum Teil veränderbaren Komponenten und Beziehungen, die auch mit ihrer Umwelt interagieren. Dadurch folgen sie nicht immer denselben linearen Kausalitäten. Es kommt ständig zu Rückkopplungen bzw. Feedback. Die Veränderungsmöglichkeiten des Systems sind somit variabel und vielfältig. Das System kann viele Zustände einnehmen, die nicht deterministisch sind. Auch lässt sich das System nicht besser verstehen, indem man es zerlegt, analysiert und dann wieder zusammensetzt. Es gibt keinen Bauplan. Ein komplexes System hat mehrere richtige und falsche Lösungen, es gibt unvorhersehbare Nebenwirkungen und überraschende Alternativen. Komplexe Systeme sind zeitsensitiv: Was heute noch galt, kann morgen grundfalsch sein. Komplexe Systeme können nicht beherrscht und unter Kontrolle gehalten werden. Eingriffe in das System können unterschiedliche Auswirkungen haben. Viele Handlungen wirken sich oft erst zeitverzögert aus und sind in der Regel irreversibel. Es besteht somit die Gefahr von Übersteuerung und Aktionismus.

Komplexität hat zwei Wirkungen: Die eine Wirkung ist, dass ein komplexes System intransparent, undurchsichtig und unüberschaubar ist, möglicherweise sogar Angst provoziert. Man kennt sich nicht aus. Man verliert sich in der Komplexität eines Systems. Das führt häufig zu der Bemühung, das System zu vereinfachen oder wie ein kompliziertes System zu behandeln. Aber es gibt auch eine zweite Wirkung, nämlich die Einsicht, dass Komplexität auch die Grundlage für alle höheren Fähigkeiten und Funktionen eines Systems sein kann. Diese Erkenntnis fasst der Biologe Carsten Bresch treffend in Worte: »Höhere Fähigkeiten erwachsen nur aus mehr Komplexität.«[270]

Komplexe Systeme zeichnen sich demnach durch eine Reihe charakteristischer Eigenschaften aus, die wir versuchen sollten, besser zu verstehen. Sie sind:

1. unüberschaubar,
2. vernetzt,
3. offen,
4. eigendynamisch,
5. undurchsichtig,
6. wahrscheinlichkeitsabhängig,
7. instabil.

Instabilität begrüßen

Zum Glück sind wir als Menschen in der Lage, kulturelle Leistungen zu erbringen, auch wenn die Frage aufkommt, warum manche Entscheidungen so lange dauern. Bis 1992 galt Homosexualität bei der Weltgesundheitsorganisation als Krankheit, in Deutschland war sie gar bis 1994 strafbar. Am 8. Juni 1954 fand man in England die Leiche von Alan Turing, der als Vater der modernen Informatik Geltende wurde nur 42 Jahre alt. Seine Ideen beeinflussen das Zeitgeschehen bis heute, doch die Anerkennung und der Dank dafür wurden ihm zu Lebzeiten verwehrt. Aus einem einzigen Grund: Turing wurde wegen Homosexualität verurteilt, erlitt eine Depression und nahm sich in seinem Haus das Leben. Bereits im Oktober 1950 hatte er den Artikel *Computing Machinery and Intelligence* zum Thema »künstliche Intelligenz« geschrieben, ohne den Begriff selbst zu verwenden. Darin führt er das *Imitation Game* ein, das später unter dem Namen *Turing-Test* bekannt wurde. Bei diesem Test soll eine Person entscheiden, ob derjenige, mit dem sie über ein »Chatprogramm« aus dem Jahr 1950 kommuniziert, ein Mensch oder ein Computer ist.[271] In diesem Aufsatz legte Turing auch eine Art Bekenntnis zum Leben ab, das dem Grundgedanken der KI entgegengerichtet ist: Intelligenz sei ein soziales Produkt und ein isoliertes Leben sei nicht lebenswert. »Wie ich erwähnt habe, entwickelt der isolierte Mensch keinerlei intellektuelle Fähigkeiten. Es ist für ihn notwendig, in eine Umgebung mit anderen Menschen eingebettet zu sein.«[272] Weiterhin beschäftigte Turing sich mit der Mathematik in der Biochemie. In seiner 1952 veröffentlichten Arbeit zum Thema *The Chemical Basis of Morphogenesis* geht es um die Entstehung von Formen, und Turing lieferte eine Beschreibung dafür, wie Muster und wie Selbstorganisation entstehen.

Ungefähr zeitgleich stellte ein brillanter russischer Chemiker namens Boris Pawlowitsch Beloussow Untersuchungen über die Chemie der Natur an und unternahm in seinem Labor einen Versuch, um einen Teil der Glukoseaufnahme im menschlichen Körper nachzustellen. Dabei vermischte er nach und nach diverse Substanzen und erhielt eine klare Flüssigkeit. Als er die letzte Substanz dazugab, veränderte sich plötzlich die Farbe der Lösung. Das ist zunächst einmal wenig erstaunlich, denn wenn man Tinte in Wasser mischt, verändert sich die Farbe des Wassers ebenfalls. Aber dann passierte etwas, das unmöglich schien: Die Flüssigkeit wurde plötzlich wieder transparent. Die meisten Chemikalien reagieren zwar miteinander, aber sie kehren nicht von allein in ihren Ursprungszustand zurück. Das heißt, man kann aus einer klaren Lösung eine farbige machen, aber dieser Prozess lässt sich eigentlich nicht umkehren. Doch das war noch nicht alles, was Beloussow beobachtete, denn die Substanzen nahmen nicht nur wieder ihren Ausgangszustand ein, sondern sie oszillierten von einem Zustand in den anderen. Von klar zu farbig und zurück, als würden sie von einem versteckten chemischen Mechanismus angetrieben. Auch in allen wiederholten Versuchen blieben die Ergebnisse gleich. Damit entdeckte Beloussow etwas fast Magisches, einen Vorgang, der gegen die Naturgesetze zu verstoßen schien.

Er schickte seine Ergebnisse an ein führendes russisches Wissenschaftsjournal, jedoch erhielt er eine unerwartete und vernichtende Antwort. Der Herausgeber der Zeitschrift zweifelte an der Richtigkeit der Beobachtungen, sie würden gegen die naturwissenschaftlichen Gesetze verstoßen. Die Zurückweisung traf Beloussow hart, er fühlte sich durch die Unterstellung, seine Experimente seien fehlerhaft, zutiefst in seiner Ehre verletzt und brach seine Forschung ab. Bald darauf gab er die Wissenschaft ganz auf.

Turing und Beloussow waren die ersten Wissenschaftler, die auf die Musterbildung und Selbstorganisation auf Basis von Instabilität in der Natur hingewiesen haben. Erstaunlicherweise stießen sie damit auf Abwehr bis Desinteresse. Der Grund dafür ist allzu menschlich, denn mit diesen Entdeckungen richteten sie sich gegen die herrschende Wissenschaft und alles, was sie bisher erreicht hatte. Um diese Haltung zu verändern, war eine revolutionäre und völlig unerwartete Entdeckung nötig. Und 1977 war die Zeit dafür reif. Ilya Prigogine erhielt aufbauend auf den Arbeiten seiner genialen Vordenker Turing und Beloussow den Nobelpreis für Chemie. Prigogine entdeckte, dass gerade Instabilität und die Fähigkeit zur Selbstorganisation eine schöpferische Rolle bei der Entstehung von neuen Strukturen in lebendigen Systemen spielen konnten. Für ihn sind solche Systeme sowohl offen wie geschlossen – sie sind strukturell offen, aber organisatorisch geschlossen. Materie fließt ständig durch das System hindurch, aber es bewahrt eine stabile Form, und zwar autonom durch

Selbstorganisation.[273] Prigogine hat solche Systeme als *dissipative Strukturen* bezeichnet. Dissipation bedeutet *Zerstreuung, Verschwendung* und er beschreibt damit einen Prozess, bei dem Energie allmählich verloren geht, dies aber nicht zum Ende eines Systems führt, sondern Teil eines Prozesses ist, in dem sich das System von seiner gegenwärtigen Form löst, um in neuer Gestalt wieder zu erscheinen, die den derzeitigen Forderungen der Umwelt besser angepasst ist.[274]

In unseren heutigen Denkmustern tun wir uns mit dem Begriff *Instabilität* schwer. Für uns ist Instabilität ein Zeichen von Verfall, eine Problemlage. Wir sehen Stabilität als gewünschten Systemzustand, denn sie sichert uns dauerhafte Lebensfähigkeit. Stabilität ist unser Gleichgewichtszustand, unsere gesunde Balance. Bei dissipativen Strukturen hingegen, zu denen auch biologische, soziale und kulturelle Strukturen zählen, geht es nicht um Gleichgewicht, ganz im Gegenteil. Um lebensfähig zu bleiben, halten offene Systeme den Zustand des Ungleichgewichts aufrecht, damit sie sich verändern und entwickeln können. Sie nehmen an einem aktiven Austausch mit der sie umgebenden Welt teil und nutzen für ihre eigene Erneuerung alles, was vorhanden ist. Das trifft auf jeden Organismus in der Natur zu, uns Menschen eingeschlossen.[275]

Es wird Zeit, dass wir als Gesellschaft und als Organisation lernen, Instabilität als ein besonders Kennzeichen alles Lebendigen zu sehen. Wir sollten sie willkommen heißen, anstatt sie mit aller Kraft zu bekämpfen. Wir sollen ein neues Verhältnis zur Unordnung entwickeln. »Das Wesentliche alles Lebendigen ist in seiner Bereitschaft zur Instabilität zu finden. Denn nur aus einem instabilen Zustand, der kurzfristig zusammenbricht, können sich neue hochentwickelte Strukturen bilden,« erklärt Hans Peter Dürr.[276]

Das Prinzip der Polarität

Ein weiteres zentrales Element des neuen Denkens könnte das Prinzip der Polarität darstellen, demzufolge jedes Sein seinen Gegensatz hat und alles zweifach ist. »Gegensätze sind ihrer Natur nach identisch, nur in ihrer Ausprägung verschieden; Extreme begegnen einander; alle Wahrheiten sind nur Halbwahrheiten; alle Paradoxa können in Übereinstimmung gebracht werden.«[277]

Die Grundlage des polaren Denkens ist die Erkenntnis, dass man eine Unterscheidung treffen kann, ohne trennen zu müssen. Im Gegenteil, die beiden gegensätzlichen Pole ergänzen sich bzw. brauchen einander. Sie stehen in einer ständigen

Wechselwirkung zueinander, weil sie nur unterschiedlicher Ausdruck ein und derselben Sache sind. Vieles in der Welt folgt dem Prinzip der Polarität: Tag und Nacht, einatmen und ausatmen, Positives und Negatives, verändern und bewahren. Die Kunst besteht darin, beides als Ganzheit zu sehen, die sich in ihrem Zusammenspiel bedingt. Keine Seite wird bewertet oder ausgeschlossen.

Wenn wir unseren Denkrahmen sprengen und uns in dialektischem Denken üben wollen, dann ist ein erster Schritt dazu, den Automatismus scheinbarer Widersprüchlichkeit zu durchbrechen. »Unterscheide, ohne zu trennen!« sollte dann die Maxime lauten.

Ambiguitätstoleranz

Unsere komplexe Welt ist voller Widersprüche und Mehrdeutigkeiten. Von Luhmann wissen wir, dass soziale Systeme Widersprüche erzeugen.[278] In der traditionellen Denkweise jedoch können wir Widersprüche kaum aushalten. Es existiert ein fataler Wunsch nach Eindeutigkeit und Klarheit, wir wollen stets *das Richtige*. Doch als moderne Gesellschaft mit ihren sozialen Systemen wie gesellschaftliche und politische Organisationen und Unternehmen müssen wir täglich mit Brüchen und Widersprüchen umgehen. Auch für unsere Demokratie ist Ambiguitätstoleranz, der Umgang mit Mehrdeutigkeiten, essenziell. Der Erfolg unseres Zusammenlebens wird davon abhängig sein, inwieweit wir in der Lage sind, die unterschiedlichen Interessengruppen und Bedürfnisse zu akzeptieren und ohne eine unflexible, zwanghafte Haltung sinnvolle Kompromisse zu schließen. Wir müssen unser Denken über die aristotelische Logik hinausbewegen und verstehen, dass sich das Ziel der Wissenschaft nicht in der Trennung von Richtig und Falsch erschöpft.

Ambiguitätstoleranz meint, Widersprüche und Mehrdeutigkeiten nicht zu verwerfen, sondern als gegeben anzunehmen. Mehr noch: Wir können Widersprüche sogar als Quelle der Entwicklung begrüßen, um daraus in einem Prozess der Veränderung Neues entstehen zu lassen. In einer neuen Denkweise brauchen wir Logiken, die die Widersprüche nutzt, sie aufgreift und nicht bekämpft.

The unknown unknown suchen

Die Begrifflichkeit des *unknown unknowns* geht auf den ehemaligen US-Verteidigungsminister Donald Rumsfeld zurück. Auf eine Frage nach den vermuteten Massenvernichtungswaffen des Irak antwortete er: »Es gibt bekanntes Bekanntes; es gibt Dinge, von denen wir wissen, dass wir sie wissen. Wir wissen auch, dass es bekanntes Unbekanntes gibt; das heißt, wir wissen, dass es einige Dinge gibt, die wir nicht wissen. Aber es gibt auch unbekanntes Unbekanntes – es gibt Dinge, von denen wir nicht wissen, dass wir sie nicht wissen.«[279]

Die neue Welt der Hyperkomplexität stellt uns vor große Herausforderungen. Während wir in unserer alten Denkweise durch Forschung und Wissenschaft neues Wissen gesucht und dabei unsere Rationalität in den Vordergrund gestellt haben, müssen wir uns nun auch mit dem *unbekannten Unwissen* beschäftigen. Darunter verstehe ich die Fähigkeit und das Streben, auch das Unmögliche zu denken und die heutigen Denkräume bewusst zu verlassen. Dazu bedarf es einer anderen Haltung gegenüber dem Unwissen. Wir sollten es nicht kategorisch negativ bewerten. Wissen ist nicht alles. Die Grenzen unseres Wissens können uns größere Entwicklungsräume aufzeigen. Ein Beispiel hierfür ist die Quantenphysik.

Ohne zu intensiv in diese Disziplin einsteigen zu wollen, soll ihre Geschichte hier kurz umrissen werden. Mit der Quantenphysik zu Beginn des 20. Jahrhunderts wurde ein denkwürdiger Paradigmenwechsel in der klassischen Physik eingeleitet. Wissenschaftler beobachteten damals, dass Materie, die man auf atomarer oder subatomarer Ebene betrachtete, sich nicht mehr nach den Regeln der klassischen Mechanik bewegte, sondern erstaunliche Anomalien aufwies. Alles begann im Ringen um die Natur des Lichtes, zu der es damals zwei physikalische Theorien gab. Die eine Schule interpretierte Licht als Welle und die andere Schule verstand Licht als Teilchen. Doch im Dezember 1900 hielt Max Planck einen Vortrag auf der Sitzung der Berliner Physikalischen Gesellschaft und behauptete, dass man Licht *sowohl* Teilchencharakter *als auch* Wellencharakter zuweisen kann. Dies war nur der Anfang einer rasanten Entwicklung. Basierend auf der Idee von Max Planck gelang Einstein 1905 die Erklärung des Photoeffektes, mit der er nachweisen konnte, dass sich der Teilchenbegriff nicht auf punktförmige Objekte beschränken ließ, sondern auch wellenförmiges Licht Teilchencharakter hat. Innerhalb von weniger als 25 Jahren hatte sich das Weltbild der Physik gewandelt. Im Mikrokosmos gab es kein Entweder-oder zwischen Wellen und Teilchen. »Dieser sogenannte Welle-Teilchen-Dualismus ist auch heute noch fester Bestandteil der Quantenmechanik. Das jeweilige Experiment entscheidet, welche Eigenschaft des Lichtes – Welle oder Teilchen – sich offenbart. Dies ist ein sehr sonderbarer Gedanke, der in der klassischen Physik kein Äquivalent besitzt.«[280]

Die Quantenphysik zeigt uns exemplarisch, dass wir unsere Aufmerksamkeit nicht ausschließlich auf greifbare Dinge und auf eine Vorstellung des Seienden fokussieren sollten. Wenn wir davon ausgehen, dass wir die Materie verloren haben, weil am Ende der reduktionistischen Vorgehensweise keine unzerstörbaren Teilchen zu finden waren, die mit sich selbst identisch bleiben, dann müssen wir umdenken. Aus »greifbaren Dingen«, Teilchen, wurden »nicht-greifbare Prozesse«. Hans-Peter Dürr bezeichnet sie als *Passierchen* und verweist damit auf das ständige Entstehen und Vergehen, das nicht auf Gleichgewicht und Stabilität basiert ist, sondern alles als Beziehung definiert. Es gibt nur Veränderung, Wandel, Prozesse. »Wirklichkeit ist für die moderne Physik keine Realität, sondern eine Potenzialität. In der Potenzialität gibt es keine eindeutigen Ursache/Wirkung-Beziehungen. Wirklichkeit ist das, was wirkt und sich daher andauernd verändert. Aus Sicht der Quantenphysik ist die Wirklichkeit kreativ, hat keine Grenzen, ist offen, dynamisch, instabil, das unauftrennbare Ganze. Die Grundlage der Welt ist nicht materiell, sondern geistig. Als ein nicht-auftrennbares immaterielles Beziehungsgefüge ist die Wirklichkeit eine Art Erwartungsfeld für zukünftig mögliche energetisch-materielle Manifestationen.«[281]

Neues Denken

Im letzten Kapitel haben wir darüber gesprochen, dass die Zukunft »anders und besser« werden soll. Was genau »anders und besser« ist, hängt natürlich von uns selbst ab, von unserer Sicht auf die Dinge. *Was* sehen wir und *wie* sehen wir? Denn gewiss ist zwar, dass die Zukunft ungewiss ist, doch sie ist keineswegs ein schwarzes Loch. »Es zeichnen sich Muster ab, eine Art Wellenbewegung, die sich in die Zukunft hinein fortpflanzt. Sie gilt es zu erkennen.«[282]

Wir erkennen zum Beispiel, dass unsere bisherigen Paradigmen, Narrative und Bilder ins Wanken geraten. Wir erkennen, dass wir mit unseren alten Paradigmen auf Anomalien stoßen. Nicht selten verwechseln wir dabei die Landkarte, die wir uns von der Realität angefertigt haben, mit der eigentlichen Wirklichkeit.[283] So haben wir uns zwar seit der Renaissance von einem theologischen und geozentrischen Weltbild, das die Erde im Mittelpunkt des Kosmos sah und den Menschen als ausgewähltes Werkzeug Gottes begriff, zu einem heliozentrischen, rationalen und wissenschaftlichen Weltbild hin entwickelt. Doch wirklich gut beraten sind wir nicht, wenn wir meinen, nun »in stolzer Überheblichkeit auf jede religiöse und metaphysische Weitsicht«[284] herabzublicken, denn unsere rationale und wissenschaftliche Weltsicht, die auf unveränderlichen Naturgesetzen basiert, ist »selbst zutiefst metaphysisch: Natur-›Gesetze‹ erfordern zweifellos einen Gesetzgeber, der sie erlässt.«[285] Unsere Wissenschaft findet keine letzten Antworten, sondern auch sie bildet nur ab, ist Landkarte und nicht selbst Wirklichkeit.

Damit wollen wir den Erfolg der Logik und des Paradigmas des rationalen und wissenschaftlichen Weltbildes als Forschungsmethodik nicht infrage stellen. Dem damit verbundenen Fortschritt und den daraus resultierenden zivilisatorischen Leistungen verdanken wir zweifellos viel. Dennoch merken wir, dass wir damit nur einen Teil der Wahrheit erfahren. Die klassische Physik erklärt uns nur einen Teil der Wirklichkeit und nicht das Ganze, und die moderne Naturwissenschaft versucht mithilfe der Quantentheorie, das Bild zu ergänzen und nicht zu ersetzen.

Das alte Paradigma mit den Logiken des Trennens, Teilens und Zerlegens der Dinge hat die Beziehungen und Verbundenheit vernachlässigt. Es forderte eine zu starke Trennung von Geist und Natur, von Vernunft und Emotion, von Politik und Spiritualität oder Ökonomie und Ökologie. Seine inneren Bilder sind eng verknüpft mit Begriffen wie *Gegenstand, Objekt* und *objektive Erkenntnis, exakte Berechenbarkeit, Bestimmtheit* und *Vorhersagbarkeit, Eindeutigkeit, Linearität* und *einfache Kausalität.*[286] Und wir stellen fest, dass diese Kategorien schnell an ihre Grenzen stoßen und dass sie schon gar nicht das abbilden, was wir unter Lebendigkeit und Natur verstehen. In lebendigen Systemen sehen wir eher Kategorien wie »dezentrale Organisation, Interdependenz, Vielfalt von Beziehungen und Kooperationen nach dem Prinzip gegenseitigen Vorteils, Kreislaufwirtschaft, effiziente Energienutzung«[287]. Die Antworten, die uns lebendige Systeme geben, sind selten schwarz oder weiß, »entweder-oder«, sondern lauten vielmehr »sowohl als auch«.

Wir brauchen eine Metanoia, ein neues Denken: weg von einer linearen, monokausalen, technologischen, mechanistischen, konkurrenzbetonten und wachstumsorientierten Sichtweise hin zu einer kooperativen, partnerschaftlichen, lebendigen, ganzheitlichen und ökologischen Haltung. Das heißt nicht, dass wir die alten Paradigmen und Bilder für unwichtig halten, aber wir müssen sie dringend ergänzen. Und bei dieser Ergänzung dürfen wir nicht den Fehler machen, uns bei all dem Neuen zu sehr auf das Was zu fokussieren. Vor der Frage *Was können wir tun?* muss der Frage *Wie müssen wir denken?* nachgegangen werden, bevor wir handeln. Mit dieser Frage beschäftigen wir uns im Folgekapitel Kultur.

META
NOIA

9

KULTUR

WENN AUS SPUREN WEGE WERDEN

»Zum Aufblühen von Kulturen kommt es,
wenn auf eine Frage von heute eine
Antwort von morgen gegeben wird.
Zum Niedergang von Kulturen kommt es,
wenn auf ein Problem von heute eine
Antwort von gestern gegeben wird.«
Arnold Toynbee

»If you do not manage culture, it manages you.«
Edgar H. Schein

»Ganz ohne Kultur kommt der Mensch aus der Spur.«
Wolfgang Lörzer

Im Rahmen eines meiner Beratungsprojekte erzählte mir ein Arzt einer Klinik für Psychiatrie und Psychotherapie von einem seiner Patienten. Dieser Patient sei jeden Tag in die Bibliothek gegangen, habe ein Buch ausgeliehen und es nach zwei Stunden zurückgebracht. Eines Tages drückte der Bibliothekar ihm ein Telefonbuch in die Hand. Als der Patient wie üblich nach zwei Stunden zurückkam, fragte ihn der Bibliothekar, wie er das Buch gefunden habe. Seine Antwort war: »Viele Akteure, kaum Handlung und überhaupt keine Kultur!«

Wie Recht er hatte! Das, was uns Menschen ausmacht und was uns von den anderen Primaten unterscheidet, ist die Kultur. Die großartigsten menschlichen Errungenschaften sind nicht die Dampfmaschine, der Buchdruck oder das Internet und schon gar nicht die SUVs, sondern unsere kulturellen Leistungen. Viele Wissenschaftler haben die Evolutionstheorie von Charles Darwin angezweifelt und in der Tat kann man sich die Frage stellen, warum, wenn wir insbesondere mit Schimpansen und Bonobos so eng verwandt sind, unser Verhalten so unterschiedlich ist. Warum leben die engsten Verwandten der Menschen immer noch »barbarisch« in den Wäldern und Dschungeln, aber der Mensch nicht mehr in Höhlen, sondern in Häusern, die geheizt und gekühlt werden können? Wie kam es dazu, dass wir Menschen uns exponentiell weiterentwickeln konnten? Der amerikanische Kulturanthropologe Michael Tomasello und sein Team am Max-Planck-Institut für evolutionäre Anthropologie in Leipzig haben diese Fragen beantwortet. Sie haben empirisch untersucht, was Schimpansen, Bonobos und Gorillas, die nahezu 99 Prozent des genetischen Materials mit uns teilen, anders machen als wir, um ihr Leben zu gestalten, wo genau die Abweichungen liegen und was dazu geführt hat, dass Mensch und Affe vor 4 bis 7 Millionen Jahren begonnen haben, getrennte Entwicklungswege einzuschlagen. Ihre These lautet: Der Mensch unterscheidet sich von seinen nächsten Verwandten dadurch, dass er über die Fähigkeit zum »kulturellen Lernen« verfügt.[288]

Zwar sind unsere genetischen Verwandten, die großen Menschenaffen, intelligent und uns in vielen Dingen sehr ähnlich, aber sie können ihre gelernte Erkenntnisse und Techniken nicht an die nächste Generation weitergeben. Und genau hier unterscheiden wir uns als Menschen. Wir kooperieren systematisch und sind in der Lage, ein *Wir* zu schaffen, das sich geteilter Intentionen, geteilten Wissens und geteilter soziomoralischer Werte bedient, und wir sind in der Lage, die gemeinsamen Methoden und Erkenntnisse an die nächste Generation weiterzugeben.[289] Tomasello nennt das den *Wagenhebereffekt*. Er meint damit unsere Fähigkeit, auf den kulturellen Errungenschaften vorhergehender Generationen aufbauen zu können. Das heißt, wir beginnen nicht immer wieder bei null, wie die meisten Tierarten, sondern entwickeln uns und unsere Kultur immer weiter. Der Wagenheber, um in Tomasellos Bild zu bleiben, rastet ein und rutscht nicht wieder auf das Ausgangsniveau zurück. Jede neue Generation setzt dort an, wo die vorhergehende aufgehört hat.[290] So müssen wir nicht wieder zurück in die Höhlen, sondern ziehen in Wolkenkratzer ein. Dieses Weitergeben von Fertigkeiten und Wissen an die folgenden Generationen geschieht durch kooperative Prozesse des kulturellen Lernens in Form von aktivem Unterricht, Kopieren, Imitieren. Daher verbinden wir mit dem Thema Kultur immer die Begriffe: Mythen, Dogmen, Geschichten, Legenden, Symbole, Denkweisen, Glaubenssätze und implizite Regeln wie Traditionen und Werte.

Die These des Wagenhebereffekts ist für die Menschheit ein zweischneidiges Schwert. Einerseits – und das ist der Hauptvorteil – profitieren wir als Gemeinschaft davon, was bereits gelernt wurde. Die sogenannte *kumulative kulturelle Evolution* sorgt für Weiterentwicklung und Verbesserung. »Wenn ein Individuum ein Artefakt oder eine Vorgehensweise erfindet, um eine bestimmte Aufgabe zu lösen, dann können andere sie in kürzester Zeit erlernen. Wenn dann ein weiteres Individuum eine Verbesserung erfindet, übernehmen wiederum in der Regel alle, einschließlich heranwachsender Kinder, die neue, verbesserte Version. Dies führt zu einer Verbesserung bei dem jede Version einer Vorgehensweise so lange im Repertoire der Gruppe erhalten bleibt, bis jemand etwas Neues und Besseres erfinde.«[291]

Andererseits wiederholen Kulturen das, was sie schon immer getan haben. Die Folge ist, dass es uns schwerfällt, Dinge zu verändern oder einen Standpunkt außerhalb unseres Kulturmodells einzunehmen. Was als unsichtbare Regel herrscht, übernehmen wir, ohne zu reflektieren, warum wir es tun. »Denn die Kultur, in die man hineinwächst, ist nichts Äußerliches – sie sitzt nicht nur in unseren Infrastrukturen und Institutionen, in unserem Grundgesetz, unseren Lehrplänen und Verkehrsregeln, sondern in unseren Gewohnheiten, in unseren Wahrnehmungen und Deutungen, in unserer Psyche, unserem Selbst. Unser Kulturmodell blendet die Frage, wo das alles herkommt, systematisch aus. Das ist das kulturell Unbewusste, und daher sind wir alle, als Mitglieder dieser Kultur, gut durchtrainierte Vergessenskünstler. [...] Deswegen ist es so schwer, sich vorzustellen, dass die Kultur, der man angehört, eine ›falsche‹ Richtung eingeschlagen haben könnte. Diese Kultur ist ja für jeden von uns immer schon ›da‹, eine Selbstverständlichkeit, so wie für einen Fisch das Wasser.«[292]

Das erschwert uns Veränderung. Wir sind diesbezüglich schwach, weil wir von den »Viren des Geistes«, den *Memen* infiziert sind. Das Wort *Mem* leitet sich vom griechischen Wort mīmēma ab, was so viel bedeutet wie »nachahmen«. Die Bezeichnung geht zurück auf Biologen Richard Dawkins zurück, der Meme als kleine Einheiten des kulturellen Erbes versteht, analog zu Genen, die durch Kopie oder Imitation von Mensch zu Mensch weitergegeben werden.[293] Meme sind, verkürzt gesagt, das Pendant von Genen auf der Ebene der kulturellen Evolution. Sie sind zunächst nichts anderes als Informationen, die jedoch die verschiedensten Formen annehmen können: Visionen, Vorstellungen, Ideologien, Moden, Trends, Stile, Gedanken, aber auch Melodien, Lieder und Bilder. Meme streben nach Verbreitung und versuchen, möglichst viele andere »anzustecken«. Das Hauptproblem und die größte Gefahr dabei ist, dass Meme durch Beobachtung und Nachahmung erworben werden können, ohne dass hierzu ein rationales, tiefgehendes Verständnis dieses Verhaltens erforderlich ist. Wir sind uns also oftmals nicht bewusst, welche Meme uns beeinflussen und prägen. Wir merken nicht, mit welchen Memen wir »infiziert« sind.[294]

Was ist Kultur?

Wenn wir unsere Kultur verändern wollen, müssen wir sie zunächst verstehen. Da *Kultur* ein Begriff mit sehr vielen unterschiedlichen Definitionen ist, kann jedoch nicht vorausgesetzt werden, dass ein mehr oder minder einheitliches Verständnis vorliegt, wenn von *Kultur* die Rede ist. Der Begriff hat sich auch historisch weiterentwickelt. Hubertus Busches Versuch, sich dem Begriff zu nähern, halte ich für einleuchtend. Er differenziert die Kultur, die man *betreibt,* die Kultur, die man *hat,* die Kultur, in der man *lebt,* und die Kultur, die man *schafft.*

Unter *Kultur, die man betreibt*, versteht er demnach die Kultivierung der Naturanlagen[295]. In der Antike hat man unter Kultur nichts anderes als »Agrikultur« verstanden, also die Umsorgung, Pflege und der elementare Umgang mit dem Boden als

Vorbereitung für das Wachstum von Pflanzen und Früchten. Dem entspricht der etymologische Ursprung aus dem Verb *cultura*, also sorgfältig pflegen, bebauen, bearbeiten, aber auch wohnen.[296] In dieser übertragenen Bedeutung entwickelte sich der Begriff weiter und avancierte im 18. Jahrhundert gar zur Modevokabel. »Cultur« ist einerseits Inbegriff der Bildungsidee, andererseits zielt er auf die »Veredelung, auf Vergeistigung der Natur. Sie bedeutet Formung naturgegebener Mannigfaltigkeiten. Deshalb gibt es so viele Kulturaufgaben als Naturgegebenheiten, die der geistigen Formung harren«, schreibt Busche.[297]

Die zweite Bedeutung, nämlich *Kultur, die man hat,* ist nach Busche der notwendige Komplementärbegriff zur ersten Grundbedeutung. Wer Kultur betreibt, gilt als kultiviert. Und je intensiver man sie betreibt, desto höher ist der geistige und körperliche Zustand.

In der frühen Moderne hat sich der Begriff mit dem Zuwachs an menschlichen Populationen verändert. Die vielen Gruppen benötigten eine Art der Identifikation. Und sie begannen, miteinander zu konkurrieren. Seitdem versteht man unter Kultur etwas ganz anderes. Menschen fingen an, sich zu vergleichen, um sich identifizieren zu können. Es ist die *Kultur, in der man lebt*, die Art und Weise, wie wir miteinander umgehen, welche Sitten und Bräuche wir pflegen, woran wir glauben, was wir essen und trinken, was uns zu denen macht, die wir sind. Indem wir uns durch unsere Kultur von anderen unterscheiden, wird klarer, wer wir sind. Kultur wird zu einer Form von Vergleichsverfahren, zu einem permanenten Prozess von Ausgrenzung, Eingrenzung, Abwertung, Aufwertung. Einerseits wollen wir uns mit unserer Kultur ausgrenzen und eingrenzen, andererseits geht es auch darum, Gemeinschaften zu bilden oder Gemeinschaften zu stärken.

Kultur, die man schafft, entstand in ihrer heutigen Bedeutung gegen Ende des 19. Jahrhunderts vor allem in Deutschland. Diese vierte Bedeutung, schreibt Busche, »bildet einen irreduziblen, neuen Grundbegriff. Denn er lässt sich weder zurückführen auf die Kultivierung, die man betreibt (Kultur 1), noch auf die Kultiviertheit, die man erworben hat (Kultur 2), noch auf die nur aus der Distanz heraus objektivierbare Kultur, in der man lebt (Kultur 3). Die Kultur 4 wird vielmehr vorgestellt als eine von höherer Würde umgebener Teilsphäre innerhalb der Kultur 3, und zwar oberhalb des bloß Zivilisatorischen, Politischen, Wirtschaftlichen und Technischen. Zu ihr werden vielmehr Kunst (im weiten Sinne als darstellende, bildende, Tonkunst usw.), Literatur, Philosophie, manchmal auch Wissenschaft und Religion gezählt. Während man im Bezugsrahmen des dritten Kulturbegriffs sinnvoll von ›Alltagskultur‹ sprechen kann, nämlich im Sinne eingespielter Gewohnheiten des täglichen Lebens, ist dieses Wort im Rahmen des vierten Kulturbegriffs sinnwidrig, weil die Kultur als besonderer Bereich von Kunst, Literatur, Philosophie usw. gerade vom Alltäglichen unterschieden, wenn nicht gar von ihm ›abgehoben‹ oder ›entrückt‹ vorgestellt wird. Kultur 4 ist daher bis heute, trotz aller ›Demokratisierung‹ und ›Popularisierung‹ ein exklusiver Begriff mit Distinktionswert.«[298]

Und was ist Unternehmenskultur?

Ausgehend von diesen historischen und semantischen Entwicklungen des Kulturbegriffs können wir Unternehmenskultur nicht mit einer allgemeingültigen Definition versehen. Und ist es nicht gerade ein Merkmal der Kultur, dass sie immer einladend und offen ist, einen Rahmen von Möglichkeiten bietet, die nicht vorbestimmt sind? Unter diesen Vorzeichen muss ich über ein Gespräch schmunzeln, das ich vor einigen Jahren mit einem Bereichsleiter geführt habe. Er sagte damals: »Ja, Unternehmenskultur ist super wichtig für uns. Ich war dieses Jahr meinem Team wandern und danach haben wir Weißwurst gegessen. Es war großartig. Das Thema ist für uns dieses Jahr erledigt.« Ich glaube, dass er in meinem Blick sofort meine Verzweiflung über seine Aussage bemerkt hat. Um sich zu Wehr zu setzen, forderte er mich auf, zu definieren, was das denn sei, Unternehmenskultur. Freilich konnte er solch eine Definition haben. Es gibt mehr als 150 Definitionen in der Literatur! Stefan Kühl bezeichnet den Begriff als »terminologischer Staubsauger«, mit dem alles aufgenommen werden kann.[299] Die vielleicht besten Versuche sind: eine Art »Hinterbühne der Organisation«[300], eine »unbewusste Grammatik«[301], ein »unsichtbarer Taktgeber«[302], das »Unterleben« einer Organisation, das sich jenseits der offiziellen Regeln ausbildet[303] und etwas, das bestimmt, wie die Organisation als Ganzes wahrnimmt, denkt, fühlt und handelt – kurz, wie die Organisation tickt.[304]

Hilfreich für das Verständnis von Unternehmenskultur ist eine weitere Klassifizierung von Stefan Kühl, in der er das Handeln in Organisationen von drei Seiten aus betrachtet:[305]

1. Die *Schauseite*: Sie dient Unternehmen zur internen und externen Selbstdarstellung und zeigt in der Regel ein geschöntes Bild der Organisation. Mit diesem

will man in der Öffentlichkeit gut dastehen, Shareholder von sich einnehmen, qualifiziertes Personal auf dem Arbeitsmarkt gewinnen und von anderen Unternehmen als attraktiver Kooperationspartner wahrgenommen werden. Unternehmensinterne Konflikte, zerstrittene Vorstände und Hierarchierangeleien kommen in diesem Bild nicht vor. Die Schauseite eines Unternehmens zeigt dieses als effizient, konfliktfrei und erfolgreich.

2. Die *formale Seite*: Sie besteht aus den für alle Mitglieder der Organisation verbindlichen Regeln, der offiziellen Governance. Dies sind zum Beispiel standardisierte Arbeitsabläufe, Kommunikationswege, Hierarchien und Zuständigkeiten, aber auch Produktionsvorgaben und vertriebliche Ziele. Im Unterschied zur Schauseite ist die formale Seite von Organisationen nicht abstrakt, sondern manifestiert sich in sehr konkreten Handlungsanweisungen.
3. Die *informale Seite*: Hier zeigt sich schließlich, wie das Unternehmen tatsächlich »tickt«, wie im Arbeitsalltag und in der Praxis jenseits der offiziellen Regularien tatsächlich entschieden und gehandelt wird. Ohne diese informale Seite könnten Unternehmen nicht funktionieren, denn unternehmerisches Handeln lässt sich nicht in Gänze formal regeln. Dienst nach Vorschrift wäre für jedes Unternehmen der sicherste Weg, um zu scheitern.

Damit sich Unternehmen nach innen und außen funktionsfähig zeigen, stehen die drei Seiten nur lose miteinander in Beziehung. Die faktische Unternehmenskultur bildet sich hauptsächlich durch die informalen Handlungsmuster heraus, durch das Wiederholen bewährter Praktiken im Arbeitsalltag – nicht durch die Verkündigung ehrenwerter Werte auf der Schauseite.

Wenn aus Spuren Wege werden

Abbildung 6: Wie Kultur entsteht

Kultur entsteht in allen Systemen, in denen Menschen zusammenkommen und handeln. Sie entsteht nicht durch Regularien oder durch proklamierte Werte, sondern sie manifestiert sich durch gelebte Praxis, dadurch, dass aus Spuren allmählich Wege werden. Wie in Abbildung 6 zu erkennen ist, wollte man hier eine Zufahrt durch eine Schranke begrenzen. Die verantwortlichen Entscheidungsträger hatten sicherlich einen Beweggrund, als sie diese Maßnahme ergriffen. Sie hatten bestimmte Erwartungen, wo die Autofahrer zu fahren haben. Doch neben dem erwarteten Weg bildeten sich unerwartete Spuren aus. Irgendjemand hinterließ die erste, kaum sichtbare Spur. Er hatte eine andere Idee als die Entscheidungsträger, eine Idee, die vielleicht Zeit sparte. Auch der zweite Fahrer dachte über den Weg nach und folgte der Lösung seines Vorgängers. Dies wiederholte sich so lange, bis sich das Muster eines alternativen Weges herausgebildet hatte. Dieser neue Weg etablierte sich zu solch einer festen Gewohnheit, einem Automatismus, dass die Autofahrer gar nicht merkten, dass die Schranke nicht mehr da war. So entstehen dysfunktionale Gewohnheiten und es ist die Aufgabe der Verantwortlichen, dysfunktionale Gewohnheiten der Mitarbeitenden an veränderte Rahmenbedingungen anzupassen.

Auch in unseren Organisationen haben wir formelle Strukturen, die eher hinderlich als hilfreich sind. Um dennoch voranzukommen, hat dann irgendjemand eine Idee und hinterlässt die erste, kaum sichtbare Spur, zum Beispiel durch ein bestimmtes Verhalten, durch eine neue Maßnahme. Wenn diese erste Spur auch von anderen genutzt wird, entsteht zunächst ein erkennbares Muster, danach ein Trampelpfad und zum Schluss ein deutlich sichtbarer Weg. Solche häufig benutzten Spuren kanalisieren das Verhalten der Menschen. Sie schaffen Klarheit für die Mitglieder der Organisation darüber, was in der Organisation als »gut« und »nicht gut« gilt, was »erlaubt« beziehungsweise »nicht erlaubt« ist, was »belohnt« und was »bestraft« wird, was »funktioniert« und was »nicht funktioniert«. Auf diese Weise entwickeln sich Überzeugungen, Verhaltensregeln und Gewohnheiten, die – zumindest retrospektiv – förderlich für das Erreichen des Organisationszwecks und ihrer Ziele sind. Kultur wird somit gelernt. Die Wege entstehen aus der Erfahrung der Gruppe und werden als Verhaltensnorm an nachfolgende Generationen weitergegeben. Treten keine größeren Probleme auf, gehen die Mitglieder einer Organisation davon aus, dass ihre bisherigen Vorgehensweisen – Routinen, Gewohnheiten oder Traditionen – auch in Zukunft den Erfolg sichern werden. Daraus entstehen Verhaltenserwartungen an die Organisationsmitglieder und die Bedingungen zur Zusammenarbeit. Man geht davon aus, dass, wenn alle sich an die Regeln halten, das Unternehmen reibungslos und harmonisch laufen wird. Dies ist jedoch eine falsche Vorstellung von einer Organisation. Es ist eine Illusion zu erwarten, dass Organisationen jemals reibungslos funktionieren würden, wenn nur alles perfekt geregelt wäre. Organisationen können nicht ohne Konflikt auskommen. Dazu existieren in jeder Organisation gleich welcher Größe zu viele Zielkonflikte, Doppeldeutigkeiten, Widersprüche.[306] Das wissen die Mitglieder einer Organisation und daher entstehen informale Strukturen, über die nicht offiziell vom Management entschieden wird, sondern die sich langsam durch Wiederholungen und Imitationen einschleichen. Aus Spuren werden Wege: die Organisationskultur. Kulturelles Verhalten, auch in Unternehmen, wird durch Imitation erlernt und durch implizite Erwartungen weitergegeben. Die so entstehenden Strukturen tragen aber auch dazu bei, die Organisationen träge und wenig anpassungsfähig zu machen. Sie neigen dazu, zu »verkrusten«[307], wie Klaus Eidenschink es treffend ausdrückt. Sie lassen das meiste so, wie es ist. Sie versuchen, das Bestehende zu verteidigen und wollen die etablierten Lösungen wiederholen. Sie kultivieren Sturheit.

Kann man Unternehmenskultur ändern?

Immer, wenn mich Unternehmen beauftragen, mit ihnen an Kulturveränderungen zu arbeiten, wollen die Verantwortlichen als Allererstes über Werte, Leitbilder, Grundsätze sprechen. Sie gehen davon aus, dass sich die künftige Unternehmenskultur an diesen Idealen ausrichten wird. Hintergrund dieser zweifelhaften Erwartung ist, dass, wenn man die fest verwurzelten, tief verinnerlichten Überzeugungen und Werte einer großen Zahl von Menschen verändert, sich automatisch auch das gewünschte Verhalten ändert. Doch tatsächlich sind viele Werte und Grundannahmen, die in einem Unternehmen gelebt werden, den Mitarbeiterinnen und Mitarbeitern unbewusst. Wenn man sie danach fragte, wären sie nicht in der Lage zu erklären, warum sie diese Werte und Grundüberzeugungen haben. Und nun wollen die Unternehmensleitung und ihre Berater versuchen, den Akteuren durch Bekehrung neue Werte einzupflanzen? Wie soll das funktionieren?

Um es vorwegzunehmen: Es funktioniert nicht. Das Ziel von Kulturveränderung ist nicht die Veränderung tief verwurzelter Werte, sondern – wie Winfried Berner es auf den Punkt bringt – die Veränderung von Verhalten.[308] Und er ergänzt: »Die Veränderung von Grundannahmen und Überzeugungen (›Mindset‹) muss uns daher nur insoweit interessieren, wie sie Voraussetzung für eine Verhaltensänderung ist. Nun besteht zwischen Einstellungen und Verhalten ohne Zweifel ein Zusammenhang. Aber dieser Zusammenhang ist erstens längst nicht so eng und zweitens in seiner Kausalität längst nicht so eindeutig, wie gemeinhin angenommen wird.« Schließlich geht es im richtigen Leben mitnichten darum, in allem Tun seinen Werten stets treu zu folgen. Es kommt durchaus vor, dass wir mehr essen und trinken, als es gut wäre; wie sind auch weniger aufrichtig und konsequent, als es unseren Werten entspricht; und wir treiben weniger Sport, als wir uns *eigentlich* vorgenommen haben. Manchmal passen einfach die Rahmenbedingungen nicht: Das Essen ist zu appetitlich, der Wein zu verlockend, das Wetter zum Joggen zu schlecht. Es sind also nicht die Werte und Ideale, die unser Handeln bestimmen, sondern wie Winfried Berner schreibt: »Die Rahmenbedingungen haben dabei auf unser tatsächliches Handeln oft einen größeren Einfluss als unsere Werte und Überzeugungen.«[309]

Aus meiner Sicht kann eine Unternehmenskultur nicht direkt, aktiv und zielgerichtet verändert werden. Unternehmenskultur ist kein Projekt, kein Experiment, das man kurzfristig umsetzen kann. Was man ändern kann – und zwar sehr effektiv und nachhaltig – sind die Rahmenbedingungen und formalen Strukturen: »Was sind die vorgeschriebenen Kommunikationswege, die offiziellen Programme und die formalisierten Erwartungen bezüglich des Personals? Wie wirken sie sich auf die alltäglichen Arbeitsprozesse aus? Gibt es formale Regelungslücken, die durch informale Erwartungen gefüllt werden?«[310] Ein Beispiel aus meinem Beratungsalltag: Wenn in einem Unternehmen eingeführt wird, dass Führungskräfte nicht nur von ihren Chefs, sondern auch von den Mitarbeiterinnen und Mitarbeitern bewertet werden, sorgt dies für eine deutliche Verhaltensänderung der Führungskräfte – und zwar viel mehr als ein Werte-Workshop je bewirken könnte.

Um Unternehmenskulturen zu verändern, müssen die Akteure mutig neue Wege gehen und dabei aufmerksam beobachten, wie das neue Verhalten aufgenommen wird. Wenn man Vorständen *eigentlich* keine E-Mail schreiben darf, sollte man es einfach einmal versuchen, sofern es einen guten Grund dafür gibt. Wir sollten mutiger sein, neue Wege ausprobieren, unsere Mitarbeiterinnen und Mitarbeiter als mündige Akteure sehen. Wir brauchen neue Narrative, die sich innerhalb der Organisation verbreiten. Geschichten sind ein wunderbares Trägermedium für kulturelle Veränderungen. Die Kultur in Organisationen wird maßgeblich durch die Geschichten geprägt, die sich die Menschen erzählen. Dr. Marcus Raitner, ein ehemaliger Kollege, bemerkte: »Es sind diese unzähligen beim Kaffee oder Mittagessen ausgesprochenen ›Hast du schon gehört, dass …‹ mit dem auch immer transportiert wird, was in dieser Organisation wertgeschätzt wurde oder eben nicht wertgeschätzt wurde, weil jemand Anerkennung bekam, gelobt, befördert etc. wurde oder eben nicht. Diese Geschichten weben die kulturelle DNA der Organisation. Sie bilden einen Resonanzraum für die vielen kulturbestimmenden Interaktionen der Individuen. Wer Kultur gestalten will, sollte sich dieses Medium zu Nutze machen und dafür sorgen, dass die richtigen Geschichten auf Resonanz stoßen und erzählt werden. [...] Mit solchen [sic] Reaktionen der Wertschätzung auf erwünschtes Verhalten beginnen die Geschichten, die die Kultur formen. Verhindern lässt sich die Verbreitung solcher Geschichten ohnehin nicht, man kann sie aber gezielt verstärken, indem man wichtigen Geschichten Präsenz verleiht.«[311]

Eine weitere Möglichkeit für einen erfolgreichen Kulturwandel ist die gezielte Besetzung von bedeutenden Positionen der Organisation mit Personen, die eine funktionale und gewünschte Kultur vorleben, fordern und fördern. Es gibt immer Stellen oder Persönlichkeiten, die in einer Organisation mehr im Fokus der Aufmerksamkeit stehen, über die mehr geredet wird. Dies muss nicht zwingend mit Hierarchie verbunden sein. Doch wenn wir die Option haben, sollten wir bei Stellenbesetzungen auch überlegen, welche Persönlichkeit die Unternehmenskultur langfristig in gewünschter Weise beeinflussen kann.

Wie Kulturwandel in Unternehmen funktionieren kann

Für viele Unternehmen und ihre Führungskräfte ist Kultur vor allem eins: nebulös. Sie ist zwar wichtig und eigentlich erfolgsentscheidend, aber es lassen sich keine Worte finden, um sie zu beschreiben oder ein gemeinsames Verständnis für Kultur zu entwickeln. Also konzentriert man sich lieber auf Strategie- und Strukturthemen, die greifbarer sind. Um diesem Problem zu begegnen, empfehle ich erstens Kulturreflexion als Ritual zu etablieren, zweitens an den formalen Strukturen zu arbeiten, drittens neue Erfahrungsräume zu schaffen, viertens Systemlogiken und Gewohnheiten zu hinterfragen und fünftens für eine gute Dialog- und Feedbackkultur zu sorgen.

1. Kulturreflexion ritualisieren

Hierbei geht es darum, in Teams und Abteilungen einen Konsens darüber zu schaffen, wo man heute mit der Kultur steht, welche Dysfunktionalitäten und Hindernisse es gibt und welche funktionalen Zustände man erreichen möchte. Ich verwendete dazu gerne drei Methoden: die Culture Map, From Now to Nextland und TransKooption®.

Die Culture Map

Häufig ist das größte Problem bei der Reflexion über die Kultur eines Unternehmens das unterschiedliche Kulturverständnis der Menschen. Kultur kann weder griffig noch auf Anhieb konkret behandelt werden. Um ein gemeinsames Verständnis und eine gemeinsame Sprache dafür zu entwickeln, kann die Culture Map eingesetzt werden. Die Culture Map gibt den Menschen eine Sprache und ein Vokabular an die Hand für das, was normalerweise nur vage beschrieben werden kann. Dadurch können Probleme an der Wurzel gepackt werden, statt nur Symptome zu behandeln. Sie erklärt die sichtbaren Manifestationen von Kultur und auf welche Grundlagen diese zurückzuführen sind.

Die Culture Map ist von Dr. Simon Sagmeister, Managing Director des The Culture Institute, entwickelt und bereits in vielen Organisationen angewandt worden. In mehreren Reflexionsworkshops wird zuerst das derzeitige Kulturmuster erfasst und danach unter Einbeziehung des Kontexts und den Herausforderungen im Unternehmen ein Zielbild entwickelt, das die Richtung der Kulturentwicklung vorgibt, die man mit Maßnahmen steuern möchte.

From Now to Nextland

In Anlehnung an die Arbeit der Beratergruppe Neuwaldegg aus Österreich habe ich gemeinsam mit Kollegen das Workshop-Konzept »From Now to Nextland« weiterentwickelt.[312] Dazu wurde in Abstimmung mit den Beteiligten eine individuelle Landkarte erstellt. Links unten auf der Karte findet sich das heutige Unternehmen wieder, das wir als *Nowland* bezeichnen. Auf der gegenüberliegenden Seite steht das *Nextland*, eine imaginierte Version unseres zukünftigen Unternehmens.

Die beiden *Länder* sind über eine Brücke verbunden, darunter fließen gefährliche Strömungen, die auf die Risiken des Wandelns hinweisen. Die Brücke symbolisiert eine Reise, die Menschen gemeinsam unternehmen sollen. Sie symbolisiert auch, dass man nicht alles aus der alten Welt mitnehmen kann. Daher lauten die zentralen Fragen bei der Arbeit mit diesem Konzept:

- Was müssen wir von Nowland, der jetzigen Situation, hinter uns lassen?
- Was von Nowland wollen oder müssen wir beibehalten und mitnehmen?
- Wer wollen wir in Zukunft sein?
- Warum muss es uns geben?
- Was wollen wir in die Welt bringen? Welchen Beitrag und Wert wollen erzielen?
- Was will die Welt von uns?

- Welche Rolle wollen wir in Zukunft spielen?
- Welche Ziele setzen wir uns und wofür?
- Was ist unsere gemeinsame positive Wirkung?
- Wofür lohnt es sich, zusammenzuarbeiten?
- Wie wollen wir es umsetzen?

Ausgehend von einem unscharfen Bild der Zukunft werden Dialogrunden durchgeführt. Es wird darüber gesprochen, welche Aspekte für die Themen Leadership, Steuerungssysteme, Prozesse und Infrastrukturen, Zusammenarbeit, Personalsysteme, Partnermanagement und Aufbauorganisation besonders zu beachten sind, wenn wir das Nextland gemeinsam betreten. Im nächsten Schritt werden Priorisierungen durchgeführt und Hubs eingerichtet, um die Wege hin zu Nextland zu gestalten.

TransKooption®
Um das Kooperationsverhalten in Organisationen zu messen und gegebenenfalls zu stärken, hat die Kottmann GmbH den Prozess TransKooption® definiert. Dazu wurde ein spieltheoretisches Modell entwickelt, auf dessen Basis Softwaresysteme programmiert wurden, die eine quantitative Darstellung des Kooperationsnetzwerks in der Organisation ermöglichen. Dabei wird das Verhalten von Personen im Umgang mit Gruppen und Gruppen im Umgang mit anderen Gruppen unter Wahrung der Persönlichkeitsrechte transparent gemacht. Die Ergebnisse werden in vier Grundtypen dargestellt, wobei Gruppen sowohl organisatorische Einheiten, als auch Geschlechter, Altersgruppen, Betriebszugehörigkeiten oder Nationalitäten sein können. Diese Messergebnisse ermöglichen ein strukturiertes Vorgehen bei der Verbesserung der Unternehmenskultur. Der gesamte Prozess hat eine zyklische Struktur. Durch Anstoßen des nächsten Zyklus, beginnend mit erneuter Messung, kann man durch einen Vergleich der Ergebnisse aus dem vorherigen Zyklus quantifizieren, was die bisherigen Maßnahmen bewirkt haben und an welchen Stellen man im gegenwärtigen Zyklus ansetzen muss.

2. Formale Strukturen bearbeiten

Neben den Verhaltensweisen und Haltungen aller Beteiligten müssen sich im Rahmen einer Kulturentwicklung auch die Prozesse, Strukturen und Rollen neu ausrichten. In Anlehnung an Niklas Luhmann[313] und Stefan Kühl[314] kann man zwischen Programmen (Regeln und Abläufen), Kommunikationswegen und Personal unterscheiden. Bei den

Programmen geht es darum, welche Abläufe ein Unternehmen festgelegt und wie es sich als Organisation aufgestellt hat, welche Ziele verfolgt werden und zu welchem Zweck dies geschieht. Was davon kann man anpassen und verändern, damit die Kultur sich verändern und neu entwickeln kann? Damit verbunden sind bestimmte Kommunikationswege und Muster der Zusammenarbeit. In jedem Unternehmen entwickeln sich Erwartungen an Verhaltensweisen von Personen, die mit bestimmten Rollen und Funktionen verknüpft sind[315], beispielsweise wenn sich Mitarbeitende ohne Einschaltung ihrer jeweiligen Vorgesetzten verständigen oder wenn sich unter formal gleichgestellten Mitarbeitern eine inoffizielle Hierarchie herausbildet.

Eine wichtige Stellschraube in der praktischen Kulturarbeit sind Schlüsselpersonen im Unternehmen, die die gewünschte Kultur vorleben. Stellen Sie sich beispielsweise einen CEO vor, der eloquente Reden darüber hält, wie entscheidend Pünktlichkeit für die Kultur des Unternehmens ist und dass es eine Frage des Respekts gegenüber anderen sei, stets pünktlich zu erscheinen. Er weist darauf hin, dass die Zeit der Mitarbeiter das wertvollste Gut des Unternehmens ist, sodass man seine Kollegen sozusagen ausraube, wenn man zu spät kommen würde. Doch er selbst erscheint oft zu spät. Wird man dieser Führungskraft also vertrauen, sie schätzen? Kaum.

Weiterhin müssen die Führungskräfte und Verantwortungsträger Entscheidungen treffen, die die kulturellen Prioritäten des Unternehmens aufzeigen. Wenn zum Beispiel einer Schlüsselperson wegen Missachtung der gewünschten Werte und Prinzipien gekündigt wird, wird das die Belegschaft aufhorchen lassen und allen zeigen, wie wichtig es für das Unternehmen ist, bestimmte Werte zu leben.

3. Neue Erfahrungsräume schaffen

Ziel von Kulturentwicklung sollte es sein, das Verhalten der Beteiligten durch das Erleben neuer Erfahrungsräume zu ändern. Verhalten ist eine Folge von Haltung. Was wir zunächst entwickeln sollten, ist also die Haltung, die innere Einstellung der Akteure. Natürlich ist unsere Haltung jeweils stark von unseren Erfahrungen geprägt. Wenn Menschen negative Erfahrungen gemacht und dadurch eine ungünstige Haltung entwickelt haben, dann sollten wir ihnen ermöglichen, eine positivere Erfahrung zu sammeln. Wir können sie dazu einladen und ermutigen. Und wenn das nicht reicht, können wir versuchen, sie zu inspirieren. Einladen, ermutigen und inspirieren – das sind hier die Optionen.

4. Systemlogiken hinterfragen

Neben den Verhaltensweisen und Haltungen müssen sich ihm Rahmen einer Kulturentwicklung auch die Prozesse, die Strukturen und die Rollen neu ausrichten. Bisherige Systemlogiken müssen infrage gestellt werden. Was wird im Unternehmen wie geregelt? Was wird belohnt? Was wird bestraft? Die Beantwortung dieser Fragen gehört zu einer ganzheitlichen, gelingenden Kulturveränderungsmaßnahme zwingend dazu.

5. Gute Dialog- und Feedbackkultur

Um sich zu entwickeln und zu verbessern, braucht man ein Spiegel. Man braucht ein Gegenüber, das einen auf blinde Flecke hinweist und auch unangenehme Dinge anspricht. Selten erleben wir in Organisationen, dass Menschen sich regelmäßig gegenseitig Feedback geben und Mentoring-Systeme aufbauen. Dabei ist Feedback als Resonanzinstrument unerlässlich – auch um Wandel und Wachstum im Unternehmen zu begleiten. Kooperation braucht klare und regelmäßige Rückmeldungen. Zu gutem Feedback gehören selbstredend sowohl eine wertschätzende Haltung als auch die Bereitschaft, zuzuhören.[316] Damit sich ein System verbessert, müssen die Akteure auch dem System eine Art Feedback geben. Dies kann nur in Dialogform geschehen, denn bei einem Dialog entstehen Denkräume, die zur Selbstwahrnehmung und -reflexion führen. Mit Aufgeschlossenheit und echtem Interesse sollten die Beteiligten aus ihren verschieden Perspektiven heraus sprechen und die Regeln eines konstruktiven Dialogs beherzigen. Dazu gehören Respekt, Offenheit, Zugewandtheit, Aufrichtigkeit, das Vermeiden von Annahmen und Bewertungen, fokussiertes Zuhören und produktives Plädieren.

Kultur in Zeiten von Transformation

Einer der bedeutendsten Fortschritte in der modernen Evolutionstheorie ist die Erkenntnis, dass menschliche Evolution und Kultur zusammengehören. Biologie und Kultur sind nicht völlig unterschiedliche Erklärungsstrategien, so wie dies in der Vergangenheit angenommen wurde. »Kultur entstand nicht erst, nachdem der Mensch seine für den Aufbau der Kultur nötige Ausstattung erlangt hatte, sondern war von Anfang an wesentlicher Bestandteil humanoider Evolution.«[317] Wir vererben nicht nur unsere Gene an die nächste Generation, sondern geben unseren Nachkommen auch ein kulturelles Erbe weiter. Unsere Kinder werden in eine kulturelle Welt hineingeboren, in der sie an die jeweiligen Errungenschaften der kulturellen Evolution der vorangegangenen Generationen anknüpfen können. Das ist der Grund, warum Kinder einfacher mit dem iPad umgehen können als ihre Großeltern. Allerdings sind wir uns unseres kulturellen Erbes genauso wenig bewusst wie unserer Gene. Gerade in Zeiten des Wandels ist diese Eigenschaft von Systemen, genauso weiterzumachen wie bisher, jedoch wenig hilfreich. Vielmehr sollten und müssen wir uns immer wieder die Frage stellen, ob wir mit unserer kulturellen Entwicklung noch in die richtige Richtung laufen. Ist das, was gestern noch richtig war, auch heute und morgen noch sinnvoll? Sind unsere Gewohnheiten noch zeit- und zukunftsgerecht?

Eine der vielleicht wichtigsten Aufgaben von Kultur ist ihre Fähigkeit, sich selbst infrage zu stellen. Dirk Baecker hat dies treffend formuliert: »Ohne Kultur verlieren wir entscheidende Momente der Reflexion auf unsere eigenen Zustände. Kultur ist eigentlich die wichtigste Form des Nachdenkens über uns selber, des Beobachtens von uns selber und deswegen auch des Gewinns von Freiheit im Umgang mit sich selber, die wir kennen.«[318] Insofern spielt Kultur auch für jegliche Transformation eine entscheidende Rolle, denn sie ermutigt und schafft den nötigen Raum zur kritischen Selbstreflexion – bis hin zur schöpferischen Selbstzerstörung.

Durch kulturelle Handlungen können wir uns verbinden und erneuern. Kultur schafft Identität und gibt Orientierung. Sie ist der Kompass auf der Landkarte unserer Werte. Kultur sorgt für ein Gefühl der Zusammengehörigkeit und Solidarität. Insbesondere in einer Zeit, in der diese Gefühle in der westlichen Welt verloren zu gehen scheinen, kann Kultur zum Kitt werden, der den Zusammenhalt in der Gesellschaft festigt. Früher wurde Zusammengehörigkeit durch die Nation, durch Religion und Kriege erzeugt. Heute kann Kultur diese Funktion übernehmen. Doch Kultur kann auch für Trennung sorgen, wenn sie »unsere Kultur« und »andere Kulturen« gegeneinander ausspielt und für unvereinbar hält. Es ist also wichtig, dass wir uns darauf einigen, welchen Weg wir einschlagen und auf welches gemeinsame Anliegen wir uns verständigen können. Kultur sind auch die Geschichten, die wir uns über uns selbst erzählen. Und wir müssen uns überlegen, welche Geschichten uns wirklich wichtig sind. Welche Geschichten wollen wir an unsere Kinder weitergeben?[319]

Kultur besitzt zudem die Eigenschaft, individuelle Verhaltensvielfalt zu verringern. Kultur stabilisiert, indem sie das Potenzial für abweichendes Verhalten in der Gesellschaft reduziert. Damit sorgt Kultur für so etwas wie einen gemeinsamen »Stil«, auf den sich alle verlassen können. Sie ist Vereinfachungsmechanismus und Komplexitätsreduzierer. Die eingespielten Muster bringen Verlässlichkeit – und gleichzeitig bilden sie die Grenzen des Funktionierens in Zeiten des Wandels. In Transformationsprozessen müssen die etablierten Muster daher kritisch hinterfragt werden. Der erste Schritt zur Befähigung von Kulturreflexion und Kulturtransformation ist die Entdeckung der unthematisierten kulturellen Annahmen im eigenen Handeln und Denken. Diese werden üblicherweise eher selten infrage gestellt oder kritisch reflektiert. Dirk Baecker sagt zu Recht: »In Kirchen nehmen wir die Mütze ab, in Museen betrachten wir die Bilder schweigend und in Seminaren halten wir grundsätzlich Blatt und Stift bereit.«[320] Erst wenn wir diese Regeln verletzen, wird Kultur sichtbar. »Kulturelle Spielregeln fallen erst dann auf, wenn durch überraschendes Verhalten oder unerwartete Entscheidungen gegen sie verstoßen wird.«[321] In der Übergangszeit der Transformation erhöht sich die Frequenz solcher Regelverletzungen, es treten Anomalien auf, die irgendwann nicht mehr übersehen werden können. In Zeit des Wandelns muss die gelernte Kultur erst wieder verlernt werden, um anschließend eine neue Kultur lernen zu können.

Kultur ist nicht immer der Hauptgrund für Aufstieg und Erfolg, aber meistens der Hauptgrund für Niedergang. Wenn man in der Wirtschaft als Unternehmen eine starke Kultur hat, aber ein Produkt, das niemand will, scheitert man. Wenn man aber lange erfolgreich war und dann scheitert, besteht meist ein kulturelles Problem. Wir erinnern uns an die erwähnten Beispiele von Nokia, Sony Ericsson, BlackBerry etc. in Kapitel 4.

Jared Diamond hat sich in seinem Buch *Kollaps* mit dem Thema auf gesellschaftlicher Ebene auseinandergesetzt und versucht herauszufinden, warum manche Gesellschaften untergehen. Er hat vier Hauptgründe genannt, die Gesellschaften in die Katastrophe führten:

1. Das Problem wird nicht vorhergesehen. Es wird erst dann gesehen, wenn es schon da ist.
2. Selbst wenn das Problem bereits eingetreten ist, wird es nicht erkannt bzw. wahrgenommen, sondern verdrängt.
3. Wenn das Problem wahrgenommen wird, wird nicht versucht, es zu lösen.
4. Bei dem Versuch, das Problem zu lösen, scheitert man.[322]

Transformation bedeutet, Probleme möglichst zu antizipieren, wahrzunehmen und erfolgreich zu lösen. Wie wir hoffentlich zeigen konnten, ist all das, was wir unter dem Oberbegriff Kultur subsumieren, ein wesentlicher Teil von Transformation. Es ist eine zentrale Funktion von Kultur, die Transformation zu unterstützen und deren Umsetzung zu gewährleisten.

Dennoch fristete das Thema Kulturentwicklung lange ein Dornröschendasein in Unternehmen. Erst jetzt entsteht eine Gegenbewegung und wir erleben eine Zeit, in der überall von Kultur gesprochen wird. Sie ist in aller Munde und viele ambitionierte Führungskräfte wollen jetzt ihre Unternehmenskultur ändern. Sie wünschen sich eine schnellere Reaktionsgeschwindigkeit bei unerwarteten Marktherausforderungen, mehr Bereitschaft zu Eigenverantwortung, höhere Konfliktfähigkeit und ein verbessertes Leistungsbewusstsein. Geklagt wird über überbordende Bürokratie, Absicherungswahn, mangelnde Fehlertoleranz, politische Rücksichtnahme bei Unstimmigkeiten und vieles mehr. Kurz: Sie wünschen sich eine andere Kultur. Doch ein Kulturwandel geschieht nicht über Nacht. Er erfordert Geduld und Mut, denn Transformation ist eine Reise ohne genauen Reiseplan. Wir haben nur ein One-Way-Ticket in der Hand und wir wissen nicht, wohin die Reise geht oder was uns erwartet. Wir wissen nur, *dass* wir reisen und dass wir die Route der Routinen verlassen. Wir reisen jedoch nicht allein, sondern folgen zusammen einem gemeinsamen Anliegen.

HOW
CULTURE

10

DIE IMAGO-BEWEGUNG

TRANSFORMATION ALS GEMEINSCHAFTSPROJEKT

»Zweifle nie daran, dass eine kleine Gruppe engagierter Menschen die Welt verändern kann – tatsächlich ist dies die einzige Art und Weise, in der die Welt jemals verändert wurde.«
Margaret Mead

»Nichts passiert, bis sich etwas bewegt.«
Albert Einstein

»Tausende von Kerzen kann man am Licht einer Kerze anzünden, ohne dass ihr Licht schwächer wird. Freude nimmt nicht ab, wenn sie geteilt wird.«
Buddha

»Wer sich nicht bewegt, spürt seine Fesseln nicht.«
Rosa Luxemburg

»Wenn du schnell gehen willst, geh' allein. Aber wenn du weit gehen willst, geh' mit anderen zusammen.«
Afrikanisches Sprichwort

Die Union hat nicht einfach nur eine Wahl verloren. Die Union hat sich selbst verloren. Sie weiß, wo sie herkommt. Aber sie weiß nicht, wo sie hin will. Sie besitzt derzeit keine präzise Vorstellung von dem, wofür sie in Deutschland gebraucht wird. Der Kompass wackelt, die Nadel spinnt. Und Mutti antwortet nicht mehr. Auf Sicht fahren! Das war das Letzte, was man von ihr hörte. Doch vorne ist plötzlich keine Sicht mehr, nur dieser schreckliche Bodennebel. Die Abbruchkante, man ahnt es, kann nicht mehr weit sein. Fragen von erheblicher Tragweite sind aufgerufen: Soll die CDU wieder eine bodenständige, eine konservative und vielleicht auch langweilige Partei werden oder muss sie künftig wie eine Eventagentur für politisches Entertainment funktionieren, die das Publikum mit ihren Geistesblitzen elektrisiert?[323]

So lautete der Kommentar von Gabor Steingart nach der verlorenen Bundestagswahl im Herbst 2021. Die Union hatte sich selbst aufgelöst und trat damit in die unrühmlichen Fußstapfen der SPD während und nach der Bundestagswahl von 2017. Nicht, dass es die SPD im Wahljahr 2021 viel besser abgeschnitten hätte – der Niedergang der Volksparteien[324] trifft zweifellos auf beide Lager zu. Aber wieso hatte die CDU nicht daraus gelernt? Wieso ignorierte man den Modernisierungsbedarf der Partei? Mit Sicherheit hat der Konservatismus seine Berechtigung in unserer Gesellschaft. Allerdings hätte er einer neuen inhaltlichen Ausrichtung, einer Frischzellenkur bedurft. Man hätte den Kern, die »DNA« der Partei neu interpretieren müssen. Offenbar reicht es den Wählerinnen und Wählern heute nicht, das Konservative als eine Haltung des ewigen Bewahrens zu verstehen. Doch um solche inhaltlichen Fragen ging es den politischen Protagonisten im Wahljahr 2021 auch nicht. Es ging vor allem darum, die eigene Machtposition aufrechtzuerhalten und zu verteidigen.

Erstaunlicherweise haben nach der Niederlage alle Verantwortlichen einheitlich dafür plädiert, sich an die Basis zu wenden und diese anzuhören, zu erkunden, wie die Stimmung der Mitglieder tatsächlich ist.

Wieso kam diese Idee jedoch erst nach der Wahl auf?

Ist es nicht geradezu unverantwortlich, in Zeiten der Transformation auf das Schicksal zu hoffen oder auf konservatives Beharren zu setzen? Wir haben in Kapitel 4 ausgeführt, wie Wandel sich verhindern lässt. Ohne nun die sieben Vs mit Blick auf die Parteien im Detail durchzudeklinieren, wissen wir, dass weder CDU noch SPD bislang den Weg zum Wandel beschritten haben. Dabei ist es durchaus möglich, Transformation gemeinschaftlich anzugehen, wenn der Wille dazu existiert und die Einsicht herrscht, dass ein »Weiter-so« keine Option ist.

So geht es nicht weiter

Was genau hat uns in diese Situation gebracht, wie ist unsere Ausgangslage? Was sind die entscheidenden Parameter, denen wir uns stellen müssen?

Die Ausgangslage

Die Gesellschaft der klassischen Moderne, die sich im 18. Jahrhundert langsam herausbildete, hat für eine Entwicklung gesorgt, die bis dato in der Geschichte der Menschheit einmalig ist. Wir genießen einen hohen Grad an individueller Freiheit und leben in demokratischen Gesellschaften, die uns ein Recht auf Bildung und soziale Absicherung gewähren. Als Bürgerinnen und Bürger verfügen wir über weitreichende gesellschaftliche Partizipationsmöglichkeiten und genießen einen noch nie da gewesenen ökonomischen Wohlstand. Die Moderne hat die Welt wahrlich grundlegend verändert. Aber auch die Moderne hat sich transformiert. Von einer »sozialen Logik des Allgemeinen« mit dem Schwerpunkt der Standardisierung und Formalisierung hin zu einer »Logik der Singularität und Eindeutigkeit«.[325] Wir haben die Auswirkungen dieser Transformation im Verlauf des Buches bereits mehrfach angesprochen. Dennoch seien sie hier noch einmal genannt, weil sie für unser Leben und für unser Weiterleben so zentral sind.

1) Zunehmende Komplexität

Unsere modernen, offenen und rechtsstaatlichen Gesellschaften sind komplexe dynamische Systeme. Sie bestehen aus unterschiedlichsten Akteuren und vor allem Institutionen, die netzwerkförmig durch ihre Funktionen, Interessen, Perspektiven und Kommunikation verbunden sind. Durch die Globalisierung, das rasante Bevölkerungswachstum und die Digitalisierung erhöhen sich die Vielfalt der Akteure, ihre Vernetzungen und die Anzahl der Optionen. Die Freiheit, die für unsere heutige Gesellschaft konstitutiv ist, ist nur möglich, weil wir über Wahlmöglichkeiten verfügen. Wir leben in einer Multioptionsgesellschaft[326] und dies bedingt, dass wir unterschiedliche Perspektiven einnehmen können. Diese verschiedenen Perspektiven und Optionen jedoch machen Entscheidungsfindungen schwierig, denn jedes Problem sieht aus unterschiedlichen Perspektiven anders aus. Wer kann für sich beanspruchen, bei all den Optionen die richtige Entscheidung zu kennen? Wer kann von sich behaupten, solche komplexen Systeme im Detail zu beherrschen und letztendlich zu kontrollieren? Alles wirkt wie ein großer Mikado-Stapel, schreibt Richard David Precht. Die einzelnen dünnen Stäbchen können wir uns als gesellschaftliche Funktionen – etwa Wirtschaft, Politik oder Bildung – vorstellen, die ihre eigenen Logiken und Perspektiven haben. Und immer, wenn wir versuchen, eines dieser Subsysteme zu ändern, haben wir das Gefühl, dass alles in sich zusammenfällt.

Vielfalt, Vernetztheit, Dynamik und begrenzte Steuerungsmöglichkeiten sind die Hauptfaktoren, die die Komplexität des 21. Jahrhunderts ausmachen und ständig erhöhen. Komplex ist ein System dann, wenn wir es nicht mehr mit eindeutigen Kausalitäten, sondern mit Prozessen zu tun haben, die in Wechselwirkung zueinander stehen. Ein komplexes System hat mehrere richtige und falsche Lösungen.[327] Das Verhalten komplexer Systeme – insbesondere komplexer adaptiver Systeme – ist nur schwer voraussagbar, denn Komplexität entsteht erst durch das Zusammenspiel verschiedener Komponenten und dieses Zusammenwirken und das wechselseitige Beeinflussen der Komponenten sind von außen nur schwer erkennbar. Komplexität drückt sich vor allem in der »Unberechenbarkeit« von Systemen aus.[328]

Die zunehmende Komplexität bedeutet auch, dass die Krisen, die wir derzeit erleben, miteinander verzahnt sind und sozusagen einen Krisen-Mikado-Stapel bilden. Ohne Klimakrise wäre diese Form der Pandemie nicht entstanden, ohne globalen Warenverkehr sowieso nicht. Wir sind ein Ganzes und wir sind mehr Menschen als jemals zuvor. Alle Systeme, um die es jetzt geht, sind miteinander verwoben.

2) Die Dynamik der modernen Welt

Im Vergleich zur Vormoderne ist unser Lebensrhythmus zweifelsfrei schneller geworden. Noch zu Beginn des 19. Jahrhunderts hat Napoleon zur Bewältigung der Strecke Paris-Rom fast ebenso viel Zeit benötigt wie Caesar in der Spätantike.[329] Während der rund 1800 Jahre, die zwischen beiden Imperatoren liegen, spielte Geschwindigkeit in der Fortbewegung keine Rolle. Erst in der Zeit zwischen 1880 und 1920 hat sich die Welt wesentlich beschleunigt. Das Leben wurde dank technischer Fortschritte immer schneller. Durch Innovationen wie Eisenbahn, Telefon, Telegrafie und Elektrifizierung konnten Distanzen schneller bewältigt werden. Bewegung verwandelte sich in Geschwindigkeit. Unser kapitalistisches Wirtschaftssystem wäre ohne die Komponente der Geschwindigkeit undenkbar, denn Geschwindigkeit misst

Effektivität und definiert Leistung. Mithilfe beschleunigten Tempos versuchen wir, Zeit möglichst intensiv, also nach »wirtschaftlichen« Gesichtspunkten, zu nutzen. Benjamin Franklins bekannter Ausspruch »Zeit ist Geld« bringt auf den Punkt, dass wirtschaftlicher Aufschwung immer auch mit Geschwindigkeit zusammenhängt. Auf Wohlstand, der sich letztlich einem allgemeinen Leistungs- und Geschwindigkeitsethos verdankt, kann man nicht mehr verzichten.

Der größte *Transformator* des 19. Jahrhunderts war jedoch die Maschine. Ohne sie wäre die Steigerung der Geschwindigkeit nicht möglich gewesen. Die zunächst von Dampfkraft, später von elektrischem Strom betriebenen Maschinen oder Maschinenkombinationen sind damals wie heute *Zeitverkürzungsapparate*, die eine schnelle Fortbewegung bzw. hohe Herstellungsgeschwindigkeiten bewirken. Der größte *Transformator* des 20. Jahrhunderts war das Internet. Das Internet wurde für uns alle – im Privat- und Berufsleben – zum Lebensbeschleuniger. Seitdem ist die Welt noch schneller geworden. Man ist nur einen Klick von der anderen Seite der Welt entfernt. Durch das Smartphone sind wir immer und überall erreichbar und unser Standardtiming heißt »sofort«.

3) Beschleunigungslogik und Steigerungslogik

Laut dem Soziologen Hartmut Rosa kann sich eine moderne Gesellschaft nur durch Steigerung erhalten. Das bedeutet, dass sie zur Erhaltung ihrer institutionellen Struktur auf stetiges Wachstum, auf Beschleunigung und die permanente Innovation angewiesen ist. Rosa spricht hier von der Beschleunigungs- und Steigerungslogik unserer Gesellschaft und verwendet dazu ein schönes Bild: »Die Modere führt zu einer Situation, in der Subjekte sich vorkommen, als würden sie wie Geisterfahrer auf Rolltreppen nach unten stehen, aber nach oben wollen. Das Problem ist jetzt, dass es keine festen Positionen mehr gibt. [...] In der modernen Gesellschaft geht es zunächst darum, die Position selber zu finden, zu definieren. Sie müssen permanent nach oben laufen, um nicht nach unten zu rutschen.«[330] Dazu müssen wir pausenlos noch schneller gehen. Wir müssen wachsen. Das Credo der Moderne ist: höher, schneller, weiter. Dabei entspringt die Steigerungslogik nicht unserer Gier – sie ist eine strukturelle Notwendigkeit.

4) Wettbewerbslogik

Moderne Gesellschaften sind Konkurrenzgesellschaften. Die großen Vordenker der Ökonomie wie Adam Smith, David Ricardo oder John Stuart Mill waren der Überzeugung, dass nicht die Tugenden, die Nächstenliebe, die Bereitschaft zum Teilen oder Solidarität die Menschheit weiterbringen, sondern Laster, Gier, Neid und übertriebene Konkurrenz. Sie vertraten die Meinung, dass Wettbewerb ein Grundantrieb des menschlichen Handelns sei. Der Wettbewerb wurde somit zum Naturgesetz der Ökonomie. Verstärkt wurde diese Haltung seit dem letzten Drittel des 20. Jahrhunderts durch den Aufstieg des Neoliberalismus. Sein Credo: Nur der freie Wettbewerb kann die Bedürfnisse in einer Gesellschaft bestmöglich befriedigen. Der Wettbewerb ist inzwischen so etwas wie die Seele der Gesellschaft, der Puls der Industrie geworden. Wir haben Wettbewerb zwischen Krankenhäusern, Altenheimen, Schulen und nicht nur Organisationen konkurrieren untereinander, sondern auch innerhalb der Organisationen, zwischen den Abteilungen und zwischen den einzelnen Mitarbeitern eines Teams herrscht Wettbewerb. Dadurch sind die Akteure stets bemüht, sich gegenseitig zu übertreffen. Ständig gehen daraus Gewinner und Verlierer hervor. Und auch als Gewinner hat man nicht etwa ausgesorgt, sondern muss immer am Ball bleiben, denn in der nächsten Runde kann man schon zum Verlierer werden. Tim Leberecht sich mit diesem Dilemma in seinem Buch *Gegen die Diktatur der Gewinner*[331] eindrucksvoll auseinandergesetzt. Er schreibt, dass in einer Gesellschaft, in der die Gewinner die Richtung vorgeben, es ungleich schwerer ist, ein Verlierer zu sein. Doch eine humane(re) Gesellschaft werden wir so sicher nicht. Nur eine Gesellschaft, in der wir verlieren können, ohne als Verlierer abgestempelt zu werden, ist eine humane Gesellschaft. Wir sollten also zügig lernen, wie wir auch mit Niederlagen und Verlusten produktiv umgehen können.

5) Leistungslogik

Nur einen Steinwurf von der Wettbewerbslogik entfernt, treffen wir auf die Leistungslogik. Wir leben in einer Kultur des permanenten Leistungsdrucks, der sich nicht auf die berufliche Sphäre beschränkt. Auch im Privaten und in der Freizeit trimmen wir uns – und leider auch schon unsere Kinder – beständig auf Leistung. Wir definieren uns mittlerweile viel mehr über die Arbeit als über unsere Familie, unsere Kultur, unser Geschlecht oder unsere ethnische Zugehörigkeit. Und die Gesellschaft belohnt dies und gewährt uns Anerkennung, da Arbeit und Leistung unsere Systeme sichern. Jede Arbeit ist besser als keine. Wer nicht arbeitet, hat für die Gesellschaft keinen Wert. Es ist auch besser, irgendeine Erwerbstätigkeit zu haben als keine. Und als »erwerbstätig« zählt nur, wer für sein Tun am Monatsende bezahlt wird. Den Haushalt zu führen oder Fürsorge für Kinder, Angehörige, Nachbarn zu übernehmen, zählen nicht dazu. Diese Tätigkeiten spielen für unseren »Sozialstaat« keine Rolle bzw. gelten nicht als anerkennenswerte Leistungen.

6) Multioptionslogik

Der Soziologe Peter Gross hat im Jahr 1994 in seinem Bestseller *Die Multioptionsgesellschaft* die individuellen und gesellschaftlichen Folgen der Moderne vorausgesagt und analysiert. Seine These von damals lautete, dass die gewonnene Freiheit für die Menschen Last und Lust gleichzeitig sein wird, denn Freiheit bedeutet, wählen zu können. Es gibt Freiheit nur, wenn Wahlmöglichkeiten bestehen. Somit wird die Gesellschaft in allen Bereichen versuchen, die Anzahl der Optionen bzw. Wahlmöglichkeiten zu erhöhen. Die Kehrseite der Lust, wählen zu *können*, ist die Last, wählen zu *müssen*.[332] Das Individuum sieht sich mit der Aufgabe konfrontiert, sein Leben selbstständig organisieren zu müssen. Das Narrativ, dass man selbst seines Glückes Schmied sei, dominiert. Die Erlösung erwartet uns nicht – wie in der Vormoderne – im Jenseits, sondern sie obliegt uns selbst im Hier und Jetzt. »Nach Verlust der religiösen Ewigkeit sind Rahmen und Frist für das Erreichbare plötzlich die Lebenszeit. Alles muss also möglichst schnell und gleichzeitig passieren. Aus dem Selektionsdruck wird der Druck, alles oder möglichst viel zu realisieren; es entstand der Realisierungsdruck.«[333] Bezeichnend hierfür ist nach Gross, dass der Mensch nicht mehr vom Leben gesättigt stirbt, sondern froh sein darf, wenn er das Gefühl hat, nicht allzu viel verpasst zu haben. Das Leben wird zu einem ständigen Vergleich zwischen gelebten Wirklichkeiten und erträumten Möglichkeiten.

7) Selbstoptimierungslogik

Zentrales Thema der Geschichte vormoderner Gesellschaften war das Überleben. Not, Armut, Kriege und Mangel beherrschten die Überlebenskämpfe damals. Heute müssen wir unser Leben nicht mehr als Existenzkampf führen. Im Gegenteil, wir sind in der westlichen Welt meistens bemüht, uns mit der »Pazifizierung der Existenz«, also der »Befriedung unseres Daseins« zu beschäftigen, wie Herbert Marcuse so expressiv schrieb.[334] In unserer Gesellschaft haben wir uns von der Überlebenslogik hin zur Selbstoptimierungslogik entwickelt. Der Kultursoziologe Andreas Reckwitz spricht in diesem Kontext von der *Gesellschaft der Singularitäten.* Seine These lautet: »In der Spätmoderne findet ein gesellschaftlicher Strukturwandel statt, der darin besteht, dass die soziale Logik des Allgemeinen ihre Vorherrschaft verliert an die soziale Logik des Besonderen.«[335] Dieser »Imperativ des Besonderen« hätte den Konformismus und die Massenkultur der Industriegesellschaft abgelöst und in ihr Gegenteil verkehrt: Nun seien nicht mehr Fleiß und Zertifikate die Erfolgsgaranten, sondern das eigene möglichst originelle, einzigartige und attraktive Profil sei das, was zähle und für soziale und monetäre Anerkennung sorge. Damit stehe die Optimierung des Selbst im Mittelpunkt gegenwärtiger gesellschaftlicher Anforderungen.[336] Die Zeiten sind vorbei, in denen man nur Maschinen optimieren konnte. Die gegenwärtigen Optimierungsfantasien reichen von ganz alltäglichen Praktiken der Verbesserung des eigenen Lebens bis hin zu post- und transhumanistischen Vorstellungen von Unsterblichkeit und Superintelligenz.

Und nun sitzen wir in der Falle. Wir müssen ständig an uns arbeiten, immer besser werden, uns selbst vermarkten. Wir müssen Zentimeter für Zentimeter an der perfekten Version unseres Ichs feilen. Dazu müssen wir uns permanent sowohl mit den Vorversionen unseres Ichs wie auch mit anderen vergleichen. Ein wichtiges Ziel der Optimierung ist der Erhalt oder die Steigerung der Konkurrenzfähigkeit. Zu groß ist der gesellschaftliche Druck, nicht gut genug zu sein. Der ständige Vergleich führt dazu, dass man meint, jemand anders sein zu müssen. Wir lassen uns von den Erwartungen anderer Menschen leiten, indem wir uns so verhalten, wie anderen es von uns erwarten. Wir streben ständig nach oben, weil wir uns natürlich vom Verlierer zum Gewinner, vom Versager zum Macher entwickeln wollen und nicht etwa umgekehrt. Peter Sloterdijk spricht hier von einer »vertikalen Spannung«[337]. Wir wollen möglichst perfekt sein, denn gemäß der Spielregeln der Selbstoptimierungsgesellschaft ist kein Platz mehr für das Unperfekte, das Labile, das Schwache und das Kranke. Wir sind zum Bestmöglichen verpflichtet. »Die ich rief, die Geister / Werd ich nun nicht los.«[338]

8) Maschinenlogik

Seit der Moderne und ganz besonders mit Beginn der Industrialisierung wurde die Maschine zum Sinnbild einer leistungsstarken, verlässlichen und konstanten Kraft, die weder biologische Rhythmen noch Launen oder Erschöpfungszustände kennt. Maschinen sind den Grenzen der Natur nicht unterworfen und nicht Produkt von evolutionären Prozessen, sondern Resultat der schöpferischen Leistung des Menschen. Im Hinblick auf Erfindungen und Erkenntnisse bedeutete das 19. Jahrhundert den Übergang vom Wunderbaren zum Nützlichen, bezogen auf die menschliche Existenz »den Übergang vom Organismus zur Organisation und zum Mechanismus.«[339]

Seitdem glauben wir, dass unsere Systeme wie Maschinen funktionieren, in der jedes Rädchen seinen bestimmten Platz hat. Alles ist mechanischer Natur. Ilya Prigogine hat dazu geschrieben: »Darin liegt das Paradoxon der klassischen Naturwissenschaft. Sie offenbarte dem Menschen eine tote, passive Natur, eine Natur, die wie ein Automat funktioniert, der, einmal programmiert, ausnahmslos den Regeln des Programms folgt. Und so isolierte das gründlichere Verständnis von der Natur den

Menschen von ihr, statt dass er ihr dadurch näherkam.«[340] Es ist fast so, als ob die Naturwissenschaft alles entwürdigte, was sie berührte.

Die Maschinenlogik spiegelt sich in unserer Sprache (wir sagen Dinge wie »Projekte ausbremsen« oder »bei dir ist wohl eine Schraube locker« oder »die PS auf die Straße bringen«) und in der Art und Weise unseres Denkens wieder. Das Charakteristische an dieser Denkweise ist, dass sie fast ausschließlich durch Logik, Rationalität und Fakten geprägt ist und anhand ihrer Nützlichkeit bewertet wird. Frei nach dem Motto: Was bringt es mir, traurig zu sein? Wenn die Antwort im nächsten Schritt keinen triftigen Grund zu liefern vermag, scheint das Gefühl eigentlich sinnlos zu sein. Es irritiert den rationalen Prozess. Kein Wunder also, wenn es Menschen schwerfällt, mit ihren inneren Vorgängen in Kontakt zu kommen. Schnell werden unangenehme Gefühle pathologisiert, die Maschine ist schlicht defekt. Die Frage ist nicht: Was bedeutet das? Was will mir mein Gefühl mitteilen? Sondern: Welchen Knopf muss ich drücken, um die Maschine wieder in Gang zu bringen? Die beiden Psychologen Cécile Loetz und Jakob Müller machen in ihrem Podcast *Rätsel des Unbewussten* jedoch deutlich, dass erst, wenn »Körper, Gefühl und Gedanken zusammenkommen, man von einem bewussten Vorgang sprechen kann.«[341] Denn der Mensch ist eben keine komplizierte Maschine, gefertigt nach einem mehr oder minder einheitlichen Bauplan, sondern ein Beziehungswesen – sowohl in seinem Inneren als auch in der Interaktion mit anderen.

9) Problemlösungslogik

Wir glauben, dass es für jedes Problem auch eine Lösung gibt und dass wir – vor allem mit technologischen Mitteln – auch alle Probleme lösen können. Wir sind überzeugt, die Dinge in den Griff zu bekommen. »Wir schaffen das« lautet der wohl bekannteste Satz der ehemaligen Bundeskanzlerin Angela Merkel. Aber ist das tatsächlich so? Gibt es für jedes Problem eine Lösung? Auch außerhalb der Mathematik? Oder verschließen wir in dieser Logik nicht nur die Augen vor möglichen Folgeproblemen, Kollateralschäden und neu entstehenden Problemfeldern?

Eine nuancierte Haltung im Rahmen der Problemlösungslogik finden wir in vielen Weltreligionen, die den Begriffen *Problem* und *Lösung* den Begriff der *Schuld* hinzufügen. Wo es ein Problem gibt, gibt es auch einen Schuldigen, ja es gibt sogar gute und weniger gute Schuldige, denn wenn wir schon schuld sind, wollen wir zumindest bessere Schuldige sein als andere. Oder wir suchen die Schuld gleich bei den anderen. Meiner Meinung nach ist dies jedoch kein Weg der Problemlösung. Dabei werden zwar Sündenböcke gefunden und Feinde ausgemacht. Doch gleichzeitig fokussieren wird die Aufmerksamkeit auf irrelevante Details und verlieren das große Ganze aus dem Blick. Dabei übersehen wir, dass Probleme auch eine positive Seite haben, denn nicht zuletzt sind Probleme auch der Motor unserer Wirtschaft. Jedes Geschäftsmodell ist nur so gut wie das Problem, für das es eine Lösung anbietet. Das beginnt mit einem Auto, um von A nach B zu kommen, und hört bei laktosefreier Milch nicht auf. Notfalls sorgen wir auch dafür, dass ein Problem als solches erkannt wird.

Zur herrschenden Problemlösungslogik gehört auch ein Phänomen, das Harald Welzer treffend beschrieben hat: »Wenn in unserer Gesellschaft, unserem Typ von Gesellschaft irgendwelche Probleme auftreten, dann bearbeitet man nicht die Probleme, sondern man schafft eine weitere Institution, die für die Problembearbeitung zuständig ist. Deshalb haben wir eine permanente Expansion von Institutionen, Ämtern [...].«[342] Als Beispiel nennt er das »Institut für Siegelklarheit«[343]. Da Siegel wie Fairtrade, Naturland, Blauer Engel und so weiter immer weiter zunehmen, überfordern sie die Konsumenten, statt für Klarheit zu sorgen. Wenn es zu viele Siegel gibt, verlieren die Verbraucher die Orientierung. Deshalb hat die Bundesregierung das Institut für Siegelklarheit geschaffen. Dadurch wird es jedoch kein Siegel weniger geben, sondern nur eine Institution mehr. Das passt in die gängige Problemlösungslogik, derzufolge wir Problemlösung betreiben, indem wir etwas Neues schaffen. Wir müssten vielmehr lernen, dass nicht ein *Noch-mehr* unsere Probleme löst, sondern ein *Weniger* und ein *Loslassen*.

10) Unverfügbarkeitslogik

Auch der Begriff »Unverfügbarkeit«[344] wurde von Hartmut Rosa geprägt und dient ihm als Metapher für ein typisches Merkmal der Moderne: dem Verlangen und Streben des Menschen, sich die Welt verfügbar zu machen. Er spricht von »eskalierendem modernen Verfügbarkeitsstreben« und meint damit den unablässigen Versuch des modernen Menschen, »die Welt in Reichweite zu bringen: sie ökonomisch verfügbar und technisch beherrschbar, wissenschaftlich erkennbar und politisch steuerbar und zugleich subjektiv erfahrbar zu machen.«[345] Doch dieser Wunsch und dieses Begehren sind kontraproduktiv, weil sie – so Rosa – uns die Welt nicht näherbringen, sondern fremd werden lassen. »Lebendigkeit entsteht aus der Akzeptanz des Unverfügbaren.«[346]

Seit dem 18. Jahrhundert jedoch vermögen sich moderne Gesellschaften nur im Modus der Steigerung zu stabilisieren und streben deswegen stets danach, sich immer mehr Welt anzueignen. Wir leben in der Vorstellung, »dass in der *Vergrößerung unserer Weltreichweite* der Schlüssel zu einem guten, zu einem besseren Leben liegt. Unser Leben wird besser, wenn es uns gelingt, (mehr) Welt in Reichweite zu bringen, so lautet das unausgesprochene, aber im Handeln unablässig reiterierte und reifizierte Mantra des modernen Lebens.«[347] Je größer unsere »Weltreichweite«, desto besser ist unser Leben. Dabei geht es, laut Rosa, oft nicht darum, Dinge – Weltausschnitte – überhaupt erreichbar zu machen, sondern sie schneller, leichter, effizienter, billiger, widerstandsloser, sicherer verfügbar zu haben. Hier schließen sich also Unverfügbarkeitslogik und die bereits erwähnte Steigerungslogik zusammen und potenzieren unser Streben nach dem Zugriff auf die Welt. Das Dilemma, in dem wir dabei treiben, ist: Statt der Welt näherzukommen, entfernen wir uns immer mehr von ihr. »Dort, wo alles verfügbar ist, hat uns die Welt nichts mehr zu sagen, dort, wo sie auf neue Weise unverfügbar geworden ist, können wir sie nicht mehr hören, weil sie nicht mehr erreichbar ist.«[348]

Die Folgen für die Gesellschaft und ihre Entscheidungsträger

All diese Logiken sind die unsichtbaren Fäden, aus denen unsere Gesellschaft gewebt ist und die uns vor große Herausforderungen stellt. Gerade in Zeiten der Ambiguität und in einem postfaktischen Zeitalter der Fake News sehnen wir uns nach Klarheit darüber, wie unsere Entwicklung aussieht. Die Menschen wollen häufig einfache Lösungen. Die Prozesse in der Politik und in den Organisationen sind jedoch komplex, weil auch die Problemstellungen in unserer heutigen globalen Welt sehr komplex sind. Daher gibt es keine einfachen Lösungen. Es gibt nur langfristig geplante Prozesse und Konzepte, die zu nachhaltigen Lösungen führen können. Leider sind sie meist nicht besonders populär.

Die Funktionseinheiten unserer Gesellschaft sind derart miteinander verzahnt, dass wir das Gefühl haben, bei einer Veränderung würde alles in sich zusammenfallen. Alle Themen und Funktionen sind hochgradig miteinander vernetzt und dadurch nicht nur immer feiner und sensibler aufeinander abgestimmt, sondern auch störungsanfälliger geworden. Wir sehen uns dadurch auch mit immer mehr Krisen konfrontiert.

All diese Krisen der Menschheit lassen sich auch nicht mehr durch einzelne Akteure oder wenige Verantwortliche lösen. Die Zeiten sind vorbei, in denen sich nur einige Wenige in der Verantwortung sahen und ausreichend Macht hatten, um Probleme und Krisen zu meistern. Ein elitäres Denken, das immer schon weiß, was zu tun ist, funktioniert heute nicht mehr. »Was wir heute erleben, ist gerade das Scheitern hegemonialer, einheitlicher Perspektiven und Problembeschreibungen«[349] von wenigen Elitären und Verantwortlichen, die zu wissen meinen, welche Wege einzuschlagen seien.

All das hat unter anderem für die Entscheidungsträger in Politik, in der Gesellschaft und in den Unternehmen gravierende Folgen, die sich aufgrund der permanenten Krisen und Unsicherheiten weitgehend auf das Hier und Jetzt (Kalkül des Augenblicks), auf die betroffenen Teilsysteme und auf Stimmungen fokussieren. Sie betreiben akutes Krisenmanagement, vernachlässigen aber die mittel- und langfristigen Themen. Sie vernachlässigen schlicht unsere Zukunft. Dadurch entstehen Lücken bei den langfristigen Konzepten, die wie offene Wunden daliegen und ganz sicher nicht von alleine heilen. Nur selten, aber immerhin, gibt es das Eingeständnis einer kollektiven Überforderung der Entscheidungsträger in Politik und Wirtschaft[350] – ein erster Schritt, zu dem auch die Bereitschaft gehört, in Zeiten wachsender Unübersichtlichkeit zu erklären, was man wie und weshalb und auf Grundlage welcher Werte tut. Menschen in Unternehmen und der Gesellschaft als Ganzes wollen gehört werden, wollen verstehen, werden aber zumeist ignoriert.

Hinzu kommen die Folgen der hohen Informationsdichte, die eine tiefgeistige Verarbeitung von Inhalten eher behindert als befördert. Unser Gedächtnis verschlechtert sich angesichts der Vielzahl von Informationen, nur Weniges bleibt noch hängen. Mit anderen Worten: Je mehr wir in uns aufnehmen, desto weniger begreifen wir schlussendlich. Die Welt entgleitet uns zunehmend, auch weil uns in der täglichen digitalen Hektik »geistige Auszeiten« verloren gehen, Momente, in denen wir von der Welt entkoppelt sind.[351] Das hält uns jedoch nicht davon ab, hitzige Debatten über alles Mögliche zu führen. Ziel dieser eloquent geführten Reden sind jedoch weniger die Inhalte, sondern pure Rechthaberei. Dabei sollte das sensible Gespür für unser Gegenüber, geprägt von Empathie und Wohlwollen, kein Gegensatz zu einer sachlichen, aber streitbaren Diskussion oder Debatte sein.

Was wir heute brauchen, ist eine Willkommenskultur – auch im Kopf. Wir brauchen nicht *eine* Perspektive, die alles umfasst, sondern eine Offenheit für *Perspektivendifferenz*[352], für ein Nicht-alles-Können. Wir brauchen vor allem bei den Entscheiderinnen und Entscheidern nicht eine Kompetenz, sondern unterschiedliche Kompetenzen, um der Komplexität gerecht zu werden. Und diese Komplexität lässt sich nur durch einen neuen Geist des Vertrauens, durch neue Formate der Kooperation, sinnvoll angehen.

In Zeiten des Wandels müssen wir Bewegungen schaffen, die dynamisch sind, die glaubwürdig sind, die optimistisch und schöpferisch sind, wo sich Menschen organisieren und begegnen können. Hierarchien oder Parteien, die rein elitär aufgebaut sind und nur bis zur nächsten Wahl denken, reichen nicht aus. So können wir nicht längerfristig denken, keine Zukunft gestalten.

Ich bin der Meinung, dass nur echte schöpferische Bewegungen langlebig sein können. Und ich bin auch der Meinung, dass Menschen sehr wohl Komplexität vertragen. Wir sollten unsere Bevölkerung und unsere Mitarbeitenden nicht unterschätzen. Das, was wir wirklich tun müssen, ist, uns Zeit zu nehmen, um die Dinge auch in ihrer Komplexität zu erklären. Wir müssen deutlich machen, dass die Welt und unsere Gesellschaft sich nicht mehr aus einer einzigen Zentralperspektive heraus denken und lenken lassen. Und damit schwindet auch die Gegenperspektive, das Geschäft der Kritik, wie Armin Nassehi und Peter Felixberger schreiben.[353] Es sei keine gemeinsame Perspektive, kein Konsens, kein Fluchtpunkt mehr denkbar – nicht einmal ein gemeinsamer Dissens.

Die Gesellschaft ist nicht mehr als Ganzes oder als Einheit darstellbar. Aber wir können die Verbindungen zwischen den Perspektiven erzählen und als Kommunikationsofferten platzieren. Dafür brauchen wir Menschen, die diese Kommunikation führen können. Wir brauchen Imagos. Was zeichnet diese aus, welchen Charakter und welche Fähigkeiten haben sie? Und im nächsten Schritt: Welche Funktionen müssen Imagos in der Gesellschaft und in den Unternehmen übernehmen?

Imagos und ihre Funktionen

Wir erinnern uns, wie die Imagozellen bei der Metamorphose des Schmetterlings entstehen (vgl. Kapitel 1, S. 28–29), nämlich in einem Prozess der Selbstzerstörung der Raupe, bei dem sie das, was entstehen soll – der Schmetterling –, als Zukunftsbild in sich tragen, ohne damit identisch zu sein. Die Imagozellen sind keine Schmetterlingszellen, aber sie enthalten die Vision des Schmetterlings. Übertragen auf menschliche Imagos finden sich dort ähnliche Grundmuster, die für ihren Charakter kennzeichnend sind. Es sind Menschen:

- die reflektiert sind und die Fähigkeit besitzen, die Signale der Umgebung früh genug wahrzunehmen und für das System zu interpretieren;
- die Verantwortung für die Zukunftsthemen übernehmen, ganz besonders dann, wenn sie das Gefühl haben, dass kein Verantwortlicher sich des Themas annimmt;
- die näher an den relevanten Themen sind als die Verantwortlichen und Entscheidungsträger;
- die erkennen, was defizitär läuft und zu einer Gefahr für das System wird, aber anders über die Probleme und deren wechselseitige Zusammenhänge nachdenken;
- die nicht aus Angst und einer negativen Haltung heraus agieren, sondern in Möglichkeiten und Optionen denken und versuchen, Potenziale zu erkennen und zu handeln – Possibilisten;
- die verstehen, dass es entscheidend ist, grenzübergreifend zusammenzuarbeiten und Barrieren zu überwinden, die innerhalb und außerhalb von Organisationen existieren;
- die erkannt haben, dass wir die Art unseres Zusammenarbeitens verändern und zwischenmenschliche Beziehungen aufbauen müssen, die auf Vertrauen und echter Gegenseitigkeit beruhen[354];
- die nicht nur im Rahmen von Problemlösungen denken, sondern Denk- und Vorstellungsweisen entwickeln, die auf die Gestaltung einer aufrichtig ersehnten Zukunft ausgerichtet sind[355];
- die nicht auf einen Auftrag oder eine Anweisung warten, um zu handeln;
- die intrinsisch motiviert sind und in Resonanz gehen wollen;
- die nicht zwangsweise Hierarchie oder Projektstruktur mit zugewiesenen Rollen brauchen;
- die gängige Werte oder Praktiken eines Systems, z. B. die Art der Kommunikation oder Führung, hinterfragen und damit die Grenzen der Toleranz in der Organisation ausloten und die Freiräume geschickt nutzen[356];
- mit der emotionalen Fähigkeit, sich von Ideen, Idealen, Liebgewonnenem, Überzeugungen zu lösen, die eigene Position aufzugeben und anderen Einfluss zu gewähren.[357]

Zwei alte Begriffe, mit denen man dieses Bündel an Kompetenzen ergänzen könnte, sind *Dienen* und *Demut*.

Dort wo Imagos aktiv sind, lässt sich beobachten, welche Funktionen und Aufgaben sie in transformativen Prozessen spielen. Sie sind:

1) Hofnarr

Als Hofnarren halten Imagos den Führungskräften und Entscheidern kritisch den Spiegel vor und stellen etablierte Denk- und Verhaltensmustern infrage. Ihr Motto lautet: Ohne Störung, Provokation und Irritation keine Bewegung!

Eine der größten Gefahren für alle sozialen Systeme ist es, wenn keine bzw. dysfunktionale Rückkopplungsschleifen zur Verfügung stehen. Wenn dies der Fall ist, dann versagen Selbstregulierung, Entwicklung, Lernen und Anpassung. Wir haben dies in Kapitel 4 unter dem Stichwort »Fifty Shades of Green« ausgeführt und dargelegt, wie sich Entscheidungsträger durch manipulierte Rückmeldungen bzw. unehrliches Feedback vom »Rest« des Systems abkoppeln, was zum Scheitern der Organisation führt.

Vom Mittelalter an war das Hofnarrentum fester Bestandteil des Hofstaates.[358] Es ist jedoch ein großer Irrtum, zu glauben, dass ein Hofnarr in erster Linie dazu da war, für Stimmung zu sorgen und quasi als Kabarettist aufzutreten. In Wirklichkeit war die Aufgabe der Hofnarren, Mahnungen und Warnungen eine Bühne zu geben.[359] Ihre Stellung außerhalb der am Hofe geltenden Normen erlaubte ihnen »Narrenfreiheit« und machte einen Hofnarren so zu einer »Institution zulässiger Kritik«[360]. Seine bloße Anwesenheit konfrontierte den Herrscher mit der ständigen Erinnerung daran, dass Gut und Böse auf Erden sehr eng beieinander liegen und dass die wirkliche Wahrheit sich vielleicht einzig in der Narretei findet.

Gerade in Zeiten der Transformationen brauchen Politiker und Organisationsverantwortliche Hofnarren, die intelligent provozieren und irritieren, die unangenehme Wahrheiten aussprechen, die das System unverfälscht und effizient wachrütteln – nicht um eigene Interessen durchzusetzen oder mitzuentscheiden, sondern um Entscheidungsträger zum Nachdenken, Umdenken und Andersdenken einzuladen.

2) Imagineur[361]

Die Entscheidungsträger in den Unternehmen und in der Politik denken und handeln – bedingt durch die permanenten Krisen und die hyperdynamische Umwelt – mehr im Hier und Jetzt und taktisch als visionär und strategisch. Sie haben weniger Zeit, sich mit Visionen, Utopien, neuen Zukünften zu befassen. Die Zukunft ist keine relevante Kategorie mehr. Sie spielt weder in parlamentarischen Debatten oder Koalitionsverträge noch in Chefetagen eine Rolle. Wir haben kaum Big Pictures und das ist fatal, weil die Vorstellung einer gemeinsamen Zukunft für Demokratie und Unternehmen essenziell ist. Ohne Zukunftsvorstellungen und Zukunftsbilder kreisen Gesellschaften und ihre Systeme nur um den kleinen Punkt der Gegenwart und geraten in Schwierigkeiten, weil ohne Zukunftshorizont kaum zu sagen ist, wozu jene Maßnahme und dieses Gesetz erlassen wird.[362]

Zusätzlich sind die meisten Entscheidungsträger auch zu weit entfernt vom Tagesgeschehen. Sie sind nicht nah genug an den Kundinnen und Kunden, Bürgerinnen und Bürgern und ihren Bedarfen. Die Aufgabe der Imagos ist es, die Aufmerksamkeit der Entscheidungsträger auf die Zukunftsthemen zu lenken, sie auf die Agenda zu bringen und dafür zu sorgen, dass sie dort auch bleiben. Imagos übernehmen die Selektion der Zukunftsthemen. Sie erzeugen einen Zeitgeist. Sie erzeugen kleine Wellen, die immer größer werden. Ihre Aufgabe ist es, den Themen, die in der Luft liegen, eine Bühne zu bereiten.[363]

3) Narrateur

In einer Zeit voller Umbrüche, Übergänge und großer Krisen können Geschichten uns beflügeln und Wandel unterstützen. Unser Gehirn liebt es, in Geschichten zu denken, sie sind das beste Mittel, um Emotionen und Rationalität miteinander zu verbinden. Geschichten bewegen uns viel mehr als Fakten. Geschichten sind deshalb so hilfreich für Erklärungen und Mobilisierung.

Imagos können zwei Arten von Geschichten für den Wandel nutzen. Die erste Kategorie sehe ich in den zukunftsorientierten neuen Narrativen für unser Handeln. Hierbei wird eine Art Verbindung zu möglichen Zukunftsbildern bzw. -vorstellungen geschaffen. Diese Geschichten entführen uns in eine Welt, die wir mithilfe unserer Fantasie aktiv mitgestalten können; sie fordern und fördern uns und – vielleicht noch viel wichtiger – stoßen uns dazu an, uns selbst zu hinterfragen.[364] Geschichten können tatsächlich eine Zukunft schaffen. Wir sind und wir werden ein Abbild der Geschichten, die wir uns über uns selbst erzählen.[365]

Die zweite Kategorie sind die Geschichten der Erfolgsbeispiele. Es sind die Geschichten des Gelingens, die erzählen, was man nun anders macht und was dennoch erfolgreich ist und funktioniert. Solche Geschichten verleihen unseren Fragestellungen einen ganz neuen Klang. Sie zeigen unterschiedliche Handlungsspielräume – nicht in einer Best-Practice-Logik, aber als eine Art der Annäherung an das Neue.

Wichtig dabei sind die Erzählbarkeit und damit das Andocken an einen zentralen Aspekt des Wandels. Geschichten müssen *andockungsfähig* sein und einfach zu vermitteln. Sie müssen emotional sein, damit sie dauerhaft in Erinnerung bleiben und motivierend, damit man am Ball bleibt.

4) Archäologe

Wir können ein System nur transformieren, wenn wir seine Geschichten, Narrative und Bilder verstehen. Oder wie der deutsche Philosophieprofessor Odo Marquard schreibt: »Zukunft braucht Herkunft.«[366] Die Auseinandersetzung mit der »DNA« der Organisation ist zwingend. Es ist wichtig, die Identität des Unternehmens zu erkennen und zu verstehen. Diese »unveränderliche, unveräußerliche Seele« eines Unternehmens hat sehr viel mit der speziellen Kultur und der Philosophie der jeweiligen Firma zu tun. Zunächst sind es der oder die Gründer, die mit ihrem Wesen, ihren Absichten, Zielen und Träumen die Identität ihres Unternehmens prägen. Sie bestimmen durch ihre individuelle Art zu denken, zu handeln, Systeme und Prozesse zu formen und Strategien zu verfolgen den Charakter ihres Unternehmens. Über ihren individuellen Stil zu führen und zu gestalten prägen die Gründer ihr Unternehmen, solange sie präsent sind. Geben sie die Führung ab, beginnt der Kern des Unternehmens sich häufig allmählich zu verändern. Mit der Zeit wird das Unternehmen häufig größer. Mit der Größe entwickelt sich eine bestimmte Kultur, denn im Laufe der Zeit gewinnt das System an Erfahrungen und erkennt, welche Aktionen positive und welche negativen Konsequenzen nach sich ziehen. Die Kultur macht die Persönlichkeit oder den Charakter des sozialen Systems aus, also die Art, wie es auf die großen und kleinen Fragen des Lebens antwortet.

Diese »DNA« ist auch eine Art der Weltbetrachtung. Sie ist Quelle, Ursprung und Richtung zugleich. Sie bringt auf den Punkt, warum die beteiligten Akteure von dem, was sie tun, überzeugt sein können. Sie schafft eine große Identifikation bei allen, die mit dem Unternehmen zu tun haben, und liefert eine Orientierung.[367]

Kein Unternehmen kann mehr weitermachen wie bisher. Und deshalb ist es Zeit, sich wieder mit der Philosophie dieser Unternehmen zu beschäftigen, mit ihren Grundlagen, mit den Fundamenten ihres Agierens, mit ihrer spezifischen Art, die Welt zu sehen, mit ihr umzugehen – die Welt zu begreifen.[368]

5) Galerist

Im Kapitel 6 haben wir über die unterschiedlichen inneren Bilder gesprochen. Die Aufgabe der Imagos besteht auch darin, diese Bilder aus dem Unterbewusstsein des

Systems an die Oberfläche zu bringen, damit man gemeinsam im neuen Kontext der Herausforderungen reflektiert, neu bewertet und gegeben falls neu beschreibt. Ohne eine Anpassung und Reflexion der inneren Bilder verharren Gesellschaften und Unternehmen in der Gegenwart. Sie neigen dann dazu, falsche Landkarten zu benutzen, um in die neue Welt gehen zu wollen, und finden sich in alten Spuren, statt neue Wege zu gehen. »You can't use an old map to see a new land«, meint Gary Hamel zu Recht dazu. Und eine Landkarte funktioniert ja nur, weil sie die Welt nicht so darstellt, wie sie ist, sondern weil sie aussucht und simplifiziert und symbolisch repräsentiert. Diese Landkarte bietet uns gewisse Ziele und Wege, sie bietet gewisse Leitplanken, die zu diesem Ziel hinführen. Die inneren Bilder funktionieren wie Leitplanken, ohne die wir unser Ziel aus den Augen verlieren. Wie ein Galerist können die Imagos als Vermittler zwischen Entscheidungsträgern und Gesellschaft, zwischen Kunden und Mitarbeitern dienen. Dabei geht es nicht darum, alle diese Bilder neu zu erzeugen und infrage zu stellen. Es muss nicht alles neu erdacht werden – aber vieles muss in einen neuen Rahmen gestellt werden. Dabei werden auch alte Bilder wiederbelebt. Neue Dinge werden entdeckt und alte Dinge werden neu entdeckt.[369]

Die Magie des Miteinander-Gestaltens

Die Magie des Miteinander-Gestaltens von transformativen Prozessen hat für mich drei zentrale Elemente, drei Bedingungen für die Möglichkeit von Transformation: den Dialog, den Raum und die Bewegung. Alle drei Elemente brauchen wir, um Transformation zu gestalten. Ohne Dialog, kein Austausch. Ohne Raum, keine Heterotopie. Ohne Bewegung, Stillstand.

1. Imago-Dialoge

Wenn wir heute in der Politik und in Organisationen zusammenkommen, um Themen zu besprechen, findet in den Gremien, Arbeitskreisen und Ausschüsse kaum ein Dialog statt. Meistens geht es um eine Art von Kommunikation, die wir eher als *Diskussion* oder *Debatte* bezeichnen. Dabei wird nicht auf Augenhöhe gesprochen. Ziel ist es vielmehr, seine Position zu vermitteln oder zu verteidigen. Es geht darum, persönlich zu punkten und sich zu bereichern. Je höher in der Hierarchie man steht, umso mehr hat man die Wahrheit für sich gepachtet. Wenn andere Sichtweisen existieren, entsteht der Drang, die anderen zu bekehren und zu belehren. Es geht darum, sich als wissend zu präsentieren, eine Sache zu beweisen, um ein Machtgefälle zu demonstrieren. Man fokussiert sich darauf, in den Argumenten und Sichtweisen der anderen einen Fehler zu finden, um zu zeigen, dass man besser ist als das Gegenüber. In Wahrheit bedeuten solche Diskussionen und Debatten ein Zerschlagen, Besiegen, Zerlegen und damit eine Art Abwertung des anderen. »Der Wahrheitszweifel gilt immer nur für die andere Seite, den Gegner, den Feind. Die eigene Position wird jedoch mit maximaler Gewissheit, ideologischer Härte und einem glasharten Realismus verfochten.«[370]

Wir sind kaum fähig, miteinander zu reden, einander zuzuhören. Wir sind nicht gewillt, unsere Grundannahmen infrage zu stellen. Wir plädieren viel und fragen wenig. Wir sind eine *belehrende* Gemeinschaft, aber keine *lernende.*[371] Was die Folgen sind, haben wir schon in Kapitel 4 besprochen. Die Teilnehmerinnen und Teilnehmer schweigen. Sie halten sich zurück. Man geht nicht gemeinsam auf die Suche. Man gibt sich mit den vorgeschlagenen Wegen und vorgegebenen Lösungen zufrieden. Nur wenn Menschen zu hart attackiert werden, entstehen Ressentiments. Die Situation produziert Verhärtungen und ruiniert die Möglichkeiten empathischer Anteilnahme.[372]

Bedauerlicherweise gehen wir davon aus, dass es nur eine Wahrheit gibt, die eindeutig zu ermitteln ist. In manchen Situationen gilt dies auch, in anderen ist es komplizierter. Am besten lässt sich das Thema mit den Gedanken von Heinz von Foerster und Paul Watzlawick erklären. Heinz von Foerster unterscheidet zwischen *entscheidbaren Fragen* und *unentscheidbaren Fragen.* Entscheidbare Fragen erlauben eindeutige Antworten, zum Beispiel ob die Zahl 10 durch 2 und 5 teilbar ist. Oder ob es rechtens ist, sich fremdes Eigentum anzueignen. Solche Fragen lassen sich rasch und eindeutig klären. Ob der Mensch seinem Wesen nach gut oder doch weitgehend egoistisch ist, beschäftigt seit Jahrhundert Kunst und Kultur und ist daher offenbar eine unentscheidbare Frage. Die Schlussfolgerung von Foerster: »Nur Fragen, die im Prinzip unentscheidbar sind, können wir entscheiden.« Alle anderen Fragen seien gleichsam durch Regeln und Gesetze bereits geprägt und gebahnt.[373]

Ähnlich beschreibt es Paul Watzlawick.[374] Er unterscheidet zwischen *Wirklichkeit erster Ordnung* und *Wirklichkeit zweiter Ordnung.* In der Wirklichkeit erster Ordnung geht es um die Fakten, um physikalische Eigenschaften, Tatsachen, die sich beobachten oder experimentell »objektiv« feststellen lassen. Watzlawick veranschaulicht dies an einem Beispiel: Nehmen wir an, wir beobachten, wie sich ein Mann ins Wasser stürzt, um einen Ertrinkenden zu retten. Diesen Sachverhalt nennt er die *Wirklichkeit erster Ordnung.* Alle unsere Wahrnehmungen zeigen eindeutig, was hier geschieht. Bei der *Wirklichkeit zweiter Ordnung* geht es jedoch um die Zuschreibung von Sinn, also um unsere Interpretation dessen, was wir wahrnehmen. Wieso hat sich der Mann ins Wasser gestürzt? Was hat ihn dazu bewogen, den Mann zu retten. War es Menschenliebe? Wollte er ein Held sein? Oder weiß er, dass der Ertrinkende ein Millionär ist? Watzlawick sagt: »Darüber gibt es keine Einigkeit. Da kann man nur verschiedenste Annahmen haben.«[375]

Auf der Ebene der Wirklichkeit erster Ordnung bzw. der entscheidbaren Fragen können wir uns auf eine Wahrheit einigen. Meistens handelt es sich dabei um Fakten, die ermittelbar und überprüfbar sind. Und: »Jeder hat das Recht auf seine eigene Meinung, aber nicht das Recht auf seine eigenen Fakten.«[376]

Wenn wir uns aber auf der Ebene der Wirklichkeit zweiter Ordnung bzw. der unentscheidbaren Fragen bewegen, dann müssen wir einen anderen Zugang zur Wahrheit und Wirklichkeit finden. Wir bewegen uns hier in der Welt der konstruierten Bedeutungen, der Meinungen und Annahmen, die auf unseren Erfahrungen und auf dem kulturellen Kontext beruhen. Wir müssen akzeptieren, dass es in dieser Welt keine eindeutige, einzig richtige Wahrheit geben wird, sondern dass mehrere überzeugende Meinungen gleichzeitig gelten können. Und zuallererst müssen wir verstehen, auf welchem Spielfeld wir uns gerade befinden: Geht es um die Klärung von Fakten oder geht es um subjektive Sinnzuschreibungen?[377]

Die Aufgabe der Imagos ist es, zur Klärung dieser Fragen eine gesunde Dialogkultur zu entwickeln und vorzuleben. Damit die Gestaltung der Transformationen gelingen kann, benötigen wir Dialoge aus unterschiedlichen Erfahrungsbereichen und gesellschaftlichen Tätigkeitsfeldern. Um Transformation zu ermöglichen, brauchen wir eine gelingende Kommunikation. »So gesehen ist die Kunst des Miteinander-Redens kein Luxus-, sondern ein Überlebensthema«, hat auch Schulz von Thun schon gefordert. Wenn es um Diskussionen erster Ordnung geht, müssen wir in Zeiten von Fake News dafür sorgen, dass wir zu den Fakten zurückfinden, und für alles andere brauchen wir produktive und intelligente Dialoge.

Damit Dialoge fruchtbar werden, sind einige Voraussetzungen unabdingbar. Zunächst einmal die Fähigkeit, die Vielfalt der Wahrnehmungen und Bewertungsmöglichkeiten anzuerkennen und sie überhaupt verstehen wollen.[378] Wir müssen zuerst verstehen, was die oder der andere sagt, und uns erst dann bemühen, selbst verstanden zu werden. Das bedeutet nicht, den eigenen Standpunkt aufzugeben oder Konfrontation zu vermeiden. Verständnis heißt nicht Einverständnis. Wir brauchen eine gute Mischung aus Trennschärfe und Streitbarkeit, abwarten und aktiv werden, Respekt und Klarheit, Empathie und Wertschätzung, damit wir uns auf Augenhöhe begegnen und eine höhere Wahrheit erarbeiten können. Wir brauchen unterschiedliche Sichtweisen genauso wie eine klare Unterscheidung von Verstehen, Verständnis und Einverständnis. Wir müssen Grenzen setzen *und* Brücken bauen!

Eine weitere Voraussetzung für gute Dialoge ist die Nivellierung von richtig und falsch. Es geht nicht um Gewinnen oder Widerlegen. Der Sinn des Dialogs ist vielmehr, etwas Neues und Besseres aus den unterschiedlichen Weltsichten, Meinungen, Perspektiven und Interpretationen entstehen zu lassen. Nicht, was gesagt worden ist, spielt eine Rolle, sondern wie man zu der Erkenntnis gekommen ist, ist entscheidend. Es geht darum, gemeinsam dem Denken auf die Spur zu kommen, auch der eigenen Meinung. Dabei wird man feststellen, dass die eigene Position gar nicht so extrem wichtig ist und man viel weiter kommt, wenn man »gemeinsam denkt«. Hannah Arendt formuliert diese Erkenntnis eindrucksvoll: »Die dialogische Basismaxime heißt: Die Wahrheit beginnt zu zweit.«[379]

Um in einem Dialogprozess erfolgreich zu sein, müssen sich die Beteiligten nicht in erster Linie als Gegner begreifen, die einen Sieg davontragen wollen, sondern (auch) als Komplementäre. Dann steht nicht das eigene Wollen im Zentrum, sondern es herrscht eine »dialogische Intelligenz«[380], die Einsicht, dass man gemeinsam ein besseres Resultat hervorbringt als allein. »Dialogische Intelligenz zu entwickeln, bedeutet auch, den eigenen Blick zu weiten, fähig zu sein, die Blickrichtung zu wechseln und Probleme, Themen, Konflikte aus anderen Perspektiven als der eigenen sehen zu können. [...] Die Entwicklung dialogischer Intelligenz ist auf ständige dialogische Praxis angewiesen, braucht Räume der Zuwendung, des Zuhörens, der Verlangsamung, auch der Stille. Im Erleben des gemeinsamen Suchens, der Verbundenheit in aller Verschiedenheit kann sich die Magie des Dialogs offenbaren und im gemeinsamen dialogischen Feld kann eine neue Kraft wirksam werden, die im Zwischenraum, in der Beziehung auftaucht. Im gemeinsam gebildeten Feld tauchen Gedanken, Worte, Metaphern auf, die vom einzelnen alleine nicht gedacht worden wären, nicht hätten gedacht werden können.«[381]

Dass in der dialogischen Gemeinsamkeit neue Einsichten, nie zuvor gedachte Gedanken, Fragen, Metaphern zum Vorschein kommen können, ist ein Teil der Magie, die Transformationsprozessen innewohnt. Doch all dies kann nur entstehen, wenn es dafür einen Raum gibt, in dem Transformation genügend Luft zum Atmen hat.

2. Imago-Räume

Imagos brauchen einen Ort des Zusammentreffens, einen Ort der Begegnung und des Dialogs. Eine neue Agora, auf der die Imagos in ihrer Vielstimmigkeit zusammenkommen und Themen einbringen, Herausforderungen vorbringen und Fragen aufwerfen – auch Themen, die bei den Verantwortlichen nicht hoch im Kurs stehen, Themen, über die anderswo geschwiegen wird. Es braucht ein Forum, in dem Perspektiven zusammenlaufen. Harald Welzer hat hierfür eine aussagekräftige Metapher gefunden[382]: Es braucht einen Raum mit vielen Rissen, durch die jeweils unterschiedliches Licht in den Raum fällt. Jeder Riss ist eine neue Öffnung. Und die verschiedenen Lichtstrahlen stellen die Themen im Raum ganz unterschiedlich dar. Es müssen Räume sein, die das widerspiegeln, was gerade in der Gesellschaft passiert. Deshalb ist unser Anspruch, dass sich in Imago-Räumen politische, ökonomische, kulturelle, religiöse, künstlerische, natur- und geisteswissenschaftliche Perspektiven aufeinander beziehen. Dazu brauchen wir Akteure, die diese Differenzen und Widersprüche aushalten und übersetzen.[383]

Deshalb sollten in Imago-Räumen auch Dialoge zwischen unterschiedlichen Institutionen, Bürokratien oder wissenschaftlichen Disziplinen stattfinden. Es geht um Denkräume, die es den darin Wirkenden ermöglichen, sich auf Dialoge einzulassen, Dinge gerade aus der Perspektive anderer, konkurrierender Logiken zu verstehen. Solche Imago-Räume werden auch zeigen, wie sehr unsere Diagnosen und analytischen Perspektiven durch sich selbst limitiert sind. Wenn wir das erkennen, verändern sich die Diagnosen womöglich und es entstehen neue Arten von Kooperationen und neue Strategien.[384]

In jedem Fall entstehen so neue Möglichkeitsräume – Heterotopien (vgl. Kapitel 7, S. 168–169). Räume, in denen fremde Perspektiven und Argumente willkommen sind, weil Andersartigkeit grundsätzlich erwünscht ist. Räume, in denen die Maxime gilt »erst verstehen, dann verstanden werden«.[385] Heterotopien, wie schon beschrieben, sind Denkräume der Zuwendung, des Zuhörens, der Vielfalt, der Gleichberechtigung, in denen man den Mut hat, mit vorgeschlagenen Lösungen unzufrieden zu sein, um gemeinsam etwas Besseres zu finden. Räume, in denen Transformation entstehen kann.

3. Imago-Bewegungen

Imago-Bewegungen haben viel mit sozialen Bewegungen gemeinsam, sind jedoch nicht mit ihnen identisch. Ähnlich wie bei sozialen Bewegungen handelt es sich auch bei einer Imago-Bewegung um ein Netzwerk von aktiven Menschen, die gestaltend in den gesellschaftlichen bzw. organisationalen Wandel eingreifen wollen. Eine Imago-Bewegung will, wie auch eine soziale Bewegung, durch gemeinsame Aktionen die aktuellen Verhältnisse verändern bzw. entwickeln oder den anstehenden, aus ihrer Sicht negativen Veränderungen entgegenwirken.

»Soziale Bewegungen gelten insgesamt als wichtige Akteure moderner Gesellschaften, geradezu als Kennzeichen der *Moderne*, weil sie die Fähigkeit einer Gesellschaft ins Zentrum rücken, sich selbst zu produzieren und sozialen Wandel aktiv zu gestalten.«[386] Die Imago-Bewegung wird für die Moderne eine ähnliche Rolle übernehmen. Beide Bewegungen wollen aktiv mitgestalten. Aber während soziale Bewegungen in der Regel aus Protest entstehen und bestehende Verhältnisse kritisieren, sollen Imago-Bewegungen positiv, optimistisch und gestalterisch wirken. Während soziale Bewegungen von Beginn an eine feststehende Agenda verfolgen und mit dieser auch scheitern können, entwickeln Imago-Bewegungen ihre Agenda oftmals erst im dialogischen Tun.

Erfahrung und Tipps aus der Praxis

Im Jahr 2016 habe ich als Senior Expert Culture and Transformation Management bei der BMW Group zusammen mit meiner Kollegin Sylvia Scherer den *Connected Culture Club* ins Leben gerufen. Der CCC ist eine Bewegung für die Unternehmensentwicklung bei der BMW Group. Damit wir uns nicht falsch verstehen: Der Connected Culture Club ist nicht gegründet worden, weil wir die BMW-Kultur nicht gut fanden und deswegen verbessern wollten. Im Gegenteil! Wir sind sehr stolz auf unsere Geschichte, unsere Marke, unsere Leistungen, unsere Kolleginnen und Kollegen und unsere Kultur. Und wir haben auch keinen Zweifel, dass unsere traditionellen Tugenden wie Fleiß, Sorgfalt und Zuverlässigkeit nach wie vor notwendig sind, um Erfolg zu haben. Aber sie sind heutzutage nur noch die Eintrittskarte in die Arena. Was wir bzw. die BMW Group darüber hinaus brauchen, um dauerhaft ganz oben mitzuspielen, sind Mitarbeiterinnen und Mitarbeiter, die Initiative ergreifen, die durch kreatives Denken das Unternehmen voranbringen, die selbst Verantwortung übernehmen und die Kultur des Unternehmens aktiv mitgestalten. Was wir brauchen, sind Imagos.

Im CCC sahen wir uns ein bisschen als die Hofnarren. Wir wollten den etablierten Denk- und Verhaltensmustern kritisch den Spiegel vorhalten. Unser Motto lautete: Ohne Störung keine Bewegung! Wir haben es uns auf die Fahnen geschrieben, gemeinsam mit unseren Kolleginnen und Kollegen die Verantwortung für die Zukunft bei der BMW Group zu übernehmen – und dafür ist die Kultur des Unternehmens die Basis. Für uns ist Kultur die Seele der Organisation, wobei wir Kultur so verstehen, dass sie von jedem Menschen im Unternehmen geschaffen wird. Es ist unsere gemeinsame Kultur, die unser Denken, Fühlen und Handeln in der Organisation formt.

Der CCC ist nicht elitär oder exklusiv, jede und jeder kann teilnehmen. Jeder ist herzlich willkommen, der etwas bewegen will: bei sich selbst, bei den Kolleginnen und Kollegen, im Unternehmen, bei den Kunden und letztlich auch in der Welt und für die Welt.

Wir glauben, dass wir Organisationen in der heutigen Zeit anders betrachten müssen, nämlich als »Social Movements« – als soziale Bewegungen. Als solche müssen Unternehmen Menschen bewegen und gleichzeitig selbst unglaublich beweglich sein.

Mit dem CCC wollten wir eine Bewegung für Veränderung schaffen. Wir wollten Begeisterung schüren für die Gestaltung der Zukunft unseres Unternehmens. Wir wollten eine Imago-Bewegung für Transformation sein. Hier ein paar Tipps und Erfahrungen aus unserer Praxis:

- Seien Sie positiv, zuversichtlich und optimistisch.
- Sie sollten die Fähigkeit mitbringen, Krisen und Rückschläge zu meistern, widerstandsfähig und belastbar zu sein, denn Sie werden nicht nur auf begeisterte Kolleginnen und Kollegen treffen.
- Suchen Sie sich einen oder mehrere angesehene Mentoren in einer einflussreichen Position. Eine Bewegung braucht prominente Unterstützer, die ihre schützende Hand über die Bewegung halten.
- Stellen Sie ein kleines, vielfältiges Kernteam mit unterschiedlichen Kompetenzen zusammen und vernetzen sich regelmäßig mit den übrigen Akteuren.
- Formulieren Sie zusammen ein gemeinsames Anliegen (Purpose), das wie sozialer Kitt wirkt und das Gemeinschaftsgefühl fördert.
- Skalieren Sie die Bewegung durch die Gründung von selbstorganisierten Chapters an verschiedenen Standorten.
- Suchen Sie charismatische Personen innerhalb der Bewegung, die gut präsentieren und Menschen begeistern können. Die Bewegung sollte eine »kritische Masse« erreichen. Setzen Sie auf Influencer und Connectoren, die die Bewegung »promoten«.
- Definieren Sie ein paar Spielregeln, damit sich die Bewegung nicht in eine falsche Richtung entwickelt.

- Achten Sie auf Ihren guten Ruf, leben Sie selbst den Wandel und seien Sie ein Vorbild.
- Nutzen Sie die Stärken der aktuellen Kultur, respektieren Sie den Status quo.
- Rücken Sie das bestehende System nicht in ein schlechtes Licht, um selbst besser dazustehen.
- Achten Sie darauf, nicht als eine Art Selbsthilfegruppe abgestempelt zu werden. Sie sollten eine gestalterische, schöpferische Gruppe sein, die langfristig denkt.
- Haben Sie Lösungen parat. Wer ein Problem findet, sollte auch Lösungsvorschläge anbieten können.
- Richten Sie Feedbackrituale im System ein.
- Arbeiten Sie an dem Wir-Gefühl, indem Sie identitätsstiftende Veranstaltungen, Rituale und Symbole anbieten. Nichts kann eine Bewegung schneller zerstören als das Gefühl, nicht mehr Teil von etwas Besonderem und Großen zu sein.
- Versuchen Sie, die innovativen und positiven Beispiele und Geschichten zu verbreiten.
- Suchen Sie potente Sponsoren, die Ressourcen für Ihre Initiative zur Verfügung stellen.
- Nehmen Sie mögliche Einwände von Gegnern vorweg. Erkennen Sie potenzielle Gegenargumente und schmieden Sie rechtzeitig hilfreiche Allianzen.[387]
- Bestimmen Sie einen Advocatus Diaboli, der Ihre Ideen und Vorschläge auf Schwächen prüft.
- Seien Sie bereit, sich selbst kritisch zu reflektieren und immer wieder zu hinterfragen, was Sie für richtig halten und welche Folgen Ihr Handeln haben wird.
- Haben Sie den Mut, Geschichten zu erzählen. Durch Parabeln, Gleichnisse, Bilder, Collagen und Vergleiche lassen sich viele Dinge besser erklären als durch Flussdiagramme. Dazu gehört es, Mehrdeutigkeiten und Interpretationsspielräume nicht nur auszuhalten, sondern zu provozieren.

Damit haben wir eine ganze Reihe von erfolgversprechenden Faktoren für Imagos benannt. Die Magie solcher initialen Zellen liegt darin, dass sie – wie jede soziale Bewegung – als überschaubare Wertegemeinschaft beginnt und den Code der Zukunft bereits in sich trägt. Sobald es gelingt, in einem kollektiven Narrativ die verschiedenen Motive, Geschichten und Visionen zu verbinden und als gemeinsames Anliegen zum Ausdruck zu bringen, wird eine transformierende Kraft entstehen und sich zu einer Imago-Bewegung entwickeln. Ich bin zutiefst davon überzeugt: Wer solche partizipativen Veränderungsprozesse zulässt und gezielt fördert, der hat das wahre Wesen der Transformation erfasst und das Tor zur Zukunft weit geöffnet.

Nachwort

Wir leben in Zeiten des Wandels und spüren dies jeden Tag. Wir stecken fest in den Paradoxien unserer Zeit – alles ist besser und gleichzeitig schlechter, das Internet bietet Vernetzung zum Nulltarif, doch die Menschen vereinsamen, wir leiden unter »Informations-Overload« und verstehen die Welt nicht mehr. Wir fragen uns: Was nun? Was tun? Wie können wir es schaffen, veraltete Narrative und überholte Paradigmen hinter uns zu lassen? Wie kann es uns gelingen, neue und zukunftstaugliche Gewohnheiten zu etablieren?

Um eine gelingende Transformation denken zu können und um sie leidenschaftlich und verantwortungsvoll mitzugestalten, müssen neue mentale Bilder entstehen und neue Wege eingeschlagen werden. Es müssen Räume für Dialoge und Experimente auf Augenhöhe geöffnet werden, die eine Verbindung zwischen Begriffen, Logiken, Ratio und Gefühlen schaffen. Das Gute ist: Wir haben alle Freiheit, diese neuen Wege auch tatsächlich zu gehen. Doch diese Freiheit bedeutet auch Verantwortung: Wir können das eine nicht ohne das andere wollen. Wenn wir uns für eine und gegen eine andere Option entscheiden, müssen wir dafür auch die Verantwortung und die Konsequenzen tragen. Gleiches gilt in der Umkehrung: Nur wer frei ist und auch anders agieren kann› kann verantwortlich handeln.

Dank der durch die Moderne ermöglichten Fortschritte sind wir heute zum ersten Mal in der Lage, durch unser Handeln unsere Lebensgrundlagen zu zerstören. Daraus erwachsen die besondere Verantwortung und die moralische Pflicht – auch gegenüber den nächsten Generationen –, unseren Planeten vor uns selbst zu beschützen. Den kategorischen Imperativ der Gegenwart hat Hans Jonas schon vor dreißig Jahren formuliert: »Handle so, dass die Wirkungen deiner Handlung verträglich sind mit der Permanenz echten menschlichen Lebens auf Erden.«[388] Und er fügt hinzu: »Im Zeitalter einer allmächtig gewordenen Zivilisation ist die erste Pflicht des menschlichen Verhaltens, die Zukunft der Menschheit zu sichern.«[389]

Ich bin zutiefst überzeugt, dass uns dies gelingen kann. Da wir in freien Gesellschaften leben, verfügen wir über die dafür nötigen Handlungsspielräume. Jede Einzelne und jeder Einzelne hat die Möglichkeit, Dinge zu tun, die unserem Planeten zugutekommen. Das ist das Schöne an der Demokratie und an freien Gesellschaften: Jeder und jede kann etwas beitragen und etwas bewegen. Dabei mögen unsere

Handlungsspielräume unterschiedlich groß sein – ein CEO, Prominenter oder eine Politikerin mögen andere Möglichkeiten haben als Menschen wie Sie und ich. Doch solange wir in einer freien Gesellschaft leben, verfügen wir alle über viele Optionen und haben eine nicht delegierbare Verantwortung. Das stellt für mich den eigentlichen Schlüssel dar: Das, was man beitragen kann, ist nicht delegierbar. Wenn wir uns darüber einig sind, dass wir ein manifestes Problem auf der einen Seite und Handlungsmöglichkeiten auf der anderen Seite haben, dann entbindet uns nichts und niemand davon, diese Handlungsspielräume auch zu nutzen. In Bezug auf die Transformation kann jede und jeder seinen individuellen Beitrag dazu leisten. Wenn wir zum Beispiel eine Kultur der Genügsamkeit anstreben, um die Klimakrise zu bewältigen, dann will der eine vielleicht seinen Fleischkonsum reduzieren, die andere schafft ihr Auto ab, ein Dritter reduziert seine Fernseh- und Online-Zeiten, um Strom zu sparen. Jede und jeder kann etwas tun.

Für eine gelungene Transformation braucht es die Beteiligung vieler. Deswegen wäre es fahrlässig, die Transformation ausschließlich Politikerinnen und Politikern oder CEOs zu überlassen. Wir alle sind gefragt, uns zu beteiligen. Dazu müssen wir vor allem viel mehr Gespräche führen und sinnvolle Dialoge pflegen. Wir müssen Menschen mit originellen Geschichten neugierig machen, sie interessieren, begeistern und mitnehmen.

Wir müssen für eine Bewegung sorgen. Wenn genug Menschen Geduld, Ausdauer, Mut, Leidenschaft, Verantwortungsbewusstsein und Wachheit mitbringen, wenn genug Menschen beginnen, zu rebellieren, über den Tellerrand zu blicken, Dinge infrage zu stellen und neu zu denken, wenn genug Menschen bereit sind, für Werte wie Menschlichkeit, Respekt, Vertrauen, Kooperation, Partizipation und Solidarität einzutreten, dann wird diese Bewegung eine Stimme haben, die laut und überzeugend genug ist, um ein neues Narrativ zu schaffen. Aus ersten kleinen Wellen können große Wellen werden, die nach und nach die Kraft eines Tsunami erreichen.

Wir müssen bereit sein, die Blickrichtung zu wechseln und Probleme, Themen, Konflikte aus anderen Perspektiven als der eigenen zu sehen. Wir sollten Polaritäten und Gegenmeinungen umarmen. Eine gesunde Gesprächskultur braucht Gegensätze, Unterschiedlichkeit, Kanten und Rundungen, Intensität und Ruhe, Höhen und Tiefen. Und wir brauchen Räume der Zuwendung, des Zuhörens, der Verlangsamung und auch der Stille.

In solchen Zeiten werden wir ohne »intellektuelle Demut«[390] nicht auskommen, ohne eine Haltung der Genügsamkeit, Mäßigung und Bescheidenheit, die sich selbst als Mittelpunkt der Welt zurücknimmt. Ganz besonders demütig sollten wir gegenüber der Natur sein. Vielleicht müssen wir wieder lernen, uns als Teil eines großen Zusammenhangs und eines großen Ganzen zu sehen. Vielleicht müssen wir begreifen, dass die Wahrheit stets größer ist als das, was der Einzelne weiß. In dieser Tradition steht auch das vorliegende Buch und ist damit weit davon entfernt, anzudeuten, sein Autor wisse etwas besser. Eher schon war es in diesem Buch mein Anliegen, Hofnarr, Imagineur, Narrateur, Archäologe und Galerist gleichzeitig zu sein. Wenn es mir ein wenig gelungen ist, Sie, meine Leserin oder meinen Leser, mit Aussagen, Zitaten, Collagen, Geschichten und Bildern zu überraschen, zu irritieren, zu inspirieren oder zum Denken anzuregen, habe ich mehr erreicht, als ich je zu hoffen wagte.

»Handeln ist ein Wir und nicht ein Ich.« Hannah Arendt

Dank

Mein erster Dank gehört den Leserinnen und Lesern, die mir ihr kostbarstes Gut, ihre Zeit, schenkten, indem sie dieses Buch gekauft und gelesen haben.

In gewisser Weise ist mein gesamtes Leben auf dieses Buch hinausgelaufen, doch die Idee dazu, es zu schreiben, wurde geboren, als eine liebevolle ältere Dame nach einem meiner Vorträge meine Hand ergriff und sagte: »Sie müssen ein Buch schreiben.« Ihre Worte haben mich elektrisiert. Allerdings war ich mir nicht sicher, dass ich auch schreiben kann. Insofern war es fast ein Trost, als mir durch viele Gespräche mit guten Autorinnen und Autoren einmal mehr bewusst wurde, dass alle schöpferischen Leistungen, so auch dieses Buch, nicht nur die Frucht der Arbeit eines Einzelnen sind. Es sind stets viele Ereignisse, Geschichten und Personen, die zur Entstehung eines Werkes beitragen. Und so ist auch dieses Buch weit mehr als die Leistung Einzelner. Ein Gefüge von großartigen Menschen und deren Wirken ist Grundlage für diese Arbeit.

Das gilt unter anderem für meinen Verlag Haufe, an den ich meinen Dank richte. Dass überhaupt jemand bereit war, in den schwierigen Zeiten der Coronapandemie etwas zu veröffentlichen, ist schon eine dankenswerte Leistung. Namentlich bedanke ich mich ganz besonders für die großartige Unterstützung von Bettina Noé, Elisabeth Stanciu und Mario Kestler. Mein ganz besonderer Dank gilt auch Ute Flockenhaus, die es geschafft hat, mein Manuskript in einen Text zu verwandeln, den wir mit Genuss, Freude und Dankbarkeit lesen können. Ohne sie wäre der Text noch immer in der Steinzeit. Die großartigen Collagen, die den Text visuell begleiten, sind in Zusammenarbeit mit Carolin Wabra entstanden. Für ihre große Kreativität werde ich immer dankbar bleiben.

Ohne die genialen Gedanken, Arbeiten, Überlegungen, Konzepte, Theorien und Vorstellungen anderer Autorinnen und Autoren wäre dieses Buch nicht zustande gekommen. Ich habe viel gelesen, gesehen, gehört, beobachtet und die so gewonnenen Erkenntnisse nur zusammengefügt. Ich bin diesen Denkerinnen und Denkern auch dafür dankbar, dass ich mich weiterentwickeln konnte, und verdanke ihnen unendlich viel. Namentlich gehören dazu so fantastische Menschen wie: Harald Welzer, Hartmut Rosa, Richard David Precht, Klaus Eidenschink, Hans-Peter Dürr, Andreas Reckwitz, Philipp Blom, Armin Nassehi, Gerald Hüther, Gerhard Roth, Heinz von

Foerster, Stafford Beer, Joachim Bauer, Joe Dispenza, Viktor Frankl, Jürgen Fuchs, Frederic Laloux, Peter Kruse, Kambiz Poostchi, Gary Hamel, Daniel Kahneman, Mihály Csíkszentmihályi, Peter F. Drucker, Niklas Luhmann, Matthias Horx, Henry Mintzberg, Peter Senge, Christian Felber, Andreas von Westphalen, Maja Göpel, Diana Kinnert, Bernhard Pörksen, Wolf Lotter, Rebekka Reinhard, Natalie Knapp, Michael Tomasello, Philipp Hübl, Claus Otto Scharmer. Schön, dass unsere Gesellschaft solche Denkerinnen und Denker hatte und hat.

Mein Dank gilt auch allen meinen Arbeitskollegen und -kolleginnen, Freunden und Freundinnen, Mentoren und Mentorinnen, die mich entweder inhaltlich unterstützt oder mir mit Rat und Tat zur Seite gestanden haben: Christoph & Birgitt Schröder, Larissa Huissgen, Marco Lessacher, Oliver Ganser, Jörg Dohmen, Friederike Göpel, Heiner Faust, Marc Mielau, Dr. Markus Schramm, Gerda Kerl, Leonie Stankewitz, Peter Pattis, Frank Scheelen, Kurt Smit und Inse Cornelssen.

Ein ganz großes Dankeschön geht an die BMW-Führungskräfte, die mir durch ihre hervorragende Führung Raum zum Arbeiten und Entwickeln gegeben haben: Peter Schwarzenbauer, Peter van Binsbergen, Florian Kuenstner, Mikolaj Niedzwiecki, Dominik Fromm, Hans Prenninger und Claus Eberhart.

Aufrichtigen Dank und tiefe Wertschätzung möchte ich auch gegenüber all jenen Wegbegleiterinnen und Wegbegleitern zum Ausdruck bringen, mit denen ich in all den Jahren in diversen Teams und Abteilungen zusammenarbeiten durfte. Mein besonderer Dank gilt Sylvia Scherer, der Mitbegründerin des Connected Culture Club bei der BMW Group, für die unglaubliche Bewegung, die wir angestoßen haben. Möglich wurde diese durch die großartige und leidenschaftliche Arbeit folgender Personen: Dr. Marcus Raitner, Michaela Gilg, Markus Fritsche, Dr. Ulrich Stephany, Claudia Trouvain, Jasmine Schuette, Tina Deinlein, Daniela Claassen, Susanne Heger, Florian Hiesinger, Christin Kaule, Jörg Krampfl, Karen Schellenberg, Katrin Kirtzel, Thomas Elsweier, Ilona Libal, Patricia Berger-Brosig, Nadia Boumaza, Moritz Klinkisch, Sophie Schulte, Johanna Kopp, Michaela Wiese, Tobias Afsali, Anke Fachon, Jennifer Kuhle, Sonja Szicher, Peter Kreuz, Benjamin Martens, Deniz Hammer, Sabrina Schepers, Susanne Obermeier.

Nebst meiner Familie, der ich dieses Buch widme, gehören meine letzten Dankesworte sechs ganz besonderen Menschen, die mich nicht nur fachlich durch das

Lektorieren der Arbeit unterstützt haben, sondern mir auch Halt gaben, wenn ich dachte, dass es nicht mehr geht. In diesem Sinn bin ich dankbar:

- Dr. Andreas Braun, Kunsthistoriker und Kurator bei BMW – ohne ihn wäre das Kapitel Renaissance nicht möglich gewesen.
- Dr. Simon Sagmeister, mein fachlicher Sparringspartner.
- Thomas Kottmann, mein liebvoller und vertrauensvoller Coach.
- Kristian Gründling, kreativer Künstler und Filmemacher.
- Frieder Gamm, *der* Verhandlungsexperte schlechthin.
- Michael Merwald, einer der besten Systemversteher und -verbesserer, die ich kenne.

Euer Wissen und eure Erfahrung haben mein Denken beeinflusst und dieses Buch bereichert. Es ist schön, dass das Buch auf den Schultern solcher Giganten entstanden ist! In inniger Freundschaft und kostbarer Vertrauensbeziehung fühle ich mich euch tief verbunden und ewig dankbar.

Literatur

A

Alsleben, A. (2017): Da Vinci Management. Orell Füssli Verlag, Zürich 2017.

Arendt, H. (2015): Wahrheit gibt es nur zu zweien: Briefe an die Freunde. Piper Taschenbuch, München 2015.

Astinus, A. D. (2015): Die Neun größten Erfindungen der Menschheit. Neobooks.com, 2015.

B

Baecker, D. (2000): Wozu Kultur? Kadmos Kulturverlag, Berlin 2000.

Baecker, D. (2015): Postheroische Führung, Springer Verlag, Wiesbaden 2015.

Baecker, D. (2020): Was wären Mensch und Gesellschaft ohne Kultur, in: https://www.youtube.com/watch?v=5ls8buT_GZE&t=1692s, abgerufen 30.06.2020.

Ballmer, S. (2007): Ballmer Laughs at iPhone, in: https://www.youtube.com/watch?v=eywi0h_Y5_U&t=2s, abgerufen 11.11.2021.

Basler, S/Gattinger, K. (2014): Führen an der Leistungsgrenze. Springer Verlag, Wiesbaden 2014.

Beckert, J./Gebauer, S.(2018): Imaginierte Zukunft: Fiktionale Erwartungen und die Dynamik des Kapitalismus, Suhrkamp Verlag, Berlin 2018.

Bernardis, A./Hochreiter, G./Lang, M./Mitterer, G. (2016): Auf zu neuen Ufern, in: Harvard Business Manager Spezial 1/2016.

Berner, W. (2019): Culture Change. Schäffer-Poeschel, Stuttgart 2019.

Bloch, E. (2018): Das Prinzip Hoffnung. De Gruyter, Berlin/Boston 2017.

Blom, P. (2014): Über Sehnsucht, Träume und Geschichten. Carl Hanser Verlag, München 2014.

Blom, P. (2021): Die Krise der Gegenwart – ist die Welt aus den Fugen, in: https://www.youtube.com/watch?v=6MOocsewpjg&t=2374s, abgerufen 19.11.2021.

Borchardt, K. (1972): Die Industrielle Revolution in Deutschland. R. Piper & Co. Verlag, München 1972.

Borchers, D. (2012): Intelligenz ist ein soziales Produkt: Alan Mathison Turing zum 100. Geburtstag, in: https://www.heise.de/newsticker/meldung/Intelligenz-ist-ein-soziales-Produkt-Alan-Mathison-Turing-zum-100-Geburtstag-1624584.html, abgerufen 09.12.2021.

Braun, A. (2001): Tempo, Tempo! Eine Kunst- und Kulturgeschichte der Geschwindigkeit im 19. Jahrhundert. Anabas Verlag, Wetzlar 2001.

Bregman, R. (2020): Im Grunde gut: Eine neue Geschichte der Menschheit. Rowohlt, Hamburg 2020.

Brooks, R. (2018): Die Ursprünge der Künstlichen Intelligenz, in: https://algorithmenethik.de/2018/11/22/die-urspruenge-der-kuenstlichen-intelligenz/, abgerufen 10.01.2022.

Buell, R. W. (2019): Das Transparente Unternehmen, in: Harvard Business Manager Juni 2019, S. 64.

Burns, T./Stalker, G.M. (1994): The Management of Innovation. Oxford University Press, New York 1994.

Busche, H. (2018): Kultur – Interdisziplinäre Zugänge. Springer Verlag, Wiesbaden 2018.

Buschel, A. (2018): Räume für Träume, in http://www.openspacezeitz.de/raeume-fuer-traeume/, abgerufen 27.09.2021.

C

Capra, F. (2015): Lebensnetz: Ein neues Verständnis der lebendigen Welt. Fischer Verlag, Frankfurt am Main 2015.

Carroll, L. (1973): Alice im Wunderland. Mit zweiundvierzig Illustrationen von John Tenniel. Insel Verlag, Frankfurt am Main 1973.

Catmull, E./Wallace, A. (2014): Die Kreativitäts-AG: Wie man die unsichtbaren Kräfte überwindet, die echter Inspiration im Wege stehen. Carl Hanser Verlag, München 2014.

Covey, Stephen R. (2018): Die 7 Wege der Effektivität. Gabal Verlag, Offenbach 2018.

Csíkszentmihályi, M. (2014): Flow – der Weg zum Glück. Herder Verlag, Freiburg 2014.

D

Delvaux de Fenffe, G. (2019): Humanismus – Das Menschenbild der Renaissance, in: https://www.planet-wissen.de/geschichte/neuzeit/die_renaissance_das_goldene_zeitalter/pwiehumanismusdasmenschenbildderrenaissance100.html#:~:text=Die%20Renaissance%20ist%20eine%20Kulturbewegung,seine%20Errungenschaften%20in%20den%20Mittelpunkt, abgerufen 18.09.2021.

Delvaux de Fenffe, G. (2019): Renaissance, in: https://www.planet-wissen.de/geschichte/neuzeit/die_renaissance_das_goldene_zeitalter/index.html, abgerufen 12.09.2021.

Der Tagesspiegel (2009): Am Anfang war der Zeigefinger, in: https://www.tagesspiegel.de/kultur/anthropologie-am-anfang-war-der-zeigefinger/l648574.html, abgerufen 20.06.2020.

Diamond, J. (2011): Kollaps. Fischer Verlag. Frankfurt am Main 2011.

Dietrich, F. O./Schmidt-Bleeker, R. (2013): Narrative Brand Planning. Springer Gabler, Heidelberg 2013.

Di Lorenzo, G./Schmidt, H. (2010): Verstehen Sie das, Herr Schmidt? ZEITmagazin, 04.03.2010 Nr. 1014.

Dürr, H. P. (2012): Das Lebende lebendiger werden lassen: Wie uns neues Denken aus der Krise führt. Oekom Verlag, München 2012.

Dürr, H. P. (2012): Teilhaben an einer unteilbaren Welt, in: Hüther, G./Spannbauer, C. (Hrsg.): Connectedness. Verlag Hans Huber, Hogrefe AG, Bern 2012.

E

Eidenschink, K. (2004): Der Mythos vom »richtigen« Führen., in: Wirtschaft & Weiterbildung, Februar 2004.

Eidenschink, K. (2019): Metatheorie der Veränderung – Wie verändern sich Organisationen?, in: https://metatheorie-der-veraenderung.info/wp-content/uploads/2019/03/Wie-ver%C3 %A4ndern-sich-Organisationen.pdf, abgerufen 16.01.2022.

Eidenschink, K. (2019): Jenseits von eindeutig, wahr und gut!, in: https://metatheorie-der-veraenderung.info/downloads/, abgerufen 21.09.2021.

Eidenschink, K. (2019): Polare Struktur von Bedürfnissen, in: https://metatheorie-der-veraenderung.info/wpmtags/beduerfnisse/#:~:text=Polarit%C3 %A4ten%20 sind%20 dadurch%20 gekennzeichnet%2C%20dass,besteht%20aus%20dem%20Wunsch%20 nach, abgerufen 10.01.2022.

Eidenschink, K. (2019): Veränderung benötigt pathische Kompetenz, in: https://metatheorie-der-veraenderung.info/2020/02/21/teil-1-fuer-organisation/, abgerufen 29.10.2021.

Eidenschink, K. (2020): Menschen sind nicht fälschungssicher, in: https://metatheorie-der-veraenderung.info/2020/02/20/teil-1-zu-psychischer-veraenderung/, abgerufen 19.11.2021.

Eidenschink, K./Merkes, U. (2021): Entscheidungen ohne Grund – Organisationen verstehen und beraten. Vandenhoeck & Ruprecht, Göttingen 2021.

F

Fehr, E. (2016): The Economics of Culture & Strategy in Management. Vortrag beim Talent Management Gipfel 2016, in: https://www.youtube.com/watch?v=YVBlUJ38ofM, abgerufen 16.01.2022.

Fernow, H. (2014): Der Klimawandel im Zeitalter technischer Reproduzierbarkeit. Springer VS, Wiesbaden 2014.

Fischer, K./Salz, J./Schürmann, C./Welp, C. (2019): Die verhängnisvolle Monokultur im Management und ihre Folgen, in: https://www.wiwo.de/my/erfolg/management/kartell-der-klone-die-verhaengnisvolle-monokultur-im-management-und-ihre-folgen/25078734.html?ticket=ST-3082048-i9QRyTPYvQ9SIvwAj0sH-ap6, abgerufen 27.11.2021. & WirtschaftsWoche, Ausgabe 41 in 2019. S. 16 – 20.

Foerster, H. von/Pörksen, B. (1988): Wahrheit ist die Erfindung eines Lügners. Carl-Auer Verlag, Heidelberg 1998.

Foucault, M. (2005, orig. 1966): Andere Räume, in: Wentz, M. (Hrsg): Stadt-Räume. Campus Verlag, Frankfurt am Main/New York 1991.

Frankl, V. (2017): Wer ein Warum zu leben hat: Texte aus sechs Jahrzehnten. Beltz, Weinheim 2017.

Frankl, V. (2021): Das Leiden am sinnlosen Leben: Psychotherapie für heute. Herder spektrum, Freiburg 2021.

Frankl, V. (2021): Der Mensch vor der Frage nach dem Sinn: Eine Auswahl aus dem Gesamtwerk. Piper Taschenbuch, München 2009.

Freedman, L. (2013): Strategy. Oxford University Press, New York 2013.

Friedman, M./Welzer, H. (2020): Zeitenwende. Verlag Kiepenheuer & Witsch, Köln 2020.

Fuchs, J. (2017): Das Märchenbuch für Manager. Deutscher Taschenbuch Verlag, München 2017.

G

Gabriel, M./Scobel, G. (2021): Zwischen Gut und Böse. Edition Körber, Hamburg 2021.

Gatterer, H. (2020): Ich mach mir die Welt. Molden Verlag, Wien 2020.

Geiger, C. (2017): Die Ganzheit der Gegensätze!, in: https://metatheorie-der-veraenderung.info/wp-content/uploads/2017/12/Die-Ganzheit-der-Gegens%C3 %A4tze_Chr.Geiger.pdf, abgerufen 10.01.2022.

Geramanis, O./Hutmacher, S. (2017): Identität in der modernen Arbeitswelt. Springer Gabler, Wiesbaden 2017.

Gerl-Falkovitz, H.B. (1995): Einführung in die Philosophie der Renaissance. Wbg Academic, Darmstadt 1995.

Gladwell, M. (2011): The Tweaker – The real genius of Steve Jobs, in: https://www.newyorker.com/magazine/2011/11/14/the-tweaker, abgerufen 11.11.2021.

Godzik, P. (2007): Was weiß die Raupe schon vom Schmetterling. EB-Verlag, Hamburg-Schenefeld 2007.

Goethe, J. W. von (1998): Selige Sehnsucht. In: Goethes Werke, Gedichte und Epen II, Hamburger Ausgabe. C.H. Beck, München 1998.

Goetz, D./Reinhardt, E. (2017): Führung: Feedback auf Augenhöhe: Wie Sie Ihre Mitarbeiter erreichen und klare Ansagen mit Wertschätzung verbinden. Springer Verlag, Wiesbaden 2017.

Goffman, E, (1973): Asyle. Über die soziale Situation psychiatrischer Patienten und anderer. Suhrkamp Verlag, Berlin 1973.

Goldin, I./ Kutarna, C. (2016): Die zweite Renaissance: Warum die Menschheit vor dem Wendepunkt steht. FinanzBuch Verlag, München 2016.

Göpel, M. (2020): Unsere Welt neu denken: Eine Einladung. Ullstein eBooks, Berlin 2020.

Gross, P. (1994): Die Multioptionsgesellschaft. Suhrkamp Verlag, Frankfurt am Main 1994.

Gross, P. (2003): Das Paradoxon der Moderne, in: https://www.brandeins.de/corporate-publishing/mck-wissen/mck-wissen-strategie/das-paradoxon-der-moderne, abgerufen 16.01.2022.

Grubendorfer C. (2016): Einführung in systemische Konzepte der Unternehmenskultur. Carl-Auer Verlag, Heidelberg 2016.

Grün, A./Grün, M. (2015): Gott und die Quantenphysik. Verlag Herder, Freiburg 2015.

Gündling C. (2018): Letzter Aufruf Kundenorientierung. Springer Verlag, Wiesbaden 2018.

H

Hagl, S. (2002): Auf der Suche nach einem neuen Weltbild. Gralsbotschaft, Stuttgart 2002.

Hartkemeyer, Martina (2002): Das Geheimnis des Dialogs. Auditorium Netzwerk, Müllheim, CD Hörbuch.

Hartkemeyer, T./Hartkemeyer, M./Hartkemeyer, J. (2015): Dialogische Intelligenz: Aus dem Käfig des Gedachten in den Kosmos gemeinsamen Denkens. Info 3, Frankfurt am Main 2015.

Hartmann, A. (2015): Mit dem Elefant durch die Wand. Ariston Verlag, München 2015.

Hawking, S. (2020): Kurze Antworten auf große Fragen. Klett-Cotta, Stuttgart 2020.

Herold, Anja (2005): Erben der Antike, in: Geo Epoche, 19/05: Die Renaissance in Italien 1300–1560. Gruner + Jahr, 2005.

Heuzeroth T. (2013): Mit diesem Knochen begann die Handy-Revolution, in: https://www.welt.de/wirtschaft/webwelt/article120238374/Mit-diesem-Knochen-begann-die-Handy-Revolution.html, abgerufen 21.09.2021.

Horx, M. (2019): Was zum Teufel ist ein Zukunftsunternehmen, in: Rapp, R./Gaertner, A.: Made in Creativity. Vahlen, München 2019.

Horx, M. (2019): 15 ½ Regeln für die Zukunft: Anleitung zum visionären Leben. Econ Verlag, Berlin 2019.

Horx, M. (2020): Die Zukunft nach Corona: Wie eine Krise die Gesellschaft, unser Denken und unser Handeln verändert. Ullstein eBooks, Berlin 2020.

Horx, M. (2021): Regnose und Prognose: Wo liegt der Unterschied?, in: https://www.zukunftsinstitut.de/artikel/zukunftsreport/das-prinzip-regnose/, abgerufen 21.10.2021.

Hümmeke, F. (2021): Handling shit. books4 success, Kulmbach 2021.

Hüther, G. (2014): Die Macht der inneren Bilder. Vandenhoeck & Ruprecht, Göttingen 2014.

Hüther, G. (2014): Die Macht der inneren Bilder, in: https://www.deutschlandfunk.de/gerald-huether-die-macht-der-inneren-bilder-100.html, abgerufen 10.12.2021.

Hüther, G. (2014): Interview, in: Kottmann, T./Smit, K.: Führungsethik, Springer Verlag, Wiesbaden 2014.

Hüther, G. (2018): Würde: Was uns stark macht – als Einzelne und als Gesellschaft. Albrecht Knaus Verlag, München 2018.

J

Jonas, H. (1979): Das Prinzip Verantwortung. Suhrkamp Verlag, Frankfurt am Main 1979.

K

Kemeugne, V. P. (2021): Globalisierungserfahrungen bei Wilhelm Raabe. De Gruyter, Berlin 2021.

Klinkhammer, M./Hütter, F./Stoess, D./Wüst, L. (2018): Change happens. Haufe Verlag, Freiburg 2018.

Kluge, S./Kluge, A. (2020): Graswurzelinitiativen in Unternehmen: Ohne Auftrag – mit Erfolg! Vahlen, München 2020.

Knapp, N. (2015): Der unendliche Augenblick: Warum Zeiten der Unsicherheit so wertvoll sind. Rowohlt E-Book. Hamburg 2015.

Korten, D. C. (2015): Change the Story – Change the Future: Weltsichten und ökonomischer Wandel. Phänomen-Verlag, Sencelles 2016.

Kruse, P. (2020): next practice: Erfolgreiches Management von Instabilität. Veränderung durch Vernetzung. Gabal Verlag, Offenbach 2020.

Kübler-Ross, E. (2012): Erfülltes Leben – würdiges Sterben. Goldmann Verlag, München 2012.

Kühl, S. (2011): Organisationen. Springer Verlag, Wiesbaden 2011.

Kühl, S. (2016): Strategien entwickeln: Eine kurze organisationstheoretisch informierte Handreichung. Springer Verlag, Wiesbaden 2016.

Kühl, S. (2018): Organisationskulturen beeinflussen. Springer Verlag, Wiesbaden 2018.

Kühl, S./Ibold, F./Matthiesen, K. (2018): Den Wandel richtig managen, in: Harvard Business Manager 3/2018.

Kuhn, T. S. (1981): Die Struktur wissenschaftlicher Revolutionen. Suhrkamp Verlag, Frankfurt am Main 1981.

L

Landes, D. (2009): Wohlstand und Armut der Nationen. Pantheon Verlag, München 2009.

Leberecht, T. (2020): Gegen die Diktatur der Gewinner. Wie wir verlieren können, ohne Verlierer zu sein. Droemer HC, München 2020.

Leonhard, G. (2016): Technology vs. Humanity. Vahlen Verlag, München 2016.

Leonhardt, R. (2019): Das Bild und Selbstbildnis des Managers – Wie aus den Siegertypen der Antike die Superhelden von heute werden konnten. Springer Verlag, Wiesbaden 2019.

Lippmann, E./Pfister, A/ Jörg, U. (2018): Handbuch Angewandte Psychologie für Führungskräfte. Band 1. Springer Verlag, Heidelberg/Berlin 2018.

Loetz, C./Müller, J. (2021): Rätsel des Unbewussten. Podcast zu Psychoanalyse und Psychotherapie. Folge 52 Maschinendenken, in: https://de.scribd.com/podcast/468507919/Folge-52-Maschinendenken-Ratsel-des-Unbewu%C3 %9Ften, abgerufen 28.12.2021.

Lotter, W. (2020): Zusammenhänge. Edition Körber, Hamburg 2020.

Luhmann, N. (1975): Weltzeit und Systemgeschichte, in: Soziologische Aufklärung 2. Aufsätze zu einer Theorie der Gesellschaft, Opladen 1975, S. 103 – 133, S. 112 – 116. Zusammengefasst ebenso in: Niklas Luhmann, »Die Beschreibung der Zukunft«, in: Ders., Beobachtungen der Moderne, Opladen 1992, S. 129 – 148.

Luhmann, N. (1984): Soziale Systeme. Grundriss einer allgemeinen Theorie. Suhrkamp Verlag, Frankfurt am Main 1984.

Luhmann, N. (2006): Organisation und Entscheidung. VS Verlag für Sozialwissenschaften, Wiesbaden 2006.

Lührs, G. (2021): Was ist? was kommt? was bleibt? was geht? Hohe Luft 06/2021, Hohe Luft Verlag UG, Hamburg 2021.

Lüpke, G. von (2003): Die Alternative. Riemann Verlag, München 2003.

Lüpke, G. von (2009): Zukunft entsteht aus Krise: Antworten von Joseph Stiglitz, Vandana Shiva, Wolfgang Sachs, Joanna Macy, Bernard Lietaer u. a. Riemann Verlag, München 2009.

Lüpke, G. von/Erlenwein, P. (2010): Projekte der Hoffnung. Oekom verlag, Uhlstädt-Kirchhasel 2010.

Lüpke, G. (von 2015): Politik des Herzens. Arun-Verlag, München 2015.

M

Machnig, M. (2011): Welchen Fortschritt wollen wir? Neue Wege zu Wachstum und sozialem Wohlstand. Campus Verlag, Frankfurt am Main 2011, S. 8.

Macho, Thomas (2017): Wie der Paradigmenwechsel die Welt eroberte, in: https://science.orf.at/v2/stories/2835358/, abgerufen 21.11.2021.

Malik, F. (2006): Führen Leisten Leben. Campus Verlag, Frankfurt am Main 2006

Malik, F. (2011): Strategie. Campus Verlag, Frankfurt am Main 2011.

Malik, F. (2015): Navigieren in Zeiten des Umbruches. Campus Verlag, Frankfurt am Main 2015.

Mamczak, S. (2014): Die Zukunft: Eine Einführung. Heyne Verlag, München 2014.

Marchetti, C. (1982): Die magische Entwicklungskurve, in: Bild der Wissenschaft, Nr. 10/1982.

Marcuse, H. (2014): Der eindimensionale Mensch: Studien zur Ideologie der fortgeschrittenen Industriegesellschaft. Zu Klampen Verlag, Springe 2014.

Markschies, A. (2011): Brunelleschi. Verlag C. H. Beck, München 2011.

Marquard, O. (2015): Zukunft braucht Herkunft. Philipp Reclam jun. GmbH & Co. KG, Stuttgart 2015.

Mayer, Bianca Xenia (2016), Wie Memes unsere Kommunikation verändern, in: https://www.spiegel.de/netzwelt/web/memes-erklaert-wie-sie-unsere-kommunikation-veraendern-a-00000000 - 0003 - 0001 - 0000 - 000000713560, letzter Zugriff 03.10.2021.

Merchant, B. (2017): The One Device: The Secret History of the iPhone. Corgi, New York 2017.

Merkel, W. (2017): Der Niedergang der Volksparteien, in: FAZ vom 17.11.2017.

Meyer, M. (2021): Warum brauchen wir Geschichten? Podcast in: https://www.thepioneer.de/originals/der-achte-tag/podcasts/warum-brauchen-wir-geschichten, abgerufen 11.11.2021.

Mitchell, C. (2018): Yes is the Answer! What is the Question? Ideapress Publishing.

Möller, J. (2018): Die Da-Vinci-Formel: Die sieben Erfolgsgesetze für innovatives Denken. Redline, München 2018.

Morelli, G. (2018): Die großen Entdeckungen und Erfindungen, die die Welt veränderten. Edizioni White Star SrL, Mailand 2018.

Morgan, G. (1997): Bilder der Organisation. Klett-Cotta, Stuttgart 1997.

Müller, R.C. (2019): Konsumentenbilder als produktive Fiktionen. Springer Gabler, Wiesbaden 2019.

Munzinger, J. (2020): Der Hofnarr – Legende und Wahrheit, in: https://www.br.de/mediathek/podcast/radiowissen/der-hofnarr-legende-und-wahrheit-1/1803710, abgerufen 21.09.2021.

Mutius, B. von (2008): Die andere Intelligenz oder: Muster, die verbinden. Klett-Cotta, Stuttgart 2008.

N

Nassehi, A./Felixberger, P. (2012): Ein Anfang in Kursbuch 170 Krisen lieben. Murmann Verlag, Hamburg 2012.

Nassehi, A. (2015): Management heißt heute: Leute zusammenzubringen, die eigentlich nicht zusammengehören, in: https://www.ls1.soziologie.uni-muenchen.de/personen/professor/nassehi/publikationen/2015/fgi_management-1.pdf, abgerufen 09.12.2021.

Nassehi, A. (2017): Die Zukunft der Gesellschaft, in: https://www.youtube.com/watch?v=vUSQ1EsU0ZI&t=2258s, abgerufen 19.12.2021.

Nassehi, A. (2017): Komplexität in der Politik – Problem oder Lösung?, in: https://www.youtube.com/watch?v=E30Qdzw0UiI&t=13s, abgerufen 18.02.2021.

Neckel, Sighard (2012): Die Wirklichkeit des Leistungsprinzips: Ansprüche, Krisen, Kritik, in: https://www.boell.de/de/navigation/soziales-die-wirklichkeit-des-leistungsprinzips-15121.html, abgerufen 18.11.2021.

Neumeyer, M. (2000): Mittelalterliche Menschenbilder. Pustet, Regensburg 2000.

Nida-Rümelin, J. (2015): Die Optimierungsfalle: Philosophie einer humanen Ökonomie. Irisiana, München 2015.

Nida-Rümelin, J. (2021): Die westliche Demokratie im Zeitalter der Digitalisierung, in: https://www.youtube.com/watch?v=vB_LAhkhsho, abgerufen 10.01.2022.

O

Oerter, R. (2014): Der Mensch, das wundersame Wesen. Springer Fachmedien, Wiesbaden 2014.

Ossimitz, G./Lapp, C. (2006): Das Metanoia-Prinzip, Eine Einführung in systemisches Denken und Handeln. Verlag Franzbecker, Hildesheim, Berlin 2006.

Osterhammel, J. (2020): Die Verwandlung der Welt. C. H. Beck Verlag, München 2020.

P

Pattakos, A. (2001): Gefangene unserer Gedanken: Viktor Frankls 7 Prinzipien, die Leben und Arbeit Sinn geben. Linde, Wien 2001.

Peraus, R. (2018): Vortrag 2018 in Wien Culture Jam – https://rainerperaus.com/.

Petring, A./ Merkel, W. (2011): Auf dem Weg zur Zweidrittel-Demokratie Wege aus der Partizipationskrise, in: https://bibliothek.wzb.eu/artikel/2011/f-17044.pdf, abgerufen 21.09.2021.

Pfitzer, K. (2015): Reformation, Humanismus, Renaissance. Reclam, Philipp, jun. GmbH, Verlag, Stuttgart 2015.

Pfläging, N. (2014): Organisation für Komplexität. Redline Verlag, München 2014.

Pietschmann, H. (1990): Die Wahrheit liegt nicht in der Mitte. Weitbrecht Verlag, Stuttgart & Wien 1990.

Pietschmann, H. (2009): Die Atomisierung der Gesellschaft. Ibera Verlag, Wien 2009.

Pink, D. (2010): Drive: Was Sie wirklich motiviert. Ecowin, Salzburg 2010.

Polanyi, K. (2017): Wirtschaft als Teil des menschlichen Kulturschaffens, In Video: Der Kapitalismus – The Great Transformation, in: https://www.youtube.com/watch?v=uBEXV8Upkzw, abgerufen 15.11.2021.

Poostchi, K. (2013): Der Sinn für das Ganze. OSYS Publishing, Wien 2013.

Pörksen, B./ Schulz von Thun, F. (2020): Die Kunst des Miteinander-Redens. Carl Hanser Verlag, München 2020.

Precht, R. D. (2017): Erkenne dich selbst: Geschichte der Philosophie 2. Goldmann Verlag, München 2017.

Precht, R. D. (2018): Jäger, Hirten, Kritiker: Eine Utopie für die digitale Gesellschaft. Goldmann Verlag, München 2018.

Precht, R. D. (2019): Epochenumbruch & fehlende Verantwortung, in: https://www.youtube.com/watch?v=UQrmNRxJv6I&t=572s, abgerufen 29.04.2021.

Precht, R. D. (2020): Utopien, Rezepte für die Zukunft, Gespräch mit Harald Welzer, in: https://www.youtube.com/watch?v=eUk3j7YMaUI&t=11s, abgerufen 13.01.2022.

Prigogine, I./Stengers, I. (1990): Order Out of Chaos. New York: Bantam Books, 1984. Deutsch: Das Paradox der Zeit. Zeit, Chaos und Quanten. Piper, München 1990.

R

Raitner, M. (2017): Geschichten formen Kultur, in: https://fuehrung-erfahren.de/2017/09/geschichten-formen-kultur/, abgerufen 11.01.2022.

Raitner, M. (2018): Die modernen Hofnarren, in: https://fuehrung-erfahren.de/2018/09/die-modernen-hofnarren/, abgerufen 28.10.2021.

Raitner, M. (2019): Manifest für menschliche Führung: Sechs Thesen für neue Führung im Zeitalter der Digitalisierung. Independently published, 2019.

Rammstedt, O. (1978): Soziale Bewegung. Suhrkamp Verlag, Frankfurt am Main 1978.

Rapp, R./Gaertner, A. (2019): Made in Creativity. Vahlen, München 2019.

Raworth, K. (2018): Die Donut-Ökonomie. Carl Hanser Verlag, München 2018.

Reckwitz, A. (2019): Die Gesellschaft der Singularitäten. Suhrkamp Verlag, Berlin 2019.

Reid, A. J. (2018): The Smartphone Paradox Our Ruinous Dependency in the Device Age. Palgrave Macmillan, Basingstoke, Hampshire 2018.

Reineck, U./Anderl, M. (2012): Handbuch Prozessberatung. Beltz Verlag, Weinheim und Basel 2012.

Reißig, R. (2016): Gesellschaftstransformation heute, in: Brie, M./Reißig, R.,/Thomas, M. (Hg.):Transformation. LIT Verlag, Münster 2016.

Richter, F. (2017): Apple verabschiedet sich langsam vom iPod, in: https://de.statista.com/infografik/10474/apple-ipod-absatz/, abgerufen 21.03.2021.

Ridley, M. (2017): Optimismus verbessert die Welt, in: https://www.novo-argumente.com/artikel/optimismus_verbessert_die_welt, abgerufen 10.11.2021.

Riedel, Christian (2018): Jede Strategie ist ein Märchen, das verbindet, in: https://www.growthbystory.de/jede-strategie-ist-ein-maerchen-das-verbindet/, abgerufen 25.11.2021.

Rilling, R. (2018): Ziemlich in der Bredouille – Gestaltungsoptionen von Zukünften, in: https://www.rosalux.de/publikation/id/39220/ziemlich-in-der-bredouille, abgerufen 13.01.2022.

Röcke, A. (2021): Soziologie der Selbstoptimierung. Suhrkamp Verlag, Berlin 2021.

Rödder, A. (2017): 21.0: Eine kurze Geschichte der Gegenwart. C. H. Beck Verlag, München 2017.

Rosa, H. (2015): Wider den ewigen Steigerungszwang, in: https://www.youtube.com/watch?v=OREL8iGSa3A&t=11s, abgerufen 21.11.2021.

Rosa, H. (2016): Resonanz. Suhrkamp Verlag, Berlin 2016.

Rosa, H. (2020): Unverfügbarkeit. Residenz Verlag, Wien/Salzburg 2020.

Rosling, H. (2018): Factfulness: Wie wir lernen, die Welt so zu sehen, wie sie wirklich ist. Ullstein Verlag, Berlin 2018.

Roth, G. (2021): Über den Menschen. Suhrkamp Verlag, Berlin 2021.

Roth, R./ Rucht, D. (2008): Die sozialen Bewegungen in Deutschland seit 1945. Campus Verlag, Frankfurt am Main 2008.

Rucht, D./Neidhardt, F. (2020): Soziale Bewegungen und kollektive Aktionen, in: Joas, H./Mau, S.: Lehrbuch der Soziologie. Campus Verlag, Frankfurt am Main 2020.

Ryan, R. M./Deci, E. L. (2017): Self-Determination Theory. Guilford Publications, New York 2017.

S

Sagmeister, S. (2016): Business Culture Design, Campus Verlag, Frankfurt am Main 2016.

Saller, W. (2005): Die Renaissance in Italien. Gruner + Jahr, Geo Epoche Nr. 19 – 09/05.

Schäfer, A. (2015): Der Verlust politischer Gleichheit – Warum die sinkende Wahlbeteiligung der Demokratie schadet, Campus Verlag, Frankfurt am Main 2015.

Scheller, T. (2017): Auf dem Weg zur agilen Organisation: Wie Sie Ihr Unternehmen dynamischer, flexibler und leistungsfähiger gestalten. Vahlen, München 2017.

Scheuss, R. (2016): Handbuch der Strategien. 3. Aufl. Campus Verlag, Frankfurt am Main, 2016.

Schieuter, W./Stosch, J. von (2009): Die sieben Irrtümer des Change Managements. Campus Verlag, Frankfurt am Main 2009.

Schlenz, K. (2021): Ich komm nicht mehr mit!, in: https://www.stern.de/p/plus/gesellschaft/ueberwaeltigende-nachrichten-masse---ich-komm-nicht-mehr-mit---30907874.html, abgerufen 02.01.2022.

Schulz von Thun, F. (2021): Erfülltes Leben. Carl Hanser Verlag, München 2021.

Senge, P./Smith, B./Kruschwitz, N./Laur, J./Schley, S. (2011): Die notwendige Revolution. Carl-Auer Verlag, Heidelberg 2011.

Siilasmaa, R./Fredman, C. (2018): Transforming NOKIA. McGraw-Hill Education, New York 2018.

Simon, F. B. (2006): Gemeinsam sind wir blöd!? Carl-Auer Verlag, Heidelberg 2006.

Simon, F. B. (2015): Einführung in die systemische Organisationstheorie. Carl-Auer Verlag, Heidelberg 2015.

Sloterdijk, P. (2012): Du musst dein Leben ändern. Suhrkamp Verlag, Berlin 2012.

Sloterdijk, Peter (2009): Das 21. Jahrhundert beginnt mit dem Debakel vom 19. Dezember 2009, in: https://petersloterdijk.net/2009/12/das-21-jahrhundert-beginnt-mit-dem-debakel-vom-19-dezember-2009/, abgerufen 13.01.2022.

Sommerlatte, T./Deschamps, J. P. (1986): Der strategische Einsatz von Technologien, in: A. D. Little international (Hrsg.): Management im Zeitalter der Strategischen Führung. Verlag Dr. Th. Gabler GmbH, Wiesbaden 1986.

Sprenger, R. K. (2012): Radikal führen. Campus Verlag, Frankfurt am Main 2012.

Sprenger, R. K. (2020): Magie des Konflikts. Deutsche Verlags-Anstalt, München 2020.

Sprenger, R. K. (2020): So funktioniert der neue Behauptungsdespotismus, in: https://www.nzz.ch/feuilleton/wissenschaft-sie-ist-ein-neues-totschlagargument-ld.1590871, abgerufen 21.09.2021.

Steingart, Gabor (2021): Was ist konservativ?, in: https://www.thepioneer.de/originals/steingarts-morning-briefing/briefings/laschet-and-der-stichflammen-journalismus-1, abgerufen 16.01.2022.

Stengel, O. (2017): Zeitalter und Revolutionen in Digitalzeitalter in Digitalzeitalter – Digitalgesellschaft. Das Ende des Industriezeitalters und der Beginn einer neuen Epoche. Springer Verlag, Wiesbaden 2017.

Sturlese, L. (2007): Homo divinus. Kohlhammer Verlag, Stuttgart 2007.

T

Teufert, G. (2018): Narrative statt Folien, in: https://www.focus.de/wissen/experten/narrative-statt-folien-was-wir-von-jeff-bezos-powerpoint-verbot-lernen-koennen_id_8899586.html, abgerufen 22.11.2021.

Titze, A./ Mathis, W. (2019): Vom Telegraf zum Smartphone. Kultur-, Gesellschafts- und Technikgeschichte der Kommunikationsmedien, in: Titze, A. (Hrsg.): Geschichte der elektrischen Kommunikation bis zum Smartphone. Klartext Verlag, Essen 2019.

Tomasello, M. (2010): Warum wir kooperieren. Suhrkamp Verlag, Berlin 2010.

Tomasello, M. (2020): Mensch werden. Suhrkamp Verlag, Berlin 2020.

U

Uexküll, J. J. B. von(2003): Gleitwort in: Geseko v. Lüpke, Die Alternative. Riemann Verlag, München 2003.

V

Vane-Wright, D. (2015): Butterflies: A Complete Guide to Their Biology and Behaviour. The Natural History Museum, London 2015.

Vasari, G. (2012): Das Leben des Brunelleschi und des Alberti. Verlag Klaus Wagenbach, Berlin 2012.

Veken, D. (2015): Der Sinn des Unternehmens: Wofür arbeiten wir eigentlich? Murmann Verlag, Hamburg 2015.

Verheyen, N. (2018): Die Erfindung der Leistung. Hanser Berlin, Berlin 2018.

Vester, F. (2008): Die Kunst vernetzt zu denken. Deutsche Verlags-Anstalt, München 2008.

Vogel, R. (2914): Der »geheimnisvolle Weg geht nach innen« – Grundlagen und Praxis der Aktiven Imagination, in: Dorst, B./Vogel, R. T. (Hrsg.): Aktive Imagination: Schöpferisch leben aus inneren Bildern. Kohlhammer Verlag, Stuttgart 2014.

Vossler, J. (2021): Hast du eine Flow Persönlichkeit?, in: https://flowlab.com/hast-du-eine-flow-persoenlichkeit/, abgerufen 06.08.2021.

W

Wächter, L. (2020): Ökonomen auf einen Blick: Ein Personenhandbuch zur Geschichte der Wirtschaftswissenschaft, Springer Gabler, Wiesbaden 2020.

Walther, H./Walther, T.(2010): Was ist Licht? Von der klassischen Optik zur Quantenoptik. C. H. Beck, München 2010.

Watzlawick, P. (1994): Über sein Werk. Auditorium-Netzwerk, Dialog CD Hörbuch, 1994.
Watzlawick, P. (1996): Mehr des Guten ist nicht notwendigerweise besser. Audio CD, Weltbild GmbH & Co. KG, Jokers Edition.
Welzer, H.(2013): Transformationsdesign-GLOBArt Academy, in: https://www.youtube.com/watch?v=HyWUS-dvfVg&t=1236s, abgerufen 16.01.2022.
Welzer, H. (2013): Wir kreisen doch nur um den Gegenwartspunkt, in: https://www.woz.ch/-4251, abgerufen 10.12.2021.
Welzer, H. (2015): Rede zum Recycling Designpreis 2015, in: https://www.youtube.com/watch?v=gVaZevUC9S4&t=264s, abgerufen 26.11.2021.
Welzer, H./Sommer, B. (2017): Transformationsdesign: Wege in eine zukunftsfähige Moderne. Oekom Verlag, München 2017.
Welzer, H./Metelmann. J. (2020): Imagineering: Wie Zukunft gemacht wird. Fischer E-Books, Frankfurt am Main 2020.
Welzer, H. (2020): Alles könnte anders sein: Eine Gesellschaftsutopie für freie Menschen. Fischer E-Books. Frankfurt am Main 2020.
Welzer, H. (2021): Nachruf auf mich selbst. Die Kultur des Aufhörens. S. Fischer, Frankfurt am Main 2021.
Welzer, H. (2021): Wie Zukunft gemacht wird, in: https://www.almanaquedelfuturo.com/de/informationsmaterialien/wie-zukunft-gemacht-wird/, abgerufen am 16.01.2022.
Welzer, H. (2021): Endlichkeit als Befreiungsschlag. Sternstunde Philosophie, SRF Kultur, in: https://www.youtube.com/watch?v=9lh0YuuGroo, abgerufen 18.05.2021.
Wheatley, M. J. (1997): Quantensprung der Führungskunst. Rowohlt, Hamburg 1997.
Wiedemann, H. (2015): Das Unternehmen als dialektisches System. Springer Gabler, Wiesbaden 2015.
Woyke, E. (2014): Smartphone: Anatomy of an Industry. The New Press; Illustrated Edition, New York 2014.
Wüllenweber, W. (2018): Frohe Botschaft: Es steht nicht gut um die Menschheit – aber besser als jemals zuvor. Deutsche Verlags-Anstalt, München 2018.

Z

Zech, M. (2020): Die Utopie, in: Spektrum der Wissenschaft, Blick in die Zukunft, Spektrum der Wissenschaft Verlagsgesellschaft mbH, Heidelberg 2020.
Zepelin, J. von/Hecking, C. (2018): Eurowings-Chaos: Management gesteht Überforderung ein, in: https://www.capital.de/wirtschaft-politik/eurowings-chaos-management-gesteht-ueberforderung-ein, abgerufen am 17.04.2021.

ZDFinfo (2015): Die Renaissance: Aufbruch in eine neue Zeit Doku, in: https://www.youtube.com/watch?v=hLzJmNAJ13o, abgerufen 18.02.2021.

ZDFinfo (2020), Hightech Revolution: Smartphone Sternstunden der Technik, in: https://www.zdf.de/dokumentation/zdfinfo-doku/hightech-revolution-sternstunden-der-technik-smartphone-104.html, abgerufen 10.11.2021.

ZDFzeit (2016): Dokureihe Deutschlands große Clans: »C&A-Story«, in: https://www.youtube.com/watch?v=cn-tttljZZY, abgerufen 18.02.2021.

DVD:

Metamorphose: Die geheimnisvolle Schönheit der Schmetterlinge, 14. Februar 2005, Drei Linden Filmproduktion.

Stollberg-Rilinger, B.: Renaissance – Die Welt um 1500. Anne Roerkohl Dokumentarfilm GmbH, DVD 2012.

Der Autor

Reza Razavi beschäftigt sich seit vielen Jahren mit dem Thema Transformation. Nach Studiengängen der Betriebswirtschaftslehre, Wirtschaftsinformatik sowie des Daten- und Informationsmanagements in Hamburg widmete er sich im Management Zentrum in St. Gallen den Themen Kultur, Management und Strategie. Bei der BMW Group war er als Senior Expert für Kultur und Transformation verantwortlich und beriet als Inhouse-Consultant Führungskräfte und Mitarbeitende. Er setzte sich für einen kulturellen Wandel des Unternehmens hin zu einer proaktiven, kreativen und innovativen Denkweise ein und dafür, diese auf möglichst viele Mitarbeiterinnen und Mitarbeiter zu übertragen. Reza Razavi ist Mitbegründer des Connected Culture Club (CCC), einer bereichsübergreifenden Bottom-up-Bewegung für die kulturelle Transformation von BMW.

Als Sohn eines Arztes ist Reza Razavi im Iran geboren. Im Alter von 14 Jahren kam er mit seiner älteren Schwester ohne die Eltern nach Deutschland. Nach einem einjährigen Studium der deutschen Sprache konnte er am Schulunterricht teilnehmen und absolvierte mit 19 Jahren sein Abitur. Er nahm in Hannover das Studium der Mathematik auf und eröffnete parallel zum Studium gemeinsam mit einem Freund ein Restaurant, das sich zu einem angesagten Szenelokal entwickelte.

Heute ist Reza Razavi selbstständiger Berater und Redner zum Thema Transformation von Wirtschaft und Gesellschaft. Mit dem von ihm entwickelten Imago-Prinzip macht er Transformation sinnlich begreifbar und trotz aller Tiefe und Komplexität verständlich und nachvollziehbar – auf der Ebene von Unternehmen und auf gesellschaftlicher Ebene. Mit offenem Blick, viel Leidenschaft, der Liebe zu Bildern und Geschichten sowie vernetztem Denken schafft er ein umfassendes Gesamtbild von Transformation fernab der häufig polarisierenden Silicon-Valley-Diskussionen. Er ist in Unternehmen, auf Veranstaltungen und in den Medien ein gefragter Interviewpartner, Speaker und Sparringspartner.

Mehr zu mir und meinen Gedanken finden Sie unter https://www.reza-razavi.de/

Anmerkungen/Endnoten

1 Rosa, Hartmut: Unverfügbarkeit. Residenz Verlag, Wien und Salzburg 2020, S. 15.

2 Sloterdijk, Peter (2009): Das 21. Jahrhundert beginnt mit dem Debakel vom 19. Dezember 2009, online verfügbar unter: https://petersloterdijk.net/2009/12/das-21-jahrhundert-beginnt-mit-dem-debakel-vom-19-dezember-2009/, abgerufen 13.01.2022.

3 Arendt, Hannah: Wahrheit gibt es nur zu zweien: Briefe an die Freunde. Piper Taschenbuch, München 2015.

4 Gabriel, Markus/Scobel, Gert: Zwischen Gut und Böse. Edition Körber, Hamburg 2021, S. 35.

5 Precht, Richard David (2020): Utopien, Rezepte für die Zukunft, Gespräch mit Harald Welzer, online verfügbar unter: https://www.youtube.com/watch?v=eUk3j7YMaUI&t=11s, abgerufen 13.01.2022.

6 Raworth, Kate: Die Donut-Ökonomie. Carl Hanser Verlag, München 2018, S. 15.

7 Nida-Rümelin, Julian: Die Optimierungsfalle: Philosophie einer humanen Ökonomie. Irisiana, München 2015, S. 95.

8 Nida-Rümelin, Julian (2021): Die westliche Demokratie im Zeitalter der Digitalisierung, online verfügbar unter: https://www.youtube.com/watch?v=vB_LAhkhsho, abgerufen 10.01.2022.

9 Raworth, Kate: Die Donut-Ökonomie. Carl Hanser Verlag, München 2018, S. 17.

10 Malik, Fredmund: Strategie. Campus Verlag GmbH, Frankfurt am Main 2011, S. 24.

11 Precht, Richard David (2019): Epochenumbruch & fehlende Verantwortung, online verfügbar unter: https://www.youtube.com/watch?v=UQrmNRxJv6I&t=572s, abgerufen 29.04.2021.

12 Malik, Fredmund: Navigieren in Zeiten des Umbruches. Campus Verlag, Frankfurt am Main 2015, S. 26–27.

13 Reißig, Rolf: Gesellschaftstransformation heute, in: Brie, Michael/Reißig, Rolf/Thomas, Michael (Hg.): Transformation, LIT Verlag, Münster 2016, S. 44.

14 Kübler-Ross, Elisabeth: Erfülltes Leben – würdiges Sterben. Goldmann Verlag, München 2012, S. 16.

15 Kübler-Ross, Elisabeth: Erfülltes Leben – würdiges Sterben. Goldmann Verlag, München 2012, S. 17.

16 Godzik, Peter: Was weiß die Raupe schon vom Schmetterling. EB-Verlag, Hamburg-Schenefeld 2007, S. 15–18.

17 Von Goethe, Johann Wolfgang: Selige Sehnsucht, in: Goethes Werke, Gedichte und Epen II, Hamburger Ausgabe, C.H. Beck, München 1998, S. 18–19.

18 Metamorphose: Die geheimnisvolle Schönheit der Schmetterlinge, 14. Februar 2005, Drei Linden Filmproduktion, Minute 14.

19 Vane-Wright, Dick: Butterflies: A Complete Guide to Their Biology and Behaviour. The Natural History Museum, London 2015, S. 14–15.

20 Von Lüpke, Geseko: Zukunft entsteht aus Krise: Antworten von Joseph Stiglitz, Vandana Shiva, Wolfgang Sachs, Joanna Macy, Bernard Lietaer u. a. Riemann Verlag, München 2009, S. 240.

21 Von Lüpke, Geseko: Zukunft entsteht aus Krise: Antworten von Joseph Stiglitz, Vandana Shiva, Wolfgang Sachs, Joanna Macy, Bernard Lietaer u. a. Riemann Verlag, München 2009, S. 23–52.

22 Carroll, Lewis: Alice im Wunderland. Mit zweiundvierzig Illustrationen von John Tenniel. Insel Verlag, Frankfurt am Main 1973, S. 47.

23 Pietschmann, Herbert: Die Atomisierung der Gesellschaft. Ibera Verlag, Wien 2009, S. 39.

24 Bregman, Rutger: Im Grunde gut: Eine neue Geschichte der Menschheit. Rowohlt, Hamburg 2020, S. 69.

25 Nassehi, Armin (2017): Die Zukunft der Gesellschaft, online verfügbar unter: https://www.youtube.com/watch?v=vUSQ1EsU0ZI&t=2258s, abgerufen 19.12.2021.

26 Marquard, Odo: Zukunft braucht Herkunft. Philipp Reclam jun. GmbH & Co. KG, Stuttgart 2015, S. 234.

27 Reckwitz, Andreas: Die Gesellschaft der Singularitäten. Suhrkamp Verlag, Berlin 2017, S. 27.

28 Geramanis, Olaf/Hutmacher, Stefan: Identität in der modernen Arbeitswelt. Springer Gabler, Wiesbaden 2017, S. IX.

29 Rosa, Hartmut: Resonanz. Suhrkamp Verlag, Berlin 2016, Kindle-Position 12513.

30 Rosa, Hartmut (2015): Wider den ewigen Steigerungszwang, online Verfügbar unter: https://www.youtube.com/watch?v=OREL8iGSa3A&t=11s, abgerufen 21.11.2021.

31 Wüllenweber, Walter: Frohe Botschaft: Es steht nicht gut um die Menschheit – aber besser als jemals zuvor. Deutsche Verlags-Anstalt, München 2018, S. 22.

32 Watzlawick, Paul: Mehr des Guten ist nicht notwendigerweise besser. Audio CD, Weltbild GmbH & Co. KG, Jokers Edition.

33 Wiedemann, Herbert: Das Unternehmen als dialektisches System. Springer Gabler, Wiesbaden 2015, S. 1.

34 Pietschmann, Herbert: Die Atomisierung der Gesellschaft. Ibera Verlag, Wien 2009, S. 39. Kruse, Peter: next practice: Erfolgreiches Management von Instabilität. Veränderung durch Vernetzung. Gabal Verlag. Offenbach 2020, Kindle-Position 1003.

35 Klinkhammer, Margret/Hütter, Franz/Stoess, Dirk/Wüst, Lothar: Change happens. Haufe Verlag, Freiburg 2018, S. 42 – 43.

36 Eidenschink, K. (2020): Menschen sind nicht fälschungssicher, online verfügbar unter: https://metatheorie-der-veraenderung.info/2020/02/20/teil-1-zu-psychischer-veraenderung/, abgerufen 15.12.2021.

37 Eidenschink, K. (2015): Jenseits von eindeutig, wahr und gut! online verfügbar unter: https://metatheorie-der-veraenderung.info/wp-content/uploads/2015/06/Jenseits-von-eindeutig-wahr-und-gut.pdf, S. 6. abgerufen 15.01.2021.

38 Haufe: Warum Change Management in Deutschland (nicht) funktioniert, online Verfügbar unter: https://www.haufe.de/personal/hr-management/change-management-veraenderung-ja-erfolg-nein_80_269308.html, abgerufen 01.12.2021.

39 Klinkhammer, Margret/Hütter, Franz/Stoess, Dirk/Wüst, Lothar: Change happens. Haufe Verlag, Freiburg 2018, S. 43 – 44.

40 Roth, Gerhard: Über den Menschen, Suhrkamp Verlag, Berlin 2021, S. 114.

41 Roth, Gerhard: Über den Menschen, Suhrkamp Verlag, Berlin 2021, S. 114.

42 Roth, Gerhard: Über den Menschen, Suhrkamp Verlag, Berlin 2021, S. 114.

43 Roth, Gerhard: Über den Menschen, Suhrkamp Verlag, Berlin 2021, S. 115.

44 Lührs, Greta: Was ist? was kommt? was bleibt? was geht? HOHE LUFT 06/2021, HOHE LUFT Verlag UG, Hamburg 2021, S. 19.

45 Eidenschink, Klaus (2020): Menschen sind nicht fälschungssicher, online verfügbar unter: https://metatheorie-der-veraenderung.info/2020/02/20/teil-1-zu-psychischer-veraenderung/, abgerufen 19.11.2021.

46 Roth, Gerhard: Über den Menschen. Suhrkamp Verlag, Berlin 2021, S. 114.

47 Polanyi, Karl (2017): Wirtschaft als Teil des menschlichen Kulturschaffens, In Video: Der Kapitalismus – The Great Transformation, online verfügbar unter: https://www.youtube.com/watch?v=uBEXV8Upkzw, abgerufen 15.11.2021.

48 Macho, Thomas (2017): Wie der Paradigmenwechsel die Welt eroberte, online Verfügbar unter: https://science.orf.at/v2/stories/2835358/, abgerufen 21.11.2021.

49 Kuhn, Thomas S.: Die Struktur wissenschaftlicher Revolutionen. Suhrkamp Verlag, Frankfurt am Main 1981, S. 65 f.

50 Malik, Fredmund: Navigieren in Zeiten des Umbruches. Campus Verlag, Frankfurt am Main 2015, S. 12.

51 Von Foerster, Heinz/Pörksen, Bernhard: Die Wahrheit ist die Erfindung eines Lügners. Carl-Auer Verlag, Heidelberg 2001, S. 115 – 121.

52 Reißig, Rolf: Transformation von Gesellschaften. Schüren Verlag, Marburg 2019, S. 16.

53 Reißig, Rolf: Transformation von Gesellschaften. Schüren Verlag, Marburg 2019, S. 17.

54 Pörksen, Bernhard/Schulz von Thun, Friedemann: Die Kunst des Miteinander-Redens. Carl Hanser Verlag, München 2020, S. 31.

55 Kruse, Peter: next practice: Erfolgreiches Management von Instabilität. Veränderung durch Vernetzung. Gabal Verlag, Offenbach 2020, Kindle-Position 338.

56 Malik, Fredmund: Strategie. Campus Verlag GmbH, Frankfurt am Main 2011, S. 26.

57 Knapp, Natalie: Der unendliche Augenblick: Warum Zeiten der Unsicherheit so wertvoll sind. Rowohlt E-Book, Hamburg 2015, S. 17.

58 Ridley, M. (2017): Optimismus verbessert die Welt, online verfügbar unter: https://www.novo-argumente.com/artikel/optimismus_verbessert_die_welt, abgerufen 10.11.2021.

59 Von Lüpke, Ceseko/Erlenwein, Peter: Projekte der Hoffnung. Oekom verlag, München 2010, S. 22.

60 Stengel, Oliver: Zeitalter und Revolutionen in Digitalzeitalter in Digitalzeitalter – Digitalgesellschaft. Das Ende des Industriezeitalters und der Beginn einer neuen Epoche. Springer Verlag, Wiesbaden 2017, S. 19.

61 Eidenschink, Klaus/Merkes, Ulrich: Entscheidungen ohne Grund – Organisationen verstehen und beraten. Vandenhoeck & Ruprecht, Göttingen 2021, S. 102.

62 Eidenschink, Klaus/Merkes, Ulrich: Entscheidungen ohne Grund – Organisationen verstehen und beraten. Vandenhoeck & Ruprecht, Göttingen 2021, S. 28.

63 Berner, Winfried: Culture Change. Schäffer-Poeschel, Stuttgart 2019, Michael Löhner Zitat. Kindle-Position 782.

64 Eidenschink, Klaus/Merkes, Ulrich: Entscheidungen ohne Grund – Organisationen verstehen und beraten. Vandenhoeck & Ruprecht, Göttingen 2021, S. 30.

65 Von Lüpke, Geseko: Zukunft entsteht aus Krise: Antworten von Joseph Stiglitz, Vandana Shiva, Wolfgang Sachs, Joanna Macy, Bernard Lietaer u. a. Riemann Verlag, München 2009, S. 14.

66 Eidenschink, Klaus/Merkes, Ulrich: Entscheidungen ohne Grund – Organisationen verstehen und beraten. Vandenhoeck & Ruprecht, Göttingen 2021, S. 30.

67 Welzer, Harald (2013): Transformationsdesign-GLOBArt Academy, online verfügbar unter: https://www.youtube.com/watch?v=HyWUS-dvfVg&t=1236s, abgerufen 16.01.2022.

68 Eidenschink, Klaus (2019): Metatheorie der Veränderung – Wie verändern sich Organisationen?, online Verfügbar unter: https://metatheorie-der-veraenderung.info/wp-content/uploads/2019/03/Wie-ver%C3 %A4ndern-sich-Organisationen.pdf, abgerufen 16.01.2022.

69 Welzer, Harald (2021): Wie Zukunft gemacht wird, online verfügbar unter: https://www.almanaquedelfuturo.com/de/informationsmaterialien/wie-zukunft-gemacht-wird/, abgerufen 16.01.2022.

70 Stollberg-Rilinger, Barbara: Renaissance – Die Welt um 1500. Anne Roerkohl Dokumentarfilm GmbH, DVD 2012.

71 Malik, Fredmund: Navigieren in Zeiten des Umbruches. Campus Verlag, Frankfurt am Main 2015. S. 16.

72 Gerl-Falkovitz, Hanna-Barbara: Einführung in die Philosophie der Renaissance. Wbg Academic, Darmstadt 1995, S. 6.

73 ZDFinfo (2015): Die Renaissance: Aufbruch in eine neue Zeit Doku, online verfügbar unter: https://www.youtube.com/watch?v=hLzJmNAJ13o, abgerufen 18.02.2021.

74 Delvaux de Fenffe, Gregor (2019): Humanismus – Das Menschenbild der Renaissance, online verfügbar unter: https://www.planet-wissen.de/geschichte/neuzeit/die_renaissance_das_goldene_zeitalter/pwiehumanismusdasmenschenbildderrenaissance100.html#:~:text=Die%20Renaissance%20ist%20eine%20Kulturbewegung,seine%20Errungenschaften%20in%20den%20Mittelpunkt, abgerufen 18.09.2021.

75 Goldin, Ian/Kutarna, Chris: Die zweite Renaissance: Warum die Menschheit vor dem Wendepunkt steht. FinanzBuch Verlag, München 2016, Kindle-Position 2993.

76 Precht, Richard David: Erkenne dich selbst: Geschichte der Philosophie 2. Goldmann Verlag, München 2017, S. 61.

77 Delvaux de Fenffe, Gregor (2019): Renaissance, online verfügbar unter: https://www.planet-wissen.de/geschichte/neuzeit/die_renaissance_das_goldene_zeitalter/index.html, abgerufen 12.09.2021.

78 Braun, Andreas (Kunsthistoriker): Renaissance, persönliche Kommunikation, 10. Juli 2020.

79 Braun, Andreas (Kunsthistoriker): Renaissance, persönliche Kommunikation, 10. Juli 2020.

80 Ebd.

81 Braun, Andreas (Kunsthistoriker): Renaissance, persönliche Kommunikation, 10. Juli 2020.

82 Pfitzer, Klaus: Reformation, Humanismus, Renaissance. Reclam, Philipp, jun. GmbH, Verlag, Stuttgart 2015, S. 93.

83 Leonhardt, Roland: Das Bild und Selbstbildnis des Managers – Wie aus den Siegertypen der Antike die Superhelden von heute werden konnten. Springer Verlag, Wiesbaden 2019, S. 77–81.

84 Braun, Andreas (Kunsthistoriker): Renaissance, persönliche Kommunikation, 10. Juli 2020.

85 Braun, Andreas (Kunsthistoriker): Renaissance, persönliche Kommunikation, 10. Juli 2020.

86 Braun, Andreas (Kunsthistoriker): Renaissance, persönliche Kommunikation, 10. Juli 2020.

87 Braun, Andreas (Kunsthistoriker): Renaissance, persönliche Kommunikation, 10. Juli 2020.

88 Markschies, Alexander: Brunelleschi. Verlag C.H. Beck, München 2011. Vasari, Giorgio: Das Leben des Brunelleschi und des Alberti. Verlag Klaus Wagenbach, Berlin 2012.

89 Hagl, Siegfried: Auf der Suche nach einem neuen Weltbild. Gralsbotschaft, Stuttgart 2002, S. 37.

90 Saller, Walter: Die Renaissance in Italien. Gruner + Jahr, Geo Epoche Nr. 19 – 09/05, S. 48.

91 Möller, Jens: Die Da-Vinci-Formel: Die sieben Erfolgsgesetze für innovatives Denken. Redline, München 2018, S. 132.

92 Ebd.

93 Osterhammel, Jürgen: Die Verwandlung der Welt. C.H. Beck Verlag, München 2020, S. 1026.

94 Rödder, Andreas: 21.0: Eine kurze Geschichte der Gegenwart. C.H. Beck Verlag, München 2017, S. 28.

95 ZDFinfo (2020): Hightech Revolution: Smartphone Sternstunden der Technik, online verfügbar unter: https://www.zdf.de/dokumentation/zdfinfo-doku/hightech-revolution-sternstunden-der-technik-smartphone-104.html, abgerufen 10.11.2021.

96 Titze, Anja/Mathis, Wolfgang: Vom Telegraf zum Smartphone. Kultur-, Gesellschafts- und Technikgeschichte der Kommunikationsmedien. In: Titze, Anja (Hrsg.): Geschichte der Elektrischen Kommunikation bis zum Smartphone. Klartext Verlag, Essen 2019, S. 10.

97 Prioritätsstreit zwischen Leibniz und Newton: Differentialrechnung.

98 Marchetti, Cesare: Die magische Entwicklungskurve, in: Bild der Wissenschaft, Nr. 10/1982.

99 Osterhammel, Jürgen: Die Verwandlung der Welt. C.H. Beck Verlag, München 2020, S. 628.

100 Braun, Andreas: Tempo, Tempo! Eine Kunst- und Kulturgeschichte der Geschwindigkeit im 19. Jahrhundert. Anabas Verlag, Wetzlar 2001, S. 19.

101 Welzer, Harald/Sommer, Bernd: Transformationsdesign: Wege in eine zukunftsfähige Moderne. Oekom Verlag, München 2017, S. 60. Osterhammel, Jürgen: Die Verwandlung der Welt. C.H .Beck Verlag, München 2020, S. 629.

102 Stengel, Oliver: Zeitalter und Revolutionen in Digitalzeitalter in Digitalzeitalter – Digitalgesellschaft. Das Ende des Industriezeitalters und der Beginn einer neuen Epoche. Springer Verlag, Wiesbaden 2017.

103 Landes, David: Wohlstand und Armut der Nationen. Pantheon Verlag, München 2009, Kindle-Version. S. 218 – 219.

104 Landes, David: Wohlstand und Armut der Nationen. Pantheon Verlag, München 2009, Kindle-Version. S. 219.

105 Landes, David: Wohlstand und Armut der Nationen. Pantheon Verlag, München 2009, Kindle-Version. S. 221 – 222.

106 Gladwell, Malcolm (2011): The Tweaker – The real genius of Steve Jobs, online verfügbar unter: https://www.newyorker.com/magazine/2011/11/14/the-tweaker, abgerufen 11.11.2021.

107 Borchardt, Knut: Die Industrielle Revolution in Deutschland. R. Piper & Co. Verlag, München 1972.

108 Braun, Andreas: Tempo, Tempo! Eine Kunst- und Kulturgeschichte der Geschwindigkeit im 19. Jahrhundert. Anabas Verlag, Wetzlar 2001, S. 21.

109 Die industrielle Revolution, Spiegel Geschichte 4/2018, S. 20.

110 Braun, Andreas: Tempo, Tempo! Eine Kunst- und Kulturgeschichte der Geschwindigkeit im 19. Jahrhundert. Anabas Verlag, Wetzlar 2001, S. 26.

111 Scheuss, Ralph: Handbuch der Strategien. 3. Aufl. Campus Verlag, Frankfurt am Main, 2016.

112 Astinus, A. D: Die Neun größten Erfindungen der Menschheit. Neobooks.com, 2015. Kindle-Position 917.

113 Woyke, Elizabeth: Smartphone: Anatomy of an Industry. The New Press; Illustrated Edition, New York 2014, S. 1.

114 Heuzeroth, Thomas (2013): Mit diesem Knochen begann die Handy-Revolution, online verfügbar unter: https://www.welt.de/wirtschaft/webwelt/article120238374/Mit-diesem-Knochen-begann-die-Handy-Revolution.html, abgerufen 21.09.2021.

115 Morelli, Gianni: Die großen Entdeckungen und Erfindungen, die die Welt veränderten. Edizioni White Star SrL, Mailand 2018, S. 162 – 166.

116 Reid, Alan J.: The Smartphone Paradox Our Ruinozs Dependency in the Device Age. Palgrave Macmillan, Basingstoke, Hampshire 2018, S. 35 – 66.

117 Morelli, Gianni: Die großen Entdeckungen und Erfindungen, die die Welt veränderten. Edizioni White Star SrL, Mailand 2018, S. 162 – 166.

118 Merchant, Brian: The One Device: The Secret History of the iPhone. Corgi, New York 2017. S. 29 ff.

119 Merchant, Brian: The One Device: The Secret History of the iPhone. Corgi, New York 2017. S. 29 ff.

120 Merchant, Brian: The One Device: The Secret History of the iPhone. Corgi, New York 2017. S. 29 ff.

121 Film: The Rise and Fall of Nokia (2018) & Väänänen, Johannes. The Smart Device, Vaka Vainamoinen. S. 52 – 74.

122 Siilasmaa, Risto/Fredman, Catherine: Transforming NOKIA. McGraw-Hill Education, New York 2018, S. 16.

123 Siilasmaa, Risto/Fredman, Catherine: Transforming NOKIA. McGraw-Hill Education, New York 2018, S. 16.

124 Siilasmaa, Risto/Fredman, Catherine: Transforming NOKIA. McGraw-Hill Education, New York 2018, S. 60.

125 Merchant, Brian: The One Device: The Secret History of the iPhone. Corgi, New York 2017, S. 32.

126 Gladwell, Malcolm (2011): The Tweaker – The real genius of Steve Jobs, online verfügbar unter: https://www.newyorker.com/magazine/2011/11/14/the-tweaker, abgerufen 11.11.2021.

127 Richter, Felix (2017): Apple verabschiedet sich langsam vom iPod, online verfügbar unter: https://de.statista.com/infografik/10474/apple-ipod-absatz/, abgerufen 21.03.2021.

128

129 Catmull, Ed/Wallace, Amy: Die Kreativitäts-AG: Wie man die unsichtbaren Kräfte überwindet, die echter Inspiration im Wege stehen. Carl Hanser Verlag, München 2014, Kindle Position 2263 ff.

130 Sprenger, Reinhard K.: Magie des Konflikts. Deutsche Verlags-Anstalt, München 2020. S. 25.

131 Siilasmaa, Risto/Fredman, Catherine: Transforming NOKIA. McGraw-Hill Education, New York 2018, S. 55.

132 Sprenger, Reinhard K.: Magie des Konflikts. Deutsche Verlags-Anstalt, München 2020, S. 42.

133 Lotter, Wolf: Zusammenhänge. Edition Körber, Hamburg 2020, S. 21.

134 Malik, Fredmund: Strategie. Campus Verlag, Frankfurt am Main 2011, S. 42.

135 T3n: Powerpoint-Verbot bei Amazon, online verfügbar unter: https://t3n.de/news/jeff-bezos-amazon-powerpoint-gruender-ideen-narrativ-geschichte-1075402/, abgerufen 21.06.2021.

136 Teufert, Gero: Narrative statt Folien, online Verfügbar unter: https://www.focus.de/wissen/experten/narrative-statt-folien-was-wir-von-jeff-bezos-powerpoint-verbot-lernen-koennen_id_8899586.html, abgerufen 22.11.2021.

137 Siilasmaa, Risto/Fredman, Catherine: Transforming NOKIA. McGraw-Hill Education, New York 2018, S. 75.

138 Schieuter, Willibert/von Stosch, Johannes: Die sieben Irrtümer des Change Managements. Campus Verlag, Frankfurt am Main 2009, S. 38.

139 Fischer, Konrad/Salz, Jürgen/Schürmann, Christof/Welp, Cornelius: Die verhängnisvolle Monokultur im Management und ihre Folgen, online Verfügbar unter: https://www.wiwo.de/my/erfolg/management/kartell-der-klone-die-verhaengnisvolle-monokultur-im-management-und-ihre-folgen/25078734.html?ticket=ST-3082048-i9QRyTPYvQ9SlvwAj0sH-ap6, abgerufen 27.11.2021. WirtschaftsWoche, Ausgabe 41 in 2019. S. 16 – 20.

140 Siemens Mobile: Wie man eine Firma in den Untergang führt, online Verfügbar unter: http://www.spreeblick.com/blog/2007/09/06/siemens-mobile-wie-man-eine-firma-in-den-untergang-fuhrt/#:~:text=Denn%20bei%20Siemens%20Mobile%20hat,Man%20musste%20jemanden%20kennen, abgerufen 21.02.2021.

141 Siilasmaa, Risto/Fredman, Catherine: Transforming NOKIA. McGraw-Hill Education, New York 2018, S. 99.

142 Fischer, Konrad/Salz, Jürgen/Schürmann, Christof/Welp, Cornelius: Die verhängnisvolle Monokultur im Management und ihre Folgen, online Verfügbar unter: https://www.wiwo.de/my/erfolg/management/kartell-der-klone-die-verhaengnisvolle-monokultur-im-management-und-ihre-folgen/25078734.

html?ticket=ST-3082048-i9QRyTPYvQ9SlvwAj0sH-ap6, abgerufen 27.11.2021. WirtschaftsWoche, Ausgabe 41 in 2019. S. 16 – 20.

143 Peraus, Rainer: Vortrag 2018 in Wien Culture Jam – https://rainerperaus.com/.

144 ZDFzeit (2016): Dokureihe Deutschlands große Clans: »C&A-Story«, online verfügbar unter: https://www.youtube.com/watch?v=cn-tttljZZY, abgerufen am 18.02.2021.

145 Ballmer, Steve (2007): Ballmer Laughs at iPhone, online verfügbar unter: https://www.youtube.com/watch?v=eywi0h_Y5_U&t=2s, abgerufen 11.11.2021.

146 Hastings, Reed/Meyer, Erin: Keine Regeln: Warum Netflix so erfolgreich ist, Ullstein eBooks, Berlin 2020, S. 7 – 8.

147 Zahlen 2021: Netflix Q2 – 2021

148 Hüther, Gerald: Würde: Was uns stark macht – als Einzelne und als Gesellschaft. Albrecht Knaus Verlag, München 2018, S. 126.

149 Fuchs, Jürgen: Das Märchenbuch für Manager. Deutscher Taschenbuch Verlag, München 2017, S. 63.

150 Engagement Index Deutschland 2020: online verfügbar unter: https://www.gallup.com/de/engagement-index-deutschland.aspx, abgerufen 27.05.2021.

151 Schäfer, Armin: Der Verlust politischer Gleichheit – Warum die sinkende Wahlbeteiligung der Demokratie schadet. Campus Verlag, Frankfurt am Main 2015, S. 11 – 15.

152 Petring, Alexander/Merkel, Wolfgang (2011): Auf dem Weg zur Zweidrittel-Demokratie Wege aus der Partizipationskrise, online verfügbar unter: https://bibliothek.wzb.eu/artikel/2011/f-17044.pdf, abgerufen 21.09.2021.

153 Vossler, Jonas (2021): Hast du eine Flow Persönlichkeit?, online verfügbar unter: https://flowlab.com/hast-du-eine-flow-persoenlichkeit/, abgerufen 06.08.2021.

154 Eidenschink, Klaus (2019): Polare Struktur von Bedürfnissen, online verfügbar unter: https://metatheorie-der-veraenderung.info/wpmtags/beduerfnisse/#:~:text=Polarit%C3 %A4ten%20 sind%20 dadurch%20gekennzeichnet%2C%20dass,besteht%20aus%20dem%20Wunsch%20nach, abgerufen 10.01.2022.

155 Ryan, Richard M./Deci, Edward L.: Self-Determination Theory. Guilford Publications, New York 2017, Kindle-Position 682.

156 Pink, Daniel: Drive: Was Sie wirklich motiviert. Ecowin, Salzburg 2010, S. 245 – 246.

157 Csikszentmihalyi, Mihaly: Flow – der Weg zum Glück. Herder Verlag, Freiburg 2014.

158 Pattakos, Alex: Gefangene unserer Gedanken: Viktor Frankls 7 Prinzipien, die Leben und Arbeit Sinn geben. Linde, Wien 2001, S. 201.

159 Frankl, Viktor E.: Das Leiden am sinnlosen Leben: Psychotherapie für heute. Herder spektrum, Freiburg 2021, S. 37 – 40.

160 Frankl, Viktor E.: Wer ein Warum zu leben hat: Texte aus sechs Jahrzehnten. Beltz, Weinheim 2017, Kindle-Position 98.

161 Frankl, Viktor E.: Der Mensch vor der Frage nach dem Sinn: Eine Auswahl aus dem Gesamtwerk. Piper Taschenbuch, München 2009, S. 240.

162 Vester, Frederic: Die Kunst vernetzt zu denken. Deutsche Verlags-Anstalt, München 2008, S. 54.

163 Rammstedt, Otthein: Soziale Bewegung. Suhrkamp Verlag, Frankfurt am Main 1978, S. 180 – 186.

164 Rucht, Dieter/Neidhardt, Friedhelm: Soziale Bewegungen und kollektive Aktionen, in: Joas, Hans/Mau, Steffen: Lehrbuch der Soziologie. Campus Verlag, Frankfurt am Main 2020, S. 841.

165 Rosa, Hartmut: Unverfügbarkeit. Residenz Verlag, Wien und Salzburg 2020, S. 38 – 46.

166 Schulz von Thun, Friedemann: Erfülltes Leben. Carl Hanser Verlag, München 2021, S. 41.

167 Poostchi, Kambiz: Der Sinn für das Ganze. OSYS Publishing, Wien 2013, S. 32 – 33.

168 Vogel, Ralf: Der »geheimnisvolle Weg geht nach innen« – Grundlagen und Praxis der Aktiven Imagination, in: Dorst, Brigitte/Vogel, Ralf T. (Hrsg.): Aktive Imagination: Schöpferisch leben aus inneren Bildern. Kohlhammer Verlag, Stuttgart 2014, Kindle-Position 168 f.

169 Roth, Gerhard: Über den Menschen. Suhrkamp Verlag, Berlin 2021, S. 70.

& Hümmeke, Frederik: Handling shit. books4 success, Kulmbach 2021, S. 68.

170 Hüther, Gerlad: Interview, in: Kottmann, Thomas/Smit, Kurt: Führungsethik, Springer Verlag, Wiesbaden 2014.

171 Was ist Haltung? Zeitschrift HOHE LUFT 3/17, HOHE LUFT Verlag UG, Hamburg 2017.

172 Hüther, Gerald: Die Macht der inneren Bilder. Vandenhoeck & Ruprecht, Göttingen 2014. Gespräch mit Hr. Fuchs am 17.05.2018 im Rahmen von Connected Culture Club Vortrag bei BMW Group.

173 Raworth, Kate: Die Donut-Ökonomie. Carl Hanser Verlag, München 2018, S. 23 – 24.

174 Hüther, Gerald: Die Macht der inneren Bilder. Vandenhoeck & Ruprecht, Göttingen 2014, S. 10.

175 Hüther, Gerald: Die Macht der inneren Bilder. Vandenhoeck & Ruprecht, Göttingen 2014, S. 24.

176 Hüther, Gerald: Die Macht der inneren Bilder, online verfügbar unter: https://www.deutschlandfunk.de/gerald-huether-die-macht-der-inneren-bilder-100.html, abgerufen 10.12.2021.

177 Hüther, Gerald: Die Macht der inneren Bilder. Vandenhoeck & Ruprecht, Göttingen 2014, S. 87 – 88.

178 Müller, Robert Caspar: Konsumentenbilder als produktive Fiktionen. Springer Gabler, Wiesbaden 2019, S. 15.

179 Sturlese, Loris: Homo divinus. Kohlhammer Verlag, Stuttgart 2007, S. 35. Neumeyer, Martina: Mittelalterliche Menschenbilder. Pustet, Regensburg 2000, S. 21 – 34.

180 Lippmann, Eric/Pfister, Andres/Jörg, Urs: Handbuch Angewandte Psychologie für Führungskräfte. Band 1. Springer Verlag, Heidelberg/Berlin 2018. S. 16.

181 Ebd.

182 Göpel, Maja: Unsere Welt neu denken: Eine Einladung. Ullstein eBooks, Berlin 2020, S. 55.

183 In Anlehnung an: Basler, Susanne/Gattinger, Klaus: Führen an der Leistungsgrenze. Springer Verlag, Wiesbaden 2014, S. 26.

184 Neckel, Sighard (2012): Die Wirklichkeit des Leistungsprinzips: Ansprüche, Krisen, Kritik, online verfügbar unter: https://www.boell.de/de/navigation/soziales-die-wirklichkeit-des-leistungsprinzips-15121.html, abgerufen 18.11.2021.

185 Verheyen, Nina: Die Erfindung der Leistung. Hanser Berlin, Berlin 2018. S. 23.

186 Verheyen, Nina: Die Erfindung der Leistung. Hanser Berlin, Berlin 2018. S. 23.

187 Braun, Andreas: Tempo, Tempo! Eine Kunst- und Kulturgeschichte der Geschwindigkeit im 19. Jahrhundert. Anabas Verlag, Wetzlar 2001, S. 21.

188 Kemeugne, Vincent de Paul: Globalisierungserfahrungen bei Wilhelm Raabe, De Gruyter, Berlin 2021, S. 86 f.

189 https://www.duhoctrungquoc.vn/wiki/de/Bruttonationaleinkommen (abgerufen am 11.01.2022)

190 Machnig, Matthias: Welchen Fortschritt wollen wir? Neue Wege zu Wachstum und sozialem Wohlstand. Campus Verlag, Frankfurt am Main 2011, S. 8.

191 Freedman, Sir Lawrence: Strategy. Oxford University Press, New York 2013, Kindle-Position 816.

192 Freedman, Sir Lawrence: Strategy. Oxford University Press, New York 2013, Kindle-Position 167.

193 Freedman, Sir Lawrence: Strategy. Oxford University Press, New York 2013, Kindle-Position 109.

194 Kühl, Stefan: Strategien entwickeln: Eine kurze organisationstheoretisch informierte Handreichung. Springer Verlag, Wiesbaden 2016, S. 32.

195 Kühl, Stefan: Strategien entwickeln: Eine kurze organisationstheoretisch informierte Handreichung. Springer Verlag, Wiesbaden 2016, S. 62.

196 Kühl, Stefan: Strategien entwickeln: Eine kurze organisationstheoretisch informierte Handreichung. Springer Verlag, Wiesbaden 2016, S. 68.

197 Riedel, Christian (2018): Jede Strategie ist ein Märchen, das verbindet, online verfügbar unter: https://www.growthbystory.de/jede-strategie-ist-ein-maerchen-das-verbindet/, abgerufen 25.11.2021.

198 Riedel, Christian (2018): Jede Strategie ist ein Märchen, das verbindet, online verfügbar unter: https://www.growthbystory.de/jede-strategie-ist-ein-maerchen-das-verbindet/, abgerufen 25.11.2021.

199 Buell, Ryan W. (2019): Das Transparente Unternehmen, in: Harvard Business Manager Juni 2019, S. 64.

200 Mitchell, Cameron: Yes is the Answer! What is the Question? Ideapress Publishing. Buchtitel.

201 Gündling Christian: Letzter Aufruf Kundenorientierung. Springer Verlag, Wiesbaden 2018, S. 143.

202 Sprenger, Reinhard K.: Radikal führen. Campus Verlag, Frankfurt am Main 2012. S. 54.

203 Morgan, Gareth: Bilder der Organisation. Klett-Cotta, Stuttgart 1997. Reineck, Uwe/Anderl, Mirja: Handbuch Prozessberatung. Beltz Verlag, Weinheim und Basel 2012, S. 1 – 14.

204 Burns, Tom/Stalker, G. M.: The Management of Innovation. Oxford University Press, New York 1994.

205 Horx, Matthias: Was zum Teufel ist ein Zukunftsunternehmen, in: Rapp, Reinhold/Gaertner, Andreas: Made in Creativity. Vahlen, München 2019, S. 12 – 13.

206 Veken, Dominic: Der Sinn des Unternehmens.: Wofür arbeiten wir eigentlich? Murmann Verlag, Hamburg 2015, Kindle-Position 1540.

207 Veken, Dominic: Der Sinn des Unternehmens.: Wofür arbeiten wir eigentlich? Murmann Verlag, Hamburg 2015, Kindle-Position 1522.

208 Kühl, Stefan: Organisationen. ⊠Springer Verlag, Wiesbaden 2011, S. 9 – 13.

209 Eidenschink, Klaus/Merkes, Ulrich: Entscheidungen ohne Grund – Organisationen verstehen und beraten. Vandenhoeck & Ruprecht, Göttingen 2021, S. 12.

210 Fehr, Ernst: The Economics of Culture & Strategy in Management.Vortrag beim Talent Management Gipfel 2016, online verfügbar unter: https://www.youtube.com/watch?v=YVBlUJ38ofM, abgerufen am 16.01.2022.

211 Malik, Fredmund: Führen Leisten Leben. Campus Verlag, Frankfurt am Main 2006, S. 387.

212 Baecker, Dirk: Postheroische Führung. Springer Verlag, Wiesbaden 2015, S. 4.

213 Raitner, Marcus: Manifest für menschliche Führung: Sechs Thesen für neue Führung im Zeitalter der Digitalisierung. Independently published, 2019.

214 Raitner, Marcus: Manifest für menschliche Führung: Sechs Thesen für neue Führung im Zeitalter der Digitalisierung. Independently published, 2019, S. 19.

215 Hagl, Siegfried: Auf der Suche nach einem neuen Weltbild. Gralsbotschaft, Stuttgart 2002, S. 58.

216 Goethe, Johann Wolfgang (1977): Faust. Eine Tragödie. München.

217 Dürr, Hans-Peter: Das Lebende lebendiger werden lassen: Wie uns neues Denken aus der Krise führt. Oekom verlag, München 2012, Kindle-Position 56 f.

218 Dürr, Hans-Peter: Das Lebende lebendiger werden lassen: Wie uns neues Denken aus der Krise führt. Oekom verlag, München 2012, Kindle-Position 69 f.

219 Österliche Parabel, Verfasser unbekannt. Gefunden in Godzik, Peter: Was weiß die Raupe schon vom Schmetterling. EB-Verlag, Hamburg-Schenefeld 2007, S. 129.

220 Friedman, Michel/Welzer, Harald: Zeitenwende. Verlag Kiepenheuer & Witsch, Köln 2020. S. 73.

221 Fernow, Hannes: Der Klimawandel im Zeitalter technischer Reproduzierbarkeit. Springer VS, Wiesbaden 2014. S. 145. Sloterdijk, Peter (2009): online verfügbar unter: https://petersloterdijk.net/2009/12/das-21-jahrhundert-beginnt-mit-dem-debakel-vom-19-dezember-2009/, abgerufen 13.01.2022.

222 Rilling, Rainer (2018): Ziemlich in der Bredouille – Gestaltungsoptionen von Zukünften, online verfügbar unter: https://www.rosalux.de/publikation/id/39220/ziemlich-in-der-bredouille, abgerufen 13.01.2022.

223 Gespräch am 13.07.2017 im Rahmen von Connected Culture Club Vortrag bei BMW Group.

224 Keppeler, Toni: Zurück in die Zukunft, in: brand eins 11/2009.

225 Mamczak, Sascha: Die Zukunft: Eine Einführung. Heyne Verlag, München 2014, S. 28 – 29.

226 Hawking, Stephen: Kurze Antworten auf große Fragen. Klett-Cotta, Stuttgart 2020, S. 114.

227 Gatterer, Harry: Ich mach mir die Welt. Molden Verlag, Wien 2020, S. 23.

228 Horx, Matthias: 15 ½ Regeln für die Zukunft: Anleitung zum visionären Leben. Econ Verlag, Berlin 2019, S. 82.

229 Horx, Matthias: 15 ½ Regeln für die Zukunft: Anleitung zum visionären Leben. Econ Verlag, Berlin 2019, S. 98.

230 Beckert, Jens/Gebauer, Stephan: Imaginierte Zukunft: Fiktionale Erwartungen und die Dynamik des Kapitalismus. Suhrkamp Verlag, Berlin 2018, S. 12.

231 By the build network staff (2014), online verfügbar unter: https://www.inc.com/the-build-network/top-3-ceo-blindspots.html, abgerufen 19.12.2021.

232 Luhmann, Niklas: Weltzeit und Systemgeschichte, in: Soziologische Aufklärung 2. Aufsätze zu einer Theorie der Gesellschaft, Opladen 1975, S. 103 – 133, S. 112 – 116. Zusammengefasst ebenso in: Luhmann, Niklas: »Die Beschreibung der Zukunft«, in: Ders., Beobachtungen der Moderne, Opladen 1992, S. 129 – 148.

233 Horx, Matthias: Die Zukunft nach Corona: Wie eine Krise die Gesellschaft, unser Denken und unser Handeln verändert. Ullstein eBooks, Berlin 2020, S. 71 – 72.

234 Horx, Matthias: Regnose und Prognose: Wo liegt der Unterschied?, online verfügbar unter: https://www.zukunftsinstitut.de/artikel/zukunftsreport/das-prinzip-regnose/, abgerufen 21.10.2021.

235 Di Lorenzo, Giovanni/Schmidt, Helmut: Verstehen Sie das, Herr Schmidt? ZEITmagazin, 04.03.2010 Nr. 1014.

236 Horx, Matthias: Die Zukunft nach Corona: Wie eine Krise die Gesellschaft, unser Denken und unser Handeln verändert. Ullstein eBooks, Berlin 2020, S. 70.

237 Horx, Matthias: 15 ½ Regeln für die Zukunft: Anleitung zum visionären Leben. Econ Verlag, Berlin 2019, S. 98.

238 Dietrich, Frank Otto/Schmidt-Bleeker, Ralf: Narrative Brand Planning. Springer Gabler, Heidelberg 2013. S. 11.

239 Korten, David C.: Change the Story – Change the Future: Weltsichten und ökonomischer Wandel. Phänomen-Verlag, Sencelles 2016.

240 Dietrich, Frank Otto/Schmidt-Bleeker, Ralf: Narrative Brand Planning. Springer Gabler, Heidelberg 2013, S. 26.

241 Korten, David C.: Change the Story – Change the Future: Weltsichten und ökonomischer Wandel. Phänomen-Verlag, Sencelles 2016, S. 178.

242 Zech, Maximilian: Die Utopie, in: Spektrum der Wissenschaft, Blick in die Zukunft, Spektrum der Wissenschaft Verlagsgesellschaft mbH, Heidelberg 2020, S. 35.

243 G. Förg, Bernhard: better – Die Zukunft selektiert besser! Inselgespräche Dr. Bernhard G. Förg, BA MA MBA (1. September 2020), S. 207.

244 Zech, Maximilian: Die Utopie, in: Spektrum der Wissenschaft, Blick in die Zukunft, Spektrum der Wissenschaft Verlagsgesellschaft mbH, Heidelberg 2020, S. 42.

245 Buschel, Anton (2018): Räume für Träume, in http://www.openspacezeitz.de/raeume-fuer-traeume/, abgerufen 27.09.2021. Bloch, Ernst: Das Prinzip Hoffnung. De Gruyter, Berlin/Boston 2017, S. 37 – 39, S. 148.

246 Welzer, Harald: Alles könnte anders sein: Eine Gesellschaftsutopie für freie Menschen. Fischer E-Books. Frankfurt am Main 2020, Kindle-Position 314.

247 Leonhard, Gerd: Technology vs. Humanity. Vahlen Verlag, München 2016, Kindle-Version. Position 172.

248 Der Begriff ist ein Neologismus, den ich für dieses Phänomen vorschlagen möchte.

249 Heterotopie – Geisteswissenschaft (6. Oktober 2021). In Wikipedia https://de.wikipedia.org/wiki/Heterotopie_(Geisteswissenschaft).

250 Foucault, Michel (2005, orig. 1966): Andere Räume., in: Wentz, Martin (Hrsg): Stadt-Räume. Campus Verlag, Frankfurt am Main/ New York, 1991, S. 65 – 72.

251 Pörksen, Bernhard/Schulz von Thun, Friedemann. Die Kunst des Miteinander-Redens. Carl Hanser Verlag, München 2020, S. 213 – 214.

252 Göpel, Maja: Unsere Welt neu denken: Eine Einladung. Ullstein eBooks,Berlin 2020, S. 14.

253 Precht, Richard David: Jäger, Hirten, Kritiker: Eine Utopie für die digitale Gesellschaft. Goldmann Verlag, München 2018, S. 269.

254 Von Uexküll, Jakob Johann Baron: Gleitwort in: von Lüpke, Geseko: Die Alternative. Riemann Verlag, München 2003. S. 20.

255 Rosling, Hans: Factfulness: Wie wir lernen, die Welt so zu sehen, wie sie wirklich ist. Ullstein Verlag, Berlin 2018, S. 88.

256 Nach: Shah, Idries (2015): The Sufis. London, ISF Publishing, S. 314 f.

257 Ossimitz, Günther/Lapp, Christian: Das Metanoia-Prinzip, Eine Einführung in systemisches Denken und Handeln. Verlag Franzbecker, Hildesheim, Berlin 2006, S. 13.

258 Godzik, Peter: Was weiß die Raupe schon vom Schmetterling. EB-Verlag, Hamburg-Schenefeld 2007, S. 43

259 Malik, Fredmund: Strategie. Campus Verlag GmbH, Frankfurt am Main 2011, S. 26.

260 Herold, Anja (2005): Erben der Antike. In: Geo Epoche, 19/05: Die Renaissance in Italien 1300 – 1560. Gruner + Jahr, 2005, S. 57.

261 Grün, Anselm/Grün, Michael: Gott und die Quantenphysik. Verlag Herder, Freiburg 2015, S. 15 – 18.

262 Von Lüpke, Geseko: Die Alternative. Riemann Verlag, München 2003, S. 42.

263 Eidenschink, Klaus (2019): Jenseits von eindeutig, wahr und gut!, online verfügbar unter: https://metatheorie-der-veraenderung.info/downloads/, abgerufen 21.09.2021.

264 https://www.sheldrake.org/deutsch/bucher/der-wissenschaftswahn

265 Sprenger, Reinhard K. (2020): So funktioniert der neue Behauptungsdespotismus, online verfügbar unter: https://www.nzz.ch/feuilleton/wissenschaft-sie-ist-ein-neues-totschlagargument-ld.1590871, abgerufen 21.09.2021.

266 Pietschmann, Herbert: Die Atomisierung der Gesellschaft. Ibera Verlag/European University Press GmbH, Wien 2009, S. 13.

267 Pietschmann, Herbert: Die Wahrheit liegt nicht in der Mitte. Weitbrecht Verlag, Stuttgart & Wien 1990, S. 132.

268 Von Foerster, Heinz/Pörksen, Bernhard: Wahrheit ist die Erfindung eines Lügners. Carl-Auer Verlag, Heidelberg 1998, S. 54.

269 Watzlawick, Paul: Mehr des Guten ist nicht notwendigerweise besser. Audio CD, Weltbild GmbH & Co. KG, Jokers Edition.

270 Malik, Fredmund: Strategie. Campus Verlag, Frankfurt am Main 2011, S. 36.

271 Brooks, Rodney (2018): Die Ursprünge der Künstlichen Intelligenz, online verfügbar unter: https://algorithmenethik.de/2018/11/22/die-urspruenge-der-kuenstlichen-intelligenz/, abgerufen 10.01.2022.

272 Borchers, Detlef (2012): Intelligenz ist ein soziales Produkt: Alan Mathison Turing zum 100. Geburtstag, online verfügbar unter: https://www.heise.de/newsticker/meldung/Intelligenz-ist-ein-soziales-Produkt-Alan-Mathison-Turing-zum-100-Geburtstag-1624584.html, abgerufen 09.12.2021.

273 Capra, Fritjof: Lebensnetz: Ein neues Verständnis der lebendigen Welt. Fischer Verlag, Frankfurt am Main 2015, Kindle-Version.

274 Wheatley, Margaret J.: Quantensprung der Führungskunst. Rowohlt, Hamburg 1997, S. 26–27.

275 Wheatley, Margaret J.: Quantensprung der Führungskunst. Rowohlt, Hamburg 1997, S. 103.

276 Dürr, Hans-Peter: Teilhaben an einer unteilbaren Welt, in: Hüther, Gerald/Christa Spannbauer (Hrsg.): Connectedness. Verlag Hans Huber, Hogrefe AG, Bern 2012, S. 25.

277 Geiger, Christina: Die Ganzheit der Gegensätze!, online verfügbar unter: https://metatheorie-der-veraenderung.info/wp-content/uploads/2017/12/Die-Ganzheit-der-Gegens%C3 %A4tze_Chr.Geiger.pdf, abgerufen 10.01.2022.

278 Luhmann, Niklas: Soziale Systeme. Grundriss einer allgemeinen Theorie. Suhrkamp Verlag, Frankfurt am Main 1984. S. 184.

279 There are known knowns. These are things we know that we know. There are known unknowns. That is to say, there are things that we know we don't know. But there are also unknown unknowns. There are things we don't know we don‹t know. – Donald Rumsfeld: Pressekonferenz vom 12. Februar 2002.

280 Walther, Thomas (2012): Die Natur des Lichts, online verfügbar unter: https://rotary.de/wissenschaft/die-natur-des-lichts-a-2526.html, abgerufen 15.11.2021.

281 Dürr, Hans-Peter: Teilhaben an einer unteilbaren Welt, in: Hüther, Gerald/Christa Spannbauer (Hrsg.): Connectedness. Verlag Hans Huber, Hogrefe AG, Bern 2012, S. 15–16.

282 Gross, Peter (2003): Das Paradoxon der Moderne, online Verfügbar unter: https://www.brandeins.de/corporate-publishing/mck-wissen/mck-wissen-strategie/das-paradoxon-der-moderne, abgerufen 16.01.2022.

283 Von Lüpke, Geseko/Erlenwein, Peter: Projekte der Hoffnung. Oekom verlag, Uhlstädt-Kirchhasel 2003, S. 12.

284 Von Lüpke, Geseko/Erlenwein, Peter: Projekte der Hoffnung. Oekom verlag, Uhlstädt-Kirchhasel 2003, S. 12.

285 Von Lüpke, Geseko/Erlenwein, Peter: Projekte der Hoffnung. Oekom verlag, Uhlstädt-Kirchhasel 2003, S. 12.

286 Von Mutius, Bernhard: Die andere Intelligenz oder: Muster, die verbinden. Klett-Cotta, Stuttgart 2008, S. 17.

287 Von Lüpke, Geseko/Erlenwein, Peter: Projekte der Hoffnung. Oekom verlag, Uhlstädt-Kirchhasel 2003, S. 21.

288 Der Tagesspiegel (2009): Am Anfang war der Zeigefinger, online verfügbar unter: https://www.tagesspiegel.de/kultur/anthropologie-am-anfang-war-der-zeigefinger/l648574.html, abgerufen 20.06.2020.

289 Tomasello, Michael: Mensch werden. Suhrkamp Verlag, Berlin 2020, S. 19.

290 Harald Welzer: Nachruf auf mich selbst. Die Kultur des Aufhörens. S. Fischer, Frankfurt am Main 2021. S. 139.

291 Tomasello, Michael: Warum wir kooperieren. Suhrkamp Verlag, Berlin 2010, S. 9 – 10.

292 Harald Welzer: Nachruf auf mich selbst. Die Kultur des Aufhörens. S. Fischer, Frankfurt am Main 2021, S. 15.

293 Mayer, Bianca Xenia (2016): Wie Memes unsere Kommunikation verändern, online verfügbar unter:https://www.spiegel.de/netzwelt/web/memes-erklaert-wie-sie-unsere-kommunikation-veraendern-a-00000000 – 0003 – 0001 – 0000 – 000000713560, abgerufen 03.10.2021.

294 Hartmann, Alexander: Mit dem Elefant durch die Wand. Ariston Verlag, München 2015, S. 143 – 144.

295 Busche, Hubertus: Kultur – Interdisziplinäre Zugänge. Springer Verlag, Wiesbaden 2018, S. 20.

296 Busche, Hubertus: Kultur – Interdisziplinäre Zugänge. Springer Verlag, Wiesbaden 2018, S. 20.

297 Busche, Hubertus: Kultur – Interdisziplinäre Zugänge. Springer Verlag, Wiesbaden 2018, S. 23.

298 Busche, Hubertus: Kultur – Interdisziplinäre Zugänge. Springer Verlag, Wiesbaden 2018, S. 3 – 40.

299 Kühl, Stefan: Organisationskulturen beeinflussen. ⊠Springer Verlag, Wiesbaden 2018, S. 8.

300 Pfläging, Niels: Organisation für Komplexität. Redline Verlag, München 2014, Kindle-Position 566.

301 Simon, Fritz B.: Gemeinsam sind wir blöd!? Carl-Auer Verlag, Heidelberg 2006, S. 232.

302 Nassehi, Armin: Management heißt heute: Leute zusammenzubringen, die eigentlich nicht zusammengehören, online verfügbar unter: https://www.ls1.soziologie.uni-muenchen.de/personen/professor/nassehi/publikationen/2015/fgi_management-1.pdf, abgerufen 09.12.2021.

303 Goffman, Erving: Asyle. Über die soziale Situation psychiatrischer Patienten und anderer. Suhrkamp Verlag, Berlin 1973, S. 196.

304 Sagmeister, Simon: Business Culture Design. Campus Verlag, Frankfurt am Main 2016, S. 31.

305 Kühl, Stefan/Ibold, Frank/Matthiesen, Kai: Den Wandel richtig managen, in: Harvard Business Manager 3/2018, S. 38 – 45.

306 Eidenschink, Klaus: Der Mythos vom »richtigen« Führen, in: Wirtschaft & Weiterbildung, Februar 2004, S. 28 – 29.

307 Eidenschink, Klaus:/Merkes, Ulrich: Entscheidungen ohne Grund – Organisationen verstehen und beraten. Vandenhoeck & Ruprecht, Göttingen 2021, S. 28.

308 Wurde in Kapitel 2 erläutert.

309 Berner, Winfried: Culture Change. Schäffer-Poeschel. Stuttgart 2019, Kindle-Position 1697.

310 Kühl, Stefan: Organisationskulturen beeinflussen. ⊠Springer Verlag, Wiesbaden 2018, S. 44.

311 Raitner, Marcus (2017): Geschichten formen Kultur, online verfügbar unter: https://fuehrung-erfahren.de/2017/09/geschichten-formen-kultur/, abgerufen 11.01.2022.

312 Bernardis, Alexander / Hochreiter, Gerhard / Lang, Matthias / Mitterer, Gerald: Auf zu neuen Ufern. In: Harvard Business manager Spezial 1/2016.

313 Luhmann, Niklas: Organisation und Entscheidung. VS Verlag für Sozialwissenschaften, Wiesbaden 2006, S. 222 f..

314 Kühl, Stefan: Organisationen. ⊠Springer Verlag, Wiesbaden 201, S. 103 – 108.

315 Grubendorfer, Christina: Einführung in systemische Konzepte der Unternehmenskultur. Carl-Auer Verlag, Heidelberg 2016, S. 39.

316 Goetz, Daniel/Reinhardt, Eike: Führung: Feedback auf Augenhöhe: Wie Sie Ihre Mitarbeiter erreichen und klare Ansagen mit Wertschätzung verbinden. Springer Verlag, Wiesbaden 2017, Kindle-Position 37.

317 Oerter, Rolf: Der Mensch, das wundersame Wesen. Springer Fachmedien, Wiesbaden 2014, S. 176 – 177.

318 Baecker, Dirk: Was wären Mensch und Gesellschaft ohne Kultur, online verfügbar unter: https://www.youtube.com/watch?v=5ls8buT_GZE&t=1692s, abgerufen 30.06.2020.

319 Blom, Philipp: Die Krise der Gegenwart – ist die Welt aus den Fugen, online verfügbar unter: https://www.youtube.com/watch?v=6MOocsewpjg&t=2374s, abgerufen 19.11.2021.

320 Baecker, Dirk: Wozu Kultur? Kadmos Kulturverlag, Berlin 2000, S. 59 ff.

321 Simon, Fritz B.: Einführung in die systemische Organisationstheorie. Carl-Auer Verlag, Wiesbaden 2015, S. 96 – 97.

322 Diamond, Jared: Kollaps. Fischer Verlag, Frankfurt am Main 2011, Kindle-Position 8810 ff.

323 Steingart, Gabor (2021): Was ist konservativ?, online verfügbar unter: https://www.thepioneer.de/originals/steingarts-morning-briefing/briefings/laschet-and-der-stichflammen-journalismus-1, abgerufen 16.01.2022.

324 Merkel, Wolfgang: Der Niedergang der Volksparteien., in: FAZ vom 17.11.2017.

325 Reckwitz, Andreas: Die Gesellschaft der Singularitäten. Suhrkamp Verlag, Berlin 2019, S. 10, S. 27.

326 Gross, Peter: Die Multioptionsgesellschaft. Suhrkamp Verlag, Frankfurt am Main 1994.

327 Nassehi, Armin (2017): Komplexität in der Politik – Problem oder Lösung?, online verfügbar unter: https://www.youtube.com/watch?v=E30QdzwOUil&t=13s, abgerufen 18.02.2021.

328 Scheller, Torsten: Auf dem Weg zur agilen Organisation: Wie Sie Ihr Unternehmen dynamischer, flexibler und leistungsfähiger gestalten. Vahlen, München 2017, S. 23.

329 Braun, Andreas: Tempo, Tempo! Eine Kunst- und Kulturgeschichte der Geschwindigkeit im 19. Jahrhundert. Anabas Verlag, Wetzlar 2001, S. 17.

330 Rosa, Hartmut: Resonanz. Suhrkamp Verlag, Berlin 2016, Kindle-Position 12509.

331 Leberecht, Tim: Gegen die Diktatur der Gewinner. Wie wir verlieren können, ohne Verlierer zu sein. Droemer HC, München 2020, S. 225.

332 Gross, Peter: Die Multioptionsgesellschaft. Suhrkamp Verlag, Frankfurt am Main 1994, S. 28 – 31.

333 Gross, Peter: Die Multioptionsgesellschaft. Suhrkamp Verlag, Frankfurt am Main 1994, S. 174.

334 Marcuse, Herbert: Der eindimensionale Mensch: Studien zur Ideologie der fortgeschrittenen Industriegesellschaft. Zu Klampen Verlag, Springe 2014, S. 36.

335 Reckwitz, Andreas: Die Gesellschaft der Singularitäten. Suhrkamp Verlag, Berlin 2019, S. 27.

336 Röcke, Anja: Soziologie der Selbstoptimierung. Suhrkamp Verlag, Berlin 2021, Kindle-Position 294.

337 Sloterdijk, Peter: Du musst dein Leben ändern. Suhrkamp Verlag, Berlin 2012, S. 27.

338 Goethe, Johann Wolfgang (1797): Der Zauberlehrling.

339 Braun, Andreas: Tempo, Tempo! Eine Kunst- und Kulturgeschichte der Geschwindigkeit im 19. Jahrhundert. Anabas Verlag, Wetzlar 2001, S. 19.

340 Prigogine, Ilya/Stengers, Isabelle: Order Out of Chaos. New York: Bantam Books, 1984. Deutsch: Das Paradox der Zeit. Zeit, Chaos und Quanten. Piper, München 1990, S. 6.

341 Loetz, Cécile/Müller, Jakob Johann: Rätsel des Unbewussten. Podcast zu Psychoanalyse und Psychotherapie. Folge 52 Maschinendenken, online Verfügbar unter: https://de.scribd.com/podcast/468507919/Folge-52-Maschinendenken-Ratsel-des-Unbewu%C3%9Ften, abgerufen 28.12.2021.

342 Welzer, Harald: Rede zum Recycling Designpreis 2015, online Verfügbar unter: https://www.youtube.com/watch?v=gVaZevUC9S4&t=264s, abgerufen 26.11.2021.

343 https://www.siegelklarheit.de/

344 Rosa, Hartmut: Unverfügbarkeit. Residenz Verlag, Wien – Salzburg 2020.

345 Rosa, Hartmut: Unverfügbarkeit. Residenz Verlag, Wien – Salzburg 2020, S. 46.

346 Rosa, Hartmut: Unverfügbarkeit. Residenz Verlag, Wien – Salzburg 2020, S. 8.

347 Rosa, Hartmut: Unverfügbarkeit. Residenz Verlag, Wien – Salzburg 2020, S. 17.

348 Rosa, Hartmut: Unverfügbarkeit. Residenz Verlag, Wien – Salzburg 2020, S. 131.

349 Nassehi, Armin/Felixberger, Peter: Ein Anfang in Kursbuch 170 Krisen lieben. Murmann Verlag, Hamburg 2012, S. 5.

350 Von Zepelin, Jenny/Hecking, Claus: Eurowings-Chaos: Management gesteht Überforderung ein, online verfügbar unter: https://www.capital.de/wirtschaft-politik/eurowings-chaos-management-gesteht-ueberforderung-ein, abgerufen 17.04.2021.

351 Schlenz, Kester: Ich komm nicht mehr mit! Online verfügbar unter: https://www.stern.de/p/plus/gesellschaft/ueberwaeltigende-nachrichten-masse---ich-komm-nicht-mehr-mit---30907874.html, abgerufen 02.01.2022.

352 Nassehi, Armin/Felixberger, Peter: Ein Anfang in Kursbuch 170 Krisen lieben. Murmann Verlag, Hamburg 2012, S. 8 – 9.

353 Nassehi, Armin/Felixberger, Peter: Ein Anfang in Kursbuch 170 Krisen lieben. Murmann Verlag, Hamburg 2012, S. 5 – 6.

354 Senge, Peter/Smith, Bryan/Kruschwitz, Nina/Laur, Joe/Schley, Sara: Die notwendige Revolution. Carl-Auer Verlag, Heidelberg 2011, S. 60.

355 Senge, Peter/Smith, Bryan/Kruschwitz, Nina/Laur, Joe/Schley, Sara: Die notwendige Revolution. Carl-Auer Verlag, Heidelberg 2011, S. 60.

356 Kluge, Sabine/Kluge, Alexander: Graswurzelinitiativen in Unternehmen: Ohne Auftrag – mit Erfolg! Vahlen, München 2020, S. 44.

357 Eidenschink, Klaus: Veränderung benötigt pathische Kompetenz, online verfügbar unter: https://metatheorie-der-veraenderung.info/2020/02/21/teil-1-fuer-organisation/, abgerufen 29.10.2021.

358 Raitner, Marcus: Die modernen Hofnarren, online verfügbar unter: https://fuehrung-erfahren.de/2018/09/die-modernen-hofnarren/ abgerufen 28.10.2021.

359 Munzinger, Johannes: Der Hofnarr – Legende und Wahrheit, online verfügbar unter: https://www.br.de/mediathek/podcast/radiowissen/der-hofnarr-legende-und-wahrheit-1/1803710, abgerufen 21.09.2021.

360 Narr (20. Oktober 2021). In Wikipedia. https://de.wikipedia.org/wiki/Narr.

361 Welzer, Harald/Metelmann. Jörg: Imagineering: Wie Zukunft gemacht wird. Fischer E-Books, Frankfurt am Main 2020, S. 9.

362 Welzer, Harald: Wir kreisen doch nur um den Gegenwartspunkt, online verfügbar unter: https://www.woz.ch/-4251, abgerufen 1012.2021.

363 Welzer, Harald/Metelmann. Jörg: Imagineering: Wie Zukunft gemacht wird. Fischer E-Books, Frankfurt am Main 2020, S. 11 – 12.

364 Meyer, Moritz: Warum brauchen wir Geschichten? Podcast online verfügbar unter: https://www.thepioneer.de/originals/der-achte-tag/podcasts/warum-brauchen-wir-geschichten, abgerufen 11.11.2021.

365 Blom, Philipp: Über Sehnsucht, Träume und Geschichten. Carl Hanser Verlag, München 2014, Kindle-Position 179.

366 Marquard, Odo: Zukunft braucht Herkunft. Philipp Reclam jun. GmbH & Co. KG, Stuttgart 2015, S. 234.

367 Veken, Dominic: Der Sinn des Unternehmens.: Wofür arbeiten wir eigentlich? Murmann Verlag, Hamburg 2015, Kindle-Position 281.

368 Veken, Dominic: Der Sinn des Unternehmens.: Wofür arbeiten wir eigentlich? Murmann Verlag, Hamburg 2015, Kindle-Position 101.

369 Alsleben, Annette: Da Vinci Management. Orell Füssli Verlag, Zürich 2017, S. 61.

370 Pörksen, Bernhard/Schulz von Thun, Friedemann. Die Kunst des Miteinander-Redens. Carl Hanser Verlag, München 2020, S. 179.

371 Hartkemeyer, Martina: Das Geheimnis des Dialogs. Auditorium Netzwerk, Müllheim, CD Hörbuch.

372 Pörksen, Bernhard/Schulz von Thun, Friedemann. Die Kunst des Miteinander-Redens. Carl Hanser Verlag, München 2020, S. 201. S. 23.

373 Pörksen, Bernhard/Schulz von Thun, Friedemann. Die Kunst des Miteinander-Redens. Carl Hanser Verlag, München 2020, S. 201.

374 Watzlawick, Paul: Über sein Werk. Auditorium-Netzwerk, Dialog CD Hörbuch, 1994.

375 Watzlawick, Paul: Über sein Werk. Auditorium-Netzwerk, Dialog CD Hörbuch, 1994.

376 Zitat: Daniel P. Moynihan, US-amerikanischer Politiker

377 Pörksen, Bernhard/Schulz von Thun, Friedemann. Die Kunst des Miteinander-Redens. Carl Hanser Verlag, München 2020, S. 52.

378 Pörksen, Bernhard/Schulz von Thun, Friedemann. Die Kunst des Miteinander-Redens. Carl Hanser Verlag, München 2020, S. 54.

379 Arendt, Hannah: Wahrheit gibt es nur zu zweien: Briefe an die Freunde. Piper Taschenbuch, München 2015, Buchtitel. Pörksen, Bernhard/Schulz von Thun, Friedemann. Die Kunst des Miteinander-Redens. Carl Hanser Verlag, München 2020, S. 74.

380 Hartkemeyer, Tobias/Hartkemeyer, Martina/Hartkemeyer, Johannes F: Dialogische Intelligenz: Aus dem Käfig des Gedachten in den Kosmos gemeinsamen Denkens. Info 3, Frankfurt am Main 2015, S. 43.

381 Hartkemeyer, Tobias/Hartkemeyer, Martina/Hartkemeyer, Johannes F: Dialogische Intelligenz: Aus dem Käfig des Gedachten in den Kosmos gemeinsamen Denkens. Info 3, Frankfurt am Main 2015, S. 218.

382 Welzer Harald: Endlichkeit als Befreiungsschlag. Sternstunde Philosophie, SRF Kultur, online verfügbar unter: https://www.youtube.com/watch?v=9lh0YuuGroo, abgerufen am 18.05.2021.

383 Nassehi, Armin/Felixberger, Peter: Ein Anfang in Kursbuch 170 Krisen lieben. Murmann Verlag, Hamburg 2012, S. 4.

384 Nassehi, Armin/Felixberger, Peter: Ein Anfang in Kursbuch 170 Krisen lieben. Murmann Verlag, Hamburg 2012, S. 4.

385 Covey, Stephen R.: Die 7 Wege der Effektivität. Gabal Verlag, Offenbach 2018, S. 277.

386 Roth, Roland/Rucht Dieter: Die sozialen Bewegungen in Deutschland seit 1945. Campus Verlag, Frankfurt am Main 2008, S. 14.

387 Kluge, Sabine/Kluge, Alexander: Graswurzelinitiativen in Unternehmen: Ohne Auftrag – mit Erfolg! Vahlen, München 2020, S. 133.

388 Jonas, Hans: Das Prinzip Verantwortung. Suhrkamp Verlag, Frankfurt am Main 1979, S. 36.

389 Jonas, Hans: Das Prinzip Verantwortung. Suhrkamp Verlag, Frankfurt am Main 1979, S. 245.

390 Begriff geprägt von dem Philosophen und Jesuiten Godehard Brüntrup, Vizepräsident der Hochschule für Philosophie in München.

Bildnachweise

Kapitel 1
Kapiteltrennwand: stock.adobe.com. ID: #286848259
Raupe: Andrew Claypool, Unsplash
Raupe: Joshua J.Cotten, Unsplash
Schmetterlingsflügel: AdobeStock_12514430(1)
Schmetterling: Depositphotos_37005455_xl-20153.png

Kapitel 2
Kapiteltrennwand: stock.adobe.com. ID: #159122509
Schmetterling: Lenstravelier, Unsplash
Raube: Erik Kartiers, Unsplash
Porträt Mann: Lucas Gouvea, Unsplash
Frau Aufzug: Caesar Aldhela, Unsplash
Raube: Erik Kartiers, Unsplash
Schmetterling: Evie S., Unsplash
Zahnrad: Artikel-ID: 1592206198, Shutterstock
Maschine: British Libary, Unsplash
Zeichnungen: Dan-Chrisian Paduret, Unsplash
Mann Sanduhr: Depositphotos_154935552_xl-2015, ID=154935552, @ lightsource
Straße: Julian Hochgesang, Unsplash
Straßenschild, Fabien Bazanegue, Unsplash
Abstrakte Form: Rick Rothenberg, Unsplash
Hand Pflanze: Alex Lvrs, Unsplash
Himmel: Laura Vinck, Unsplash

Kapitel 3
Kapiteltrennwand: stock.adobe.com. ID: # 36705785, stock.adobe.com. ID: #53212890
Hände: Sebastian Dumitru, Unsplash
Leonardo Da Vinci: Artikel ID 39157969, Shutterstock
Leonardo Da Vinci: Artikel-ID: 1307764885, Shutterstock
Raphael: Jack Hamilton, Unsplash
Buch: Jacinta Christos, Unsplash
Florenz: shutterstock_742774945, Shutterstock
Dom: Internet Archive Book Images, Flickr
Brunelleschi: Getty Images, Getty Images
Medici: Artikel-ID: 1937350255, Shutterstock

Kapitel 4
Kapiteltrennwand: stock.adobe.com. ID: #187508196
Martin Luther King Jr.: shutterstock.com ID: 775419256
Telefon alt: Quino Al, Unsplash
Festnetz: Artikel-ID: 484059754, Shutterstock
Nokia: Artikel-ID: 1635547321, Shutterstock
Motorola: Artikel-ID: 1487457044, Shutterstock
iPhone: Ben Kolde, Unsplash
Samsung: Salman Majeed, Unsplash
Fallschirm: Martin Wyall, Unsplash
Mädchen: Caleb Woods, Unsplash
Hand Zeigefinger: Sebastian Dumitru, Unsplash
Steve Jobs: https://www.flickr.com/ Joan Shaffer ID: 6220537174
Elefant: Nam Anh, Unsplash
Frau: Abigail Keenan, Unsplash
Nokia: Artikel-ID: 1635547321, Shutterstock
Hand fallend: Sebastian Dumitru, Unsplash

Kapitel 5
Kapiteltrennwand: depositphotos.com, ID:73227147
Obama: Libary Of Congress, Unsplash
Martin Luther: Artikel-ID: 775419253, Shutterstock
Frau: Artikel-ID: 1787298659, Shutterstock
Leuchtturm: Kira Laktionov, Unsplash
Geige: Roberto Delfanti, Unsplash
Gesicht: Datei-Nr.: 58046952, Adobe Stock
Muhammed Ali: Artikel-ID: 153287366, Shutterstock
Leuchtturm 2: Nathan Jennings, Unsplash

Kapitel 6
Kapiteltrennwand: depositphotos.com, ID:73227147
Taucher: Datei-Nr.: 93377095, Adobe Stock
Eisberg: Simon Lee, Unsplash
Bullauge: Datei-Nr.: 321113258, Adobe Stock
Therapie: Tima Miroshnichenko, Pexels
Leuchtturm: Rene Porter, Unsplash
Fische: Datei-Nr.: 84976831, Adobe Stock
Straße Man: Ryoiji Iwate, Unsplash
Hand Zeigefinger: Sebastian Dumitru, Unsplash
Mann Anzug: Gregory Hayes, Unsplash
Frau TV: Nationaal Archief, Flickr
Mondlandung: History in HD, Unsplash
Walkman: Narmad Gorguis, Unsplash
Obama: History in HD, Unsplash
Euro: Karolina Grabowski, Pexels
Junge: KrakenImages, Unsplash
Nokia: Artikel-ID: 1635547321, Shutterstock
Motorola: Artikel-ID: 1487457044, Shutterstock

Kapitel 7
Kapiteltrennwand: stock.adobe.com. ID: #180670436
Mond: Alexander Andrews, Unsplash
Helmut Schmidt: 130818692, Helmut Schmidt portraitv@ 360ber
Frauen: Milad Farhani, Pexels
Utopie https://pixabay.com/ 978908 Marc Hatot
Dystopia https://pixabay.com/ 5174342 Stefan KellerBox: Datei-Nr.: 78659218, Adobe Stock
Mann: Reinhart Julian, Unsplash
Fenster: Tom Dick, Unsplash
Sonnenfinsternis: Jordon Conner, Unsplash

Kapitel 8
Kapiteltrennwand: stock.adobe.com. ID: #293153882
Frau: Shahin Khalaji, Unsplash
Kreis: and machines, Unsplash
Brüssel: Hederik Kolk, Unsplash
Blumen: Doug Kelley, Unsplash
Zahnrad: Artikel-ID: 1592206198, Shutterstock

Kapitel 9
Kapiteltrennwand: depositphotos.com, ID:73227147
Mann Auto: Artikel-ID: 288815720, Shutterstock
Frau Schlüssel ID: 45200637 depositphotos Tired businesswoman@alphaspirit
PC alt: Pablo Martinez, Unsplash
Stadt: Olivia Bliss, Unsplash
Pyramide: Jeremih Bishop, Unsplash
Affe: James Spencer, Unsplash
Dirigent: Hobi Industri, Unsplash
Brücke: Ruben Gutierrez, Unsplash

Kapitel 10
Kapiteltrennwand: depositphotos.com, ID:73227147
Frau: Darius Bashar, Unsplash
Court Jester: The National Library of Wales, Flickr
Archäologin: Datei: 323873579, Adobe Stock
Fische: iStock_48261678_XXXLARGE Fische
Mann Fernrohr: https://de.123rf.com/, bowie15 Id: 10917020
Gehirn: Milad Fakurian, Unsplash
Gallerie: Eric Park, Unsplash
Sprechblasen: Datei-Nr.: 448766734, Adobe Stock